余　涌/主编

生态衢州

E COLOGICAL
QUZHOU

社会科学文献出版社
SOCIAL SCIENCES ACADEMIC PRESS (CHINA)

中国社会科学院哲学研究所
衢州国情调研课题组名单

课题主持人　余　涌

课题组成员　甘绍平　杨通进　龚　颖

　　　　　　　刘克海　徐艳东　张永义

　　　　　　　冯庆旭　王希慧　赵芙苏

课题组顾问　诸葛慧艳

目　录

前　言

中国社会科学院哲学研究所　余涌

　　呈现在读者面前的这本《生态衢州》，是中国社会科学院哲学研究所 2013 年国情调研项目的成果，是在国情调研组赴浙江衢州实地调研的基础上形成的。

　　根据院里的统一部署和要求，哲学研究所近年来每年都组织调研组开展 1～2 次国情调研活动，并形成调研报告。2013 年，我们把调研的主题确定为生态文明建设，调研的地点定在浙江衢州。之所以选择这一主题，选中这一地点，我们主要有三点考虑。一是党的十八大报告明确将生态文明建设与政治建设、经济建设、文化建设、社会建设相并列，首次将生态文明建设纳入建设中国特色社会主义事业的总体布局之中，提出了大力推进生态文明建设的要求。为了贯彻党的十八大精神，我们哲学工作者有责任和义务在推进生态文明建设的进程中作出自己的努力，我们不仅要研究生态文明的理论，也要关注生态文明建设的实践，更要在理论与实践相结合的基础上来丰富理论、促进实践。而要达此目的，对生态文明建设进行实地调研则是一个必不可少的环节。二是我们哲学研究所与衢州有战略合作关系，多年来我们共同努力，在学术研究、理论宣传、文化交流、国情调研等方面开展了一系列的活动，并收到了良好的效果。近些年，我们每年都确定一两项项目或活动，以期不断促进双方的交流与合作。而我们之所以把生态文明建设调研的地点定在衢州，一个更重要的考虑则在于，在我们与衢州多年的交往与交流中，我们深切地感受到，衢州在生态文明建设方面起步早，有方法、有成绩、有特色，是我们开展生态文明建设调研的理想之地。

事实证明，我们的选择是正确的，也收到了预期的效果。通过调研，我们不仅深切地感受到党的十八大把生态文明建设纳入建设中国特色社会主义事业总体布局的意义，而且在与衢州方面的交流中，我们确有一种走亲戚的感觉，感到很亲切、很温暖，更是比较真切地感受到了衢州在进行生态文明建设方面的极大热情和取得的突出成绩。

调研组于2013年8月下旬在衢州进行了实地调研。在衢州期间，我们开展了一系列的调研活动。衢州方面为这次调研专门召开了一次规模不小的座谈会，在座谈会上，衢州市委宣传部主要领导就衢州生态文明建设的总体情况做了介绍。市环保局、市经信委、市农办、市水利局、市文广局、市林业局、市旅游局等政府部门的负责人，分别就生态城市建设和智慧环保工程、循环经济、"美丽乡村"建设、信安湖治理、生态与文化、森林城市建设和兴林富民工程、国家休闲区建设等方面的情况做了介绍，巨化集团公司的同志还就生态巨化建设情况做了专门介绍。领导同志的介绍全面而翔实，使我们对衢州十年来尤其是近年来在生态文明建设方面所采取的一些举措、所取得的一些成绩和面临的一些问题都有了基本的认识。在随后的调研中，调研组先后到龙游县、柯城区、衢江区、开化县等区县进行了实地调研；参观了衢州绿色产业集聚区、明旺乳业、柯城鲟鱼养殖基地、巨化集团公司等企业和产业集聚区，并听取了相关情况的介绍；考察了乌溪江水利枢纽工程和钱江源国家森林公园等自然保护区。

在实地调研和搜集资料的基础上，调研组形成了5份调研报告。

报告一为《走向收获——衢州生态文明建设十年之路》，该报告对2004 年至 2013 年十年间衢州市委、市政府每年出台的有关生态文明建设的重要文件进行梳理、解析，着重从制度建设的视角勾勒出衢州生态文明建设十年之路。报告二为《发展生态经济　加速经济转型——衢州经济生态转型发展状况调研报告》，该报告介绍了衢州经济生态转型发展的状况，并对此进行了分析，以探究集欠发达地区、生态资源丰富区、重要生态功能区、曾经的传统产业高能耗区和如今的国家级生态示范区等多种标签于一身的衢州如何走出一条经济生态化转型升级之路。报告三为《绿色、生态、美丽衢州之发展——衢州生态文明建设中的生态文化理念》，该报告着重阐释了衢州生态文明建设中所体现的生态伦理观，以及人与自然和谐相处的生态环境理念、循环低碳发展的可持续性生态经济理念、协调发展的生态社会理念、天人合一的生态文化理念、共建共享生态补偿的生态政治理念等。报告四为《衢州生态文明建设与环境保护》，该报告重点介绍了衢州在生态环境保护方面所做的大量工作，内容涉及"森林衢州"建设、"美丽乡村"建设、矿山的生态恢复、水污染治理、大气污染治理、固体废料污染治理以及环境监测等。报告五为《衢州生态旅游：绿水青山与金山银山的完美统一》，该报告对衢州生态旅游的现状进行了分析，并指出其中面临的问题，还提出了一些政策建议。在5 份报告的基础上，我们做了一个"结语"——"生态衢州：打造社会主义生态文明建设的新样本"，尝试对衢州生态文明建设的经验和衢州生态文明建设面临的挑战及问题进行阐释。

《生态衢州》以上述 6 个部分为主体，另外还设了一个附录，主要收入近几年衢州市主要领导关于生态文明建设的一些讲话，市政府出台的一些有关生态文明建设的政策法规，以及一些关于衢州生态文明建设的新闻报道和一些生态文明建设的典型案例等。我们的目的是要把衢州市委、市政府在生态文明建设方面的思路，相应的制度政策安排，以及具体的措施原汁原味地提供给读者，使大家对衢州生态文明建设有一个更全面、更直接和更真实的了解。

这次赴衢州进行生态文明建设调研，对调研组的每一位同志来说都是一次极好的学习机会。我们都是从事理论工作的，对生态文明的理论研究有着浓厚的兴趣，同时，对观察和了解生态文明建设实践也有着强烈的渴望，衢州之行使我们能近距离观察和了解一个在生态文明建设方面取得显著成绩的地区，受益匪浅。通过调研，我们对衢州在生态文明建设方面所做的大量工作有了切身的感受，也为衢州生态文明建设取得的成绩所鼓舞。而对我们来说，更为重要的是，我们对衢州在生态文明建设上能先行一步、能取得显著成绩的原因有了比较深刻的认识。十多年来，衢州市委、市政府大力开展生态文明建设，在观念更新、制度创新、转变经济增长方式以及保护生态环境等方面都有一些因地制宜的举措，我们在深入理解这些举措之于促进衢州生态文明建设的意义的同时，也努力去寻求这些地方性的特殊举措的一般价值，并尝试解析其一定的理论意义。尽管衢州生态文明建设起步早、成绩大，但无论是就衢州一个地区而言，还是就更大范围的全国而言，生态文明建设仍处于一个探索阶段，生态文明建设面临的问题还很多、任务还很重，这就需要我们继续努力进行理论研究和实践探索。正是基于这样一种判断，我们在调研报告中也对衢州生态文明建设某些方面面临的一些困难或问题进行了研究，并尝试提出了一些政策建议，这些建议或许带有一点书斋味，甚至有纸上谈兵之嫌，但我们更多的是把它们看作这次赴衢州调研所交答卷和学习心得的一部分。

我们这次赴衢州调研得到了衢州市委、市政府的大力支持，市委、市政府的相关部门以及相关区县和企业都为我们的调研提供了各种各样的协助，我们在此表示衷心的感谢。我们尤其要感谢衢州市委宣传部的同志们，市委宣传部的领导和相关的工作人员为我们这次调研做了大量的工作，无论是在实地调研的过程中，还是在资料搜集和调研报告的起草及修改过程中，他们都提供了具体的指导和帮助，凡事有求必应，调研活动的顺利开展和调研报告的最终完成都凝聚了他们的心血。

我们的调研活动结束了，调研报告完成并出版了，但我们哲学研究所和衢州市的战略合作关系还在继续，我们衷心祝愿我们的合作结出更加丰硕的成果，衷心祝愿衢州市包括生态文明建设在内的各项工作取得更大的成绩。

报告一 走向收获

——衢州生态文明建设十年之路

十年，是一段不长也不短的时间。

十年，对衢州来说是一段收获的时间。

从 2004 年到 2013 年，衢州用这短短的十年时间打造出了属于自己的特色生态品牌，从最初的不成熟设想、小区域实验，到今天的产业化经营、规模化保护直至打造出生态文明的衢州样本，衢州在自己的绿色品牌道路上越走越开阔，取得的成绩也让其他兄弟区域刮目相看。

一些显著的数据在向我们证明着衢州十年生态文明之路所取得的非凡成就：

2005 年，衢州市获得中国优秀旅游城市命名。

2006 年，衢州市、柯城区、衢江区、龙游县国家级生态示范区建设工作通过国家环保总局验收。

2007 年，衢州市及 6 个县（市、区）均获"国家级生态示范区"称号，成为全省首个全市域"一片绿"的城市。全市共创建全国环境优美乡镇 17 个、省级生态乡镇 57 个、各类省级以上绿色单位 288 个、省级绿化示范村 46 个。①

---

① 孙建国主编《生态文明之路——建设富裕生态屏障的衢州实践》，浙江人民出版社，2011，第 99 页。

2008 年，衢州被授予"国家园林城市"荣誉称号。

2009 年，衢州荣获"国家卫生城市"称号。全市区域水循环功能区水质达标率已经从 2004 年的 65% 提高到 100%，出境水质全部达标。饮用水水源水质达标率始终保持在 100%；全市空气质量达到二级以上优良水平的天数从 2004 年的 339 天提高到 359 天；化学需氧量（COD）、二氧化硫两项主要污染物排放量比 2005 年分别下降了 12.47% 和 14.28%。① 全市的环境质量持续保持在全省领先水平。②

2010 年，开化国家生态县通过环保部验收，成为浙江省第三批、衢州第一个国家生态县验收地区；③ 衢州市创省级环保模范城市工作通过省环保厅验收。

2011 年，开化县荣获"国家生态县"称号；龙游县、江山市创建省级生态县（市）通过市级核查并上报省环保厅申请正式验收。全市新申报国家级生态乡镇 4 个、国家级生态村 3 个，完成创建省级生态文明环境教育基地 1 家、省级绿色社区 10 个、省级绿色家庭 15 户，已申报省级绿色企业 4 家、绿色饭店 6 家、绿色医院 3 家。④

2012 年，全市共完成污水管网建设 133.7 公里，完成年度目标的 133%；处理污水 5580 万吨，完成年度计划的 108%；削减化学需氧量 12524 吨，完成年度计划的 111%。⑤

2013 年 1 月 10 日，水利部在浙江衢州组织召开了衢州市"国家水土保持生态文明城市"专家评审会，衢州市正式通过专家组评审，

① 孙建国主编《生态文明之路——建设富裕生态屏障的衢州实践》，浙江人民出版社，2011，第 111 页。
② 孙建国主编《生态文明之路——建设富裕生态屏障的衢州实践》，浙江人民出版社，2011，第 128 页。
③ 孙建国主编《生态文明之路——建设富裕生态屏障的衢州实践》，浙江人民出版社，2011，第 356 页。
④ http：//www.zj.xinhuanet.com/special/2012-04/25/content_25130028.htm.
⑤ http：//news.qz828.com/system/2013/01/10/010579329.shtml.

成为全国第二个国家水土保持生态文明城市。

鉴于这些骄人的成绩，我们不禁要问：十年的时间里，衢州人到底做了什么努力，能够使得当地生态文明建设如此硕果累累？

本报告就是从 2004 年开始，逐步列出从 2004 年到 2013 年这十年中，衢州市委、市政府在每个年度出台的关于生态文明建设方面的指导性文件，对其中的重要文件进行梳理、解析，并通过还原，呈现一条能够勾勒演变历史、反映衢州成绩的特色生态文明建设之路。从中，我们很容易读到当地政府在生态文明建设方面起到的领导作用，同时也能读到衢州在发展自己的特色经济方面所投入的巨大精力、财力，以及取得的骄人成就。

2004 年

一 《衢州市委办公室 市政府办公室关于加快推进"百村示范、千村整治"工程的意见》

我国是一个人口众多的国家，农村作为国家的重要组成细胞，对国家这个生命体来说，有着举足轻重的作用。长期以来，由于体制分割、城乡差距大等因素，我国的环境保护工作重点主要在城市，而农村的环境保护则相对比较薄弱。农村环境污染已成为制约我国农村经济发展的重要因素。农村环境的污染，不仅影响了农民的身体健康，制约了我国农村地区经济的可持续发展，阻碍了社会主义新农村建设的步伐，而且对城市的发展也构成了严重的威胁。衢州市人民政府对此高度重视，他们总结了过去在该方面的经验和教训，认识到自 2003 年以来，在政府的认真带动下，当地农村环境整治工作取得了一系列重大成效，农村原有脏乱差、房屋建造不合理、化肥农药污染水源等问题在一定程度上已有改观，但是，对照省委、省政府的要求，特别是与发达地区和兄弟单位对比差距还很大。主要表现在：公共财政投入偏少，政策倾斜力度弱，部分农村布局不合理，村际交通不畅，环境脏、村貌乱、设施差、布局散的现象没有得到根本改变。大部分镇、村建设缺乏规划指导，村庄规模较小，布局分散凌乱，有新房、无新村现象普遍，村庄建设总体上还处于无序状态。一些村道路不洁、路灯不亮、四周不绿、河水不清，甚至存在河网污染、河道淤积、河水发臭等问题。加之受重城市、轻农村的财政投入二元结构的影响，农村基础设施建设和公共事业设施建设投入严重不足，导致农村道路、给水、排水、通信、公共卫生等基础设施日显落后，基础设施配套性、共享性差，文化、卫生、体育等社会事业发展滞后。总之，由于前些年一些认识上的不足，在相当长的一段时间内，衢州未能因地制宜，适时发挥出生态优势，诸多环境问题亟待解决。衢州市领导班子及时地注意到了农村环境问题已经成为制约当地城乡一体化和农业、农村现代化的突出矛盾，这一矛盾必须立即解决。经过组织相关部门多次协商，立足于本地实际，面向未来的经济与社会发展，衢州市委办公室、市政府办公室最终于 2004 年出台了《关于加快推进"百村示范、千村整治"工程的意见》（以下简称《意见》）。

《意见》明确提出了"力争用 5 年左右的时间，对全市 1012 个行政村进行环境整治和改造，并把 109 个行政村建设成'村美、户富、班子强'的全面小康示范村"的奋斗目标。《意见》有以下几个方面的具体特点。

（一）重视整治工程的预先规划

农村环境涉及内容广，整治项目多，在环境整治工程的推进过程中需要做到适时、适地、适人，循序渐进并逐步完善。如果缺失事前统筹，为求表面效果盲目冒进，势必会造成难以弥补的重大损失，由这种损失带来的环境问题将更加难以彻底解决，其间所耗费的人力、物力将成倍加大。由此,《关于加快推进"百村示范、千村整治"工程的意见》首先突出的就是规划在先,重视科学规划,统筹安排,按步实施,最终实现农村环境治理工作的有序进行。《意见》强调千村整治过程中要力求做到"四个结合",即与优化村庄布局相结合、与优化基础设施布局规划相结合、与优化产业布局相结合、与优化社会事业布局相结合。① 由此可见《意见》对整体感的把握和对整体布局的重视。这种对整体布局的高度重视使得治理工作与基础设施建设、产业优化以及社会事业四位一体,在协调中综合发展,避免了过去那种单一化、隔离化以及短视化的不理智推进模式,有利于城村之间、村镇之间以及村与村之间以此带彼、以彼促此的良性互动模式的有效达成。《意见》特将大、中、小三个规划统一实施,在分步中求统一、在统一中求先后。致力于协调好城镇、乡镇以及村落的整体改造任务,并在分立统筹中注重保持三者的互接,做到资源协调共用。这样既保证了工程改造任务的责任包干,避免互相推诿、背后观望等不负责任情形的出现,又能带动局部与整体,村落、乡镇和城镇共同改造活动的有序完成。除了市级层面以外,《意见》还要求下属相关部门也要高度重视预先规划,且要将各项规划调整有机结合起来,在确定好示范村、整治村,并在完成示范村、整治村的规划编制基础上,把目前分别由各部门承担实施的乡村康庄工程、清水河道工程、农民饮用水工程、下山异地脱贫工程等各项专项建设工程与"百村示范、千村整治"工程相配套,做到"示范村和整治村定到哪里,各项工程就配套到哪里,各级部门就投入到哪里"。②

---

① 详情请参阅《衢州市委办公室 市政府办公室关于加快推进"百村示范、千村整治"工程的意见》(衢委办〔2004〕97号),第5页。
② 《衢州市委办公室 市政府办公室关于加快推进"百村示范、千村整治"工程的意见》(衢委办〔2004〕97号),第6页。

（二）强调"先改后带"

《意见》同时还强调要有的放矢，集中优势人力、物力、财力，努力投放于生效快、靠近交通要道沿线的村落。以沿线村落的提前整治，带动周围群组村落的环境整治工作。此外还明确规定要率先以城郊村、城中村、园中村、经济基础好的村、整体搬迁村等为改造重点，先期运作，最终以良好的示范效应积极带动周边二线村落的整体环境改造工作。

（三）重视政府引领

在整治的过程中，衢州各级政府及其下属相关部门发挥了基础性的引领作用。林业、水利、交通、电力、卫生、民政、环保等部门在村庄绿化、河道净化、道路硬化、路灯亮化、卫生洁化、村庄撤并等改造项目的实施过程中各负其责，同时在相对的责任独立之下注重相互信息沟通，强调协调统一，这种分立与统一互动并存的创新性模式有效确保了治理活动的胜利完成。为确保工程的顺利实施，衢州市人民政府还对治理效果的监督和考核工作予以极大重视。市政府每季度召开一次农办主任专题例会，听取汇报，评估相关实施工作与最初规划的相符或背离程度，并出台适时的意见指导。市里严格执行"一月一通报""一年一考核"制度，每月对各县（市、区）和市级机关各有关部门村庄整治建设推进情况及存在问题进行通报，年终进行考核，并将结果列入干部政绩考核的重要内容，形成"年初有部署、平时有检查、年终有考核"的经年配套工作机制，这些措施有效确保了"百村示范、千村整治"工程的顺利实施。①

---

① 详情请参阅《衢州市委办公室 市政府办公室关于加快推进"百村示范、千村整治"工程的意见》（衢委办〔2004〕97号），第9页。

（四）强调多种资源配置形式的合理并用

在发挥政府的行政引领作用的同时，衢州还注重市场以及其他资源配置形式在农村环境改造过程中的积极补充作用。在传统环境管理语境下，环境管理的过程与其说是治理，不如说是政府统治下的环境管理。政府在环保决策以及环保实践过程中参与过多，使用了过多的行政命令方式，取代了市场、民众与社会在环境保护中的作用，并由此使后两者的潜在力量无法最大限度地发挥出来，这不仅为政府的环境治理增加了大量成本，而且还使治理绩效大打折扣。衢州市人民政府对此有着清晰的认识，因而在"千村整治"活动中秉持先进的环境治理理念，这一新型理念的核心所指是：环境治理主体不应该只是政府这单一主体，企业与公众也应该成为治理主体，形成多元主体共治的新型局面，即政府、企业（市场）和公众联合进行环境治理，并且三者在整个治理过程中地位应该是平等的，力量也应该是均衡的，相互之间不应该是博弈与冲突的关系，而应该是协同和合作的关系。在这一新型先进理念的指导下，一方面衢州在"千村整治"的过程中努力发挥政府的引导配合作用，同时注重发挥市场在社会资金吸纳方面的基础性作用。《意见》明确要求各级各部门要在简化审批手续、降低规费收取标准、优先安排农用地转用指标、提供优惠贷款、加强指导监督等方面提供实实在在的服务。凡涉及"百村示范、千村整治"工程建设收费的，原则上能减则减、能免则免。要求与治理活动相关的行政规费一律免收，事业规费减半收取，企业行为收费的，仅收取工本费。对列入"百村示范、千村整治"工程建设的村，全额返还基础设施配套费，专项用于村庄规划及基础设施配套建设。同时为了充分利用市场刺激机制，《意见》要求在村庄整治中，各地要统筹考虑重大项目安排，拓宽投资建设思路，以便最大限度地吸纳社会资金。同时积极探索试行土地资产运作、个人资本参与、企业投资经营、业主承包开发、共同投资管理等有利于促进"百村示范、千村整治"工程建设的好办法。允许有条件的示范村安排部分土地实行依法公开出让，或通过级差排基的办法筹集资金，增强村庄整治建设的调控能力。鼓励和引导有实力的房地产企业等社会力量参与"百村示范、千村整治"工程建设。[①]

衢州通过扎实推进"百村示范、千村整治"工程建设，不断取得村庄整治建设的新成效，城乡面貌发生了巨大的变化，受到农民群众的欢迎和称赞，同时为后续更高水平的生态文明建设打下了坚实基础。

2005 年

二 《中共衢州市委 衢州市人民政府关于加快旅游业发展的若干意见》

旅游业又称无烟工业、无形贸易，是以旅游资源为依凭、以旅游设施为条件，向介入者提供旅行游览服务的行业。通过旅游，不仅带来人的体力和精神的彻底休整，同时于一种放松的状态中可以附带开阔眼界、增长知识，体验各种可能的未知生活方式。旅游是人摆脱固定限制的最佳临时出口。在当前阶段，随着我国全面建成小康社会的不断推进以及居民消费水平的显著提高，中国旅游业正面临着重大的发展机遇。对于自然人文景观得天独厚的衢州来说，这种机遇尤为关键。不仅龙游石窟、江郎山、钱江源以及浙西风光带四大旅游景区皆坐落域内，而且衢州还拥有驰名已久的两子（孔子、棋子）文化。其他大大小小的旅游景观皆特色备至、珍美奇异，让人流连忘

---

① 请参阅《衢州市委办公室 市政府办公室关于加快推进"百村示范、千村整治"工程的意见》（衢委办〔2004〕97号），第7页。

返。总之，无论从数量还是从质量来说，衢州的旅游资源在全国都处于重要位置。遗憾的是，过去的开发力度以及宣传工作不甚到位，导致外部对这一地区旅游兴趣的长久淡漠。但在这个重要的转型阶段，衢州旅游业在未来发展的好坏，是决定这一地区整体经济态势以及人们生活质量的重要因素。近年来衢州市政府对此有了高度的认识，并致力于把发展旅游业与整体生态文明建设有机协调起来。

（一）旅游业与生态建设的关系

生态文明建设与旅游业开发关系重大。一般来说，一个地区旅游业的开发对其生态建设具有正向的推动作用。旅游景区大略可以分为自然景区以及人工景区，后者常常立足于传统文化或者特色地区遗产之上。对自然景区来说，为了达到持续的吸引目的，其拥有者（一般为当地政府）必然会集中有效的人力、物力、财力对景区进行有意识的人工保护，包括防止外来的资源攫取、内部设施加固性修复等，如此，便形成了一个良性循环：自然景区的保护工作越到位，景致的纯美性便越发凸显，被吸引的游客数量便会与日俱增，门票以及与旅游项目相关的其他附带收入的持续增加又会调动景观持有部门对景观开发与保护的积极性。与此相反，如果当地政府对本地旅游资源开发定位不甚合理，盲目而短视地出于经济目的且以违背自然规律的方式过度开发旅游景观，该种情形下，旅游开发必然影响生态文明建设的推进。总之，是否该开发，该开发哪些景观，以何种方式开发，开发到何种程度，在旅游产业定位的过程中，这些因素是需要被一一考虑的。

衢州对待这些问题的态度是明智的。在 21 世纪之初，他们便深刻地意识到凭借其天然的区位优势、生态以及人文优势，如合理开发当地旅游业，不仅可以保护和改善生态环境，增加就业机会，促进居民收入稳定增长，而且可以提升总体产业的发展水平，促进经济增长方式的跨越式转变，最终依靠旅游业以及特色休闲产业的开发，衢州可以找到一条既符合当地实际，又可以实现快速致富的绿色之路。为此，2005 年 1 月 26 日衢州市委、市政府发布了《关于加快旅游业发展的若干意见》（以下简称《意见》）。

（二）衢州与旅游经济目标

《意见》是衢州对自身经济发展模式的一次重要定位，同时也为其今后的生态经济模式定下了初始基调。《意见》的出台表明了衢州对自身之特色的敏锐发现，认为依靠特色旅游优势以及边际优势，可以有效实现当地经济增长方式的合理转变以及带动当地人民快速走向致富。为此，《意见》明确提出了衢州市旅游业"三步走"的发展目标：第一步，把旅游业作为第三产业的龙头和重要的经济增长点来培育，力争到 2005 年全市旅游总收入相当于 GDP 的比重达到 9% 左右；第二步，创建中国优秀旅游城市，建设成为新兴旅游城市，力争到 2008 年全市旅游总收入相当于 GDP 的比重达到 11% 以上；第三步，把旅游业作为全市新兴的支柱产业来培育，力争到 2010 年全市旅游总收入相当于 GDP 的比重达到 13% 以上，并把衢州建设成为"住在衢州、游在四省边际"的旅游集散中心，实现由新兴旅游城市向旅游经济强市的高调迈进。[①]

总目标中突出了"龙头"、"新兴旅游城市"以及"旅游经济强市"这些关键词，三个关键词反映出衢州对自身经济增长模式与旅游业强力带动二者关系的精确把握。"旅游经济强市"在《意见》中被阐述为衢州经济发展的终极导向和目标，这是一次富有远见的"关于发挥自身特色"的正式"宣言"。《意见》反映出衢州就此将告别过去那种踩着外地脚印，忽略自身优势而模糊发展各种产业的

---

① 请参阅《中共衢州市委 衢州市人民政府关于加快旅游业发展的若干意见》（衢委发〔2005〕5 号），第 2 页。

不理智模式，转而立足于自身拥有的区位优势以及得天独厚的自然景观，以一种生态建设与经济收入合理并收的形式将自己突出出来，让衢州的旅游品牌闻名起来，让衢州的生态建设呈现出来，让衢州样板鲜活起来。这是一个关于经济以及生态发展目标的精确定位。

（三） 衢州市发展未来旅游业的总体规划

诚然，有了目标鼓舞人心，然而单纯的目标推出是远远不够的。目标书面化以后，以何种具体措施来实现这些目标便成为摆在衢州市委、市政府面前的紧迫考验。《意见》对此有着清晰的推行思路。《意见》首先高度重视旅游项目发展的总体规划，要求下属各级区县政府要把旅游发展规划作为重点专项规划，纳入当地经济和社会发展规划体系，切实加快编制旅游发展规划、风景名胜区和重点景区详细规划。同时要求城市建设、土地利用规划以及农业、林业、交通、水利、文化等产业规划要与旅游发展规划相协调，并充分考虑旅游景观和综合配套功能的均衡发展。各县（市、区）的旅游发展规划、旅游区规划，必须与全市旅游发展总体规划相衔接。要切实加强对旅游规划的执行和管理力度，各级旅游项目在立项前应征求旅游部门的意见，凡是不符合规划的旅游项目，一律不得开发，防止低水平重复建设。①

有了这一总体规划，衢州各相关部门对如何发展当地生态旅游业有了总体的清晰认知，这便有效告别了过去那种职责不明、敷衍了事的传统旅游发展模式，且使得"大旅游"观念在农业、林业、交通、水利、文化等各个职能部门工作人员的心目中扎根、烙印，这有助于实现配套联动，最终形成旅游业发展的巨大合力。

---

① 详情请参阅《中共衢州市委　衢州市人民政府关于加快旅游业发展的若干意见》（衢委发〔2005〕5号），第4页。

（四）领导、监督与政策支撑

为了加快当地生态旅游建设的发展速度，衢州为此特别成立了"市旅游发展领导小组"，对旅游发展进行宏观调控、行业指导和市场监督。定期协调解决旅游业发展中的重大问题，督促落实旅游业发展的各项工作任务，这使得各县（市、区）的旅游发展规划、旅游区（点）规划与全市旅游发展总体规划最终实现了统一衔接，避免了盲目开发、不顾大局、各自为政的不理智操作模式，便于区域联动、优势互补和资源共享。

除了总体规划以及统筹领导外，政府还对当地旅游业开发的资金补贴方面作出了政策性的大幅度倾斜，以鼓励外来资本批量进入和旅游产业的快速发展。按照"政府推动、市场运作"的预先要求，以特许、转让、承包、租赁等方式，积极吸纳民间资本参与旅游项目的开发建设。衢州市政府还对重大旅游项目专门推出"一事一议"的优惠政策，目的在于吸引国内外知名的大型企业以及财团组织参与到衢州当地旅游资源开发项目中，依靠外来的雄厚资本，促成当地旅游产业的跨越式发展。衢州市政府还对旅游业本身以及与其有着互动关联的特殊产业的税费缴纳额度作出了具体让步，并以该种奖励的方式推动旅游产业的持续发展。《意见》规定：对新建景区增值税、营业税以及所得税方面给予相应照顾或者直接补贴。对新投资景区（点）开发建设所涉及的城市基础设施配套费予以优惠或者全免。对新投资的景区、景点建成后实行税外无费，属市、县两级政府权限内的所有行政、事业性规费一律免收。①

此外，政府还对旅游建设项目用地给予了特殊支持，要求各级部门要预先将旅游用地纳入土地利用总体规划中，并确保优先供地。对

---

① 请参阅《中共衢州市委　衢州市人民政府关于加快旅游业发展的若干意见》（衢委发〔2005〕5号），第6页。

新兴的商业旅游街、旅游市场以及旅游店面的开发和经营，政府都承诺提供相应的补贴。这些倾斜政策的优惠程度之大，集中体现了衢州市委、市政府对发展生态文明和旅游经济的坚定决心。衢州以一种包容开放的态度，最大限度地将外来资本和企业引入其中，为当地旅游业的发展提供了资源保证。在这些优惠措施的鼓励以及政府的坚定引领下，衢州旅游业自那时起便蓬勃发展。这不能不说是得益于当地政府富有前瞻性的坚强领导。

2006 年

三 《衢州市人民政府关于市区城市园林绿化长效管理的实施意见》

城市生活是人类群体生活的高级形式，同时也是人类走向成熟和文明的标志，是生产生活资料互动利用的集中存在模式，人们可以在这个相对较大的空间中自由穿梭，享用空间之内的物质以及信息资料。城市以其便利的交通、发达的公共服务设施以及多样化的独立生活方式总是在吸引人们不断进入其中，城镇化由此作为现代社会主要的特色标志。然而在现代工业化社会中，"城镇"经常与"绿色"构成一对必然意义上的反义词。高楼林立，交通辐射，人口密集，钢筋混凝土遍布，这些因素合在一起，成为判定一个城市现代化程度的基础衡量指标。然而，绿色植物，对一个城市的存在来说不仅不可或缺，而且具有重要的基础性作用。如果缺失一定比例的绿色植被，再繁华的城市终有一天也会化为废墟。现代科学实验证明，城市中的绿色生命不仅能有效地减少汽车尾气中的氮氧化合物，从而减少大气中二氧化碳含量和防止光化学烟雾的形成，绿色植物还能够减少噪声、释放氧气以及起到防风固沙的作用。伴随着现代城市化的发展，越来越多的人口逐渐流向城市，城市的空间被密集的楼宇塞满。为了追逐高额利润，房地产商以广告等各种形式刺激人们在城市中购买住房。这些所造成的最终结果是：人们负债住进了楼房，先前城市的大片绿地被依次掩埋，城市雾霾、废水、噪声等问题渐趋突出，成为干扰人们正常生活、破坏居民健康的主要杀手。

（一）衢州的预见

衢州对此有着高度的预见性。在借鉴其他省区经验教训的同时，及早地认识到城市绿地对城镇居民健康以及城市良性发展的重要作用。在中国社会科学院国情调研课题组赴衢州考察过程中，衢州市委、市政府的工作人员屡次向我们表示，他们不会像诸多其他兄弟省区那样，走一条"先污染后治理"的不科学的经济发展道路。绿色与生态是衢州的特色资源，也是衢州人最看重的东西，更是衢州以后经济持续增长的有力动力。如果我们回头看，会发现衢州市政府早在2006年就对城市生态环保工作给予了高度重视，并于同年6月正式出台了《关于市区城市园林绿化长效管理的实施意见》，以借此具体指导全市（区、县）的城市绿化工作。

如果说2004年出台的《关于加快推进"百村示范、千村整治"工程的意见》针对的是农村的生态整治，那么《关于市区城市园林绿化长效管理的实施意见》（以下简称《意见》）则针对的正是城市的生态建设。《意见》涵盖了城市公共绿地、道路绿化、河道绿化、防护绿地以及居住区绿地建设等多方面内容，从宏观上对衢州以及下设区县的城市绿化工作作出了重要指示。

（二）城市园林绿化管理过程中的责权统一

《意见》首先强调要按照"统一领导、分级负责、责权统一、精简高效"的原则，理顺市区城市园林绿化管理体制，建立市、区、街道（乡镇）、社区四级联动的城市园林绿化管理体制。其中，市负责市区城市园林绿化的综合协调管理，并对各区的城市园林绿化管理进行监督考核。区负责管辖范围内城市园林绿化的建设、养护、管理和监督工作。街道（乡镇）负责本辖区内城市园林绿化的日常工作，要求在区建设部门的指导下，明确承担机构，并由专人负责，完成辖区内城市园林绿化任务。社区负责做好本辖区城市园林绿化的宣传、监督工作。①

在以往的城市生态管理模式下，责权不分的现象经常出现，有些地方政府对城市绿化工作重视不够，缺乏科学的预先规划以及统一的坚强领导，各下属部门互相推诿责任，致使很多本应完成的工作最终不了了之。《意见》科学明晰，市委主动承担了综合领导任务，又将责任明确划分，实现了责、权、利的有效统一。《意见》为保证市区城市园林的长效建设设定了明确指针。

（三）绿化管理的经费来源与保障

城市园林建设不能缺少必要的经费来源。城市绿化建设的最终完成质量在很大程度上取决于用于该项建设的资金是否充足到位。然而，资金到底出自哪个部门，哪个部门到底负责哪些区位的绿化建设任务，其具体的分工必须明确具体，责任必须直接到位。如若不然，便会出现大批绿地无人认养、无人认管的混乱局面。城市园林建设关系到一个地区人们生活的根本福祉，如果各单位部门相互推诿责任，或者采取漠然置之的应付态度，最终会造成这一重要工程以失败的样貌遗憾落幕。《意见》明确规定了每一项城市园林管养经费的对应来源。其中，市、区财政主要负责保障市、区城市园林绿化建设以及附带的管养经费；相应单位各自负责其附属绿地及其管界内的防护绿地的建设、管养费用；社区绿化的养护费根据具体情况，或在

---

① 详情请参阅《衢州市人民政府关于市区城市园林绿化长效管理的实施意见》（衢政发〔2006〕35 号），第 2 页。

物业管理费中支出，或者由各区自筹解决。柯城区绿化经费在符合核定条件的情况下由市财政直接拨付；衢江区绿化经费原则上按财政体制由衢江区政府筹措；市开发区、高新园区和西区管委会绿化经费按财政体制自行解决；现由市城市维护费列支的绿地、行道树养护、设施维护等经费，由市建设局会同市财政局重新核定园林绿化养护经费，实行经费包干。① 在这种明确的经费负责制度下，各部门各负其责，目标明确，分工精细，便于监督和考核，这些因素有效保证了衢州城市园林建设工作的高质量推进。

在城市园林建设的过程中，为了利用一切可以利用的优势资源，衢州还特别重视推进市场化运作。《意见》提出，市、区承担的城市公共绿地、道路绿化、河道绿化、防护绿地以及交通、林业、水利等部门承担的城市规划区范围内的交通、防护、河道绿地的养护管理，按照市、区统一的绿地等级划分、定额标准、投标报价范围进行公开招标；街道可以采取多种形式培育绿化养护公司，参与街道管辖区内园林绿化养护的投标；物业管理企业承担的绿地养护工作，配置相适应的养护人员和机械设备，鼓励物业管理企业将其管辖区域的园林绿化管理委托给专业的园林绿化养护公司承担；鼓励单位附属绿地养护面向社会进行公开招标或委托专业绿化养护公司管理。②

（四）严抓考核

在明确责任、经费到位的情况下，衢州城市园林建设有序展开。值得注意的是，《意见》还强调了要加大园林绿化工作的监管和考核力度。要求加强市对区、区对街道、街道对社区和承包人的层层监督

① 详情请参阅《衢州市人民政府关于市区城市园林绿化长效管理的实施意见》（衢政发〔2006〕35 号），第 6 页。
② 详情请参阅《衢州市人民政府关于市区城市园林绿化长效管理的实施意见》（衢政发〔2006〕35 号），第 5 页。

考核机制。考核情况与经济责任、养护作业经费挂钩。市建设局受市政府的委托，按照考核标准和办法，对各区的城市园林绿化工作进行定期的检查、考核，并负责市直管绿地养护作业的监管。《意见》还要求各区要根据统一标准和考核办法，对所辖各街道的城市园林绿化进行检查、考核，并对辖区内各物业管理企业、单位庭园的园林绿化工作进行监督、检查。市建设局及其下属的园林处，主要负责加强对各区园林建设的技术指导和督促、检查，确保绿化工作的圆满完成。

统一的领导、科学的规划、明确的责任以及严格的监督机制，衢州在城市园林建设过程中努力将这四条原则落实到具体的生态工作之中去，并常抓不懈，这使得衢州城市各个组团在日后呈现别样的绿色面貌，并日渐成为衢州自己的特色名片，同时也为迎接"国家园林城市""国家卫生城市"的称号认定打下了坚实基础。今天的衢州城绿意盎然、空气清新、景色宜人，这一切都得益于衢州人对自己生活起居于其中的城市的特殊关爱，同时也得益于市政府在政策制定时的高瞻远瞩，得益于《意见》的及时出台和有效落实。

2007 年

四 《衢州市人民政府办公室关于切实做好第五届生态衢州（上海）推介会等活动筹备工作的通知》

在现阶段的中国，随着物质生活条件的日趋改善，人们饮食结构正在发生根本的改变，由"吃饱"向"吃好"再向"吃健康"方向转化。然而，随着商品经济的发展，农产品在生产加工过程中越来越多地使用农药、化肥以及各种有害添加剂，这对人们的身体健康造成了重大威胁。在这种现实情况下，人们对无污染、安全、优质、营养丰富的绿色产品的期待越来越大。发展绿色农产品不但可以有效地满足人们对安全、卫生、营养食品日益增长的需求，保障人民身体健康，而且对于保护农业资源，改善生态环境，增强农产品竞争力，加快农业现代化进程，建设社会主义新农村有着十分重大的意义。

（一）衢州发展绿色食品的显著优势

衢州地区具有众多种植推广无公害绿色食品的天然优势。一是这里气候温润，空气良好，水量相对充足，为多种农产品的生长提供了独特的环境和空间。二是生态环境优势。由于未经过工业生产以及人为生活的大面积污染，这里植被完整、林草丰茂，森林覆盖率高，生态良好，污染程度低，有机肥源充足，因而发展绿色农业有着得天独厚的自然优势和区域特色优势。三是产品质量优势。这里的农产品丰富、品质优良、味道纯正，尤其是柑橘、胡柚、蜂蜜等农产品，以色、香、味俱佳闻名，种植历史悠久，品质上乘。其中，常山胡柚两度被评为全国优质农产品，"天子"牌常山胡柚被省政府命名为省级名牌产品，享誉全国。[1] 常山县于1996年被农业部正式命名为"中国常山胡柚之乡"。而常山的胡柚则是正宗的绿色无公害食品。

（二）之前市场与农民的分离困境

在几年前，由于各种条件的限制，衢州并未能将绿色无公害产品这一特色优势体现和运用起来，绿色产品种植分散、规模小、链条短，以及销售渠道不畅通等因素成为阻碍衢州发展绿色产品从而实现生态富民的最大障碍。那时候由于交通闭塞，居住分散，对互联网不了解，农民对其他区域的先进种植技术毫无所知，面对各种各样的信息不知道如何分析判断，导致农民很难及时准确地捕捉到可靠的市场信息，根据市场行情变化合理安排生产，使大量农副产品流通不

---

[1] http://shop.bytravel.cn/art/133/zcsh/.

畅，常常发生难卖现象。农民不愿加入中介组织，同时没能有效地将农产品的加工、储存、运输和其他服务环节连接起来，造成了农民与市场联系的经常性缺失。生产的产品不为外人所知，产量再多也无人购买成为制约该地区绿色产业发展的最大瓶颈。如果农村与周边大城市间的信息交流互动严重缺失，相关部门宣传不到位，那么必会造成与大城市间资源优势互补链条的断裂。

衢州之前便面临这种困境。由于衢州与杭州、上海等大城市间在农产品方面的供给断裂，衢州的农民没有享受到足够的实惠，而且如此物美价廉、有机无污染的绿色产品不为上海等城市知晓，这对于生活在这些大城市的居民来说不能不说是一种重大的损失。

（三）第五届推介活动

鉴于过去的经验教训，衢州市政府决定改变这一被动局面，并连续组织4届衢州对外推介活动，皆收到了满意的效果。2007年，衢州市政府决定加大推介力度，彻底让衢州的绿色产品进入上海等较大城市。为了实现这一目的，衢州市人民政府办公室于2007年度及时颁发了《关于切实做好第五届生态衢州（上海）推介会等活动筹备工作的通知》（以下简称《通知》），以上海这个大城市为目标，积极将衢州的绿色产品进行推广。《通知》强调要主动走出去、走上去，努力跑项目、找项目，多上项目、上好项目。通过利用现有的农业品牌、现有的特色资源，通过联谊、参展、外出等多方位、多渠道的招商方式，有的放矢地组织项目推介与招商，捆绑引进农业新品种、新技术、新工艺，全面提高农业的综合效益和农产品竞争力。生产绿色产品，做大绿色产业，卖出绿色产品，最终富裕农民，带动一方经济。

随着网络营销的迅猛发展，网络推广成为市场营销中不可替代的一种方式。以互联网为技术依托进行网上推广，以扩大对象的知名度和影响力为目的的网络推广，具有互联网本身所具有的开放性、全球性、低成本与高效率的特点，从而导致了多个行业竞相在互联网上进行产品推广活动。互联网电子技术平台为传统商务活动提供了一个无比宽阔的发展空间，其突出的优越性是传统推广手段根本无法比拟的。衢州这次推介会对信息推广手段格外重视。推介活动按照市委、市政府提出的有创新、有特色、有亮点、有实效的要求，以"生态衢州、绿色食品、农民信箱、网上交易"为主题，以农产品展示促销、农业技术交流合作、农业招商引资为重点，通过市县联动、主体互动、网络（信息）推动、媒体促动等主要形式，力求实现绿色产品向上海等巨型城市的规模输出。① 衢州市政府紧密依托浙江省政府"农民信箱"宣传平台，在平台上专门设立"椪柑交易专场"和"胡柚交易专场"。市农技 110 集团副总经理潘云洪对"农民信箱"作用的回应可谓切中实际，他说："农民信箱平台比较大，现在全省有 150 多万户，影响面比较广，交易成本相对来讲比较省，交易效率也比较高，（通过）农民信箱，可以更好地促销我市的农产品，扩大我市农副产品的知名度，特别是在上海的知名度。"② 在这次活动中，市农业局牵头总负责交易专场的栏目设置、网页制作、网络链接等相关信息技术，并努力与省"农民信箱"联络总站实现工作对接。市委还要求现场接入宽带，配备电子屏，各县（市、区）自带电脑并配备操作员。要求相关部门努力组织农业龙头企业、专业合作社、种养加销售大户申请"农民信箱"摊位，并摆放展销农产品。在活动前由各县（市、区）完成 200 家摊位的申请，其中在现场参展的单位必须全部申请，并做到图文并茂；政府组织经济主体和农户发布柑橘买卖信息，要求活动前两天各县（市、区）每天要发布信

① 请参阅《衢州市人民政府办公室关于切实做好第五届生态衢州（上海）推介会等活动筹备工作的通知》（衢政办〔2007〕103 号），第 2 页。

② http://www.qz123.com/news/html/bdxx/zh/200711/2007112092529.htm.

息 100 条以上，活动期间发布信息 200 条以上。[①] 另外衢州市政府还积极倡导组织网上订单交易，明确要求每个县（市、区）的农业龙头企业、运销大户等要在活动期间通过"农民信箱"达成交易订单10 笔以上，订单交易额力争 200 万元以上，其中开幕式期间每县达成 6 笔以上；相关信息部门还积极组织充实"农民信箱""农家乐"专栏，大量增加图片和柑橘采摘游等相关内容。[②]

衢州市委对此次活动高度重视，为确保推介活动的顺利展开，市政府专门组建了第五届生态衢州（上海）推介会活动筹备委员会，负责组织实施第五届生态衢州（上海）推介会等活动的筹备工作。在活动前制订了详细的实施方案，并努力将筹备工作具体化，列出详细时间进度表，严格将每项工作分解落实，责任到人。在活动中衢州市政府还注重积极广泛宣传发动群众，组织农业龙头企业、农民专业合作组织、种养大户积极参展，努力推出一批名特优新农产品和项目，确保了各项工作任务的顺利完成。各县（市、区）也配合市政府建立了相应的工作机构，各有关部门按照职责分工，配合密切，共同做好了各项筹备工作，最终使得推介活动获得圆满成功。

（四）推介成效及其现场描述

这次活动使得衢州的绿色生态产品畅销走红，当地农民也尝到了切实的甜头。相关在场记者事后详细描述了推介会网上竞拍活动的情形：网上竞拍一开始，展厅中央的大屏幕前就围满了人，只见大屏幕上的字幕不停滚动，产品价格不断攀升，"1.2 元，1.26 元，1.3 元，1.46 元……交易成功！"短短 10 分钟时间，衢江兴品园艺公司就与上

---

① 请参阅《衢州市人民政府办公室关于切实做好第五届生态衢州（上海）推介会等活动筹备工作的通知》（衢政办〔2007〕103 号），第 3 页。
② 请参阅《衢州市人民政府办公室关于切实做好第五届生态衢州（上海）推介会等活动筹备工作的通知》（衢政办〔2007〕103 号），第 4 页。

海山华果品有限公司达成了一笔 500 吨柑橘销售交易。① 据记者的现场统计，短短 1 个小时里，就有 5 批椪柑、胡柚相继竞拍成功，交易效率非常之高，销售也远达辽宁、宁夏、广东、新疆等地。在 3 个场次的网上竞拍中，26 批农产品全部竞拍成交，总成交额近 8 千万元。②

在这次推介会中，衢江区参展的 16 家农业龙头企业所带来的农产品深受上海市民青睐，招揽来众多上海市民争相抢购，不少超市也纷纷与相关企业签订销售协议。据统计，本次推介会衢江区共落实投资项目 2 个，签约金额 7900 万元；农产品订单 2 个，签约金额 6200 万元；现场销售农产品 67 万元；4 家企业在网上发布标书，30 多家外地企业参与竞标，竞标额达 793 万元，同时还在网上发布以椪柑买卖信息为主的农产品供求信息 5000 多条，成交额共达 4000 多万元。③

通过这次推介活动，衢州成功地与上海以及诸多其他大型城市建立了生态商品的长期对接关系，农民从中得到了实惠，随着其积极性的不断提高，越来越多的高质量绿色无公害产品被培育和种植，周边大城市的市民也以实惠的价格品尝到了健康食品，如此，一种积极的循环便在衢州与上海等大城市之间不断地建立、巩固起来。

2008 年

五 《衢州市人民政府办公室关于印发衢州市第一次全市污染源普查工作方案的通知》

开展全国第一次污染源普查工作是党中央、国务院在改革开放以来，在我国经济得到持续高速发展，同时一些环境污染问题也日

① http：//www.qz123.com/news/html/bdxx/zh/200711/2007112092529.htm.
② http：//www.qz123.com/news/html/bdxx/zh/200711/2007112092529.htm.
③ http：//qj.qz.gov.cn/zfxxgkml/zwxw/jrqj/200711/t20071120_59722.htm.

趋突出的形势下，运用科学发展观作出的一项重大举措。要想正确把握我国环境状况变化的规律和趋势，为环境保护参与宏观决策奠定牢固的基础，必须全面掌握污染源种类、数量和分布状况；同时，科学而系统地分析各地污染源的结构和特点，也是有针对性地根据不同的生态功能区划合理安排生产布局，推动产业结构调整和经济发展方式转变的必然要求；只有系统了解各地污染源的种类、输出数量和历史演变规律，才能客观评估目前节能减排工作取得的成绩以及不足之处，并为将来节能减排规划的科学制定作出准备。

对于一向重视生态建设的衢州来说，这不失为一次绝佳契机。认真扎实地开展这次活动，不仅可以从整体上为国家的环保建设提供可靠数据，掌握污染源的总体样本，为建立科学的环境统计制度、改革环境统计调查体系、提高统计数据质量创造条件，而且还能搞清自己所辖区域内主要污染物的种类及其排放量、行业和地区分布状况、排放去向、污染治理设施运行状况、污染治理水平和治理消耗费用等情况，为污染治理和产业结构调整提供依据，实现衢州全境环境保护工作的全面推进和重点突破。

（一）衢州市政府对污染源普查活动的具体安排

衢州市政府积极响应国家号召，对此次普查活动高度重视，认真安排，精心组织，严格按照国家普查办规定的准备、普查、总结三个阶段的统一要求，重点把握动员、培训、清查、普查、录入、汇总、审核验收各环节工作。全市统一领导，部门分工协作，地方分级负责，各方共同参与。根据国家对省普查工作的要求，市政府及时成立了衢州市第一次全市污染源普查领导小组，负责全市普查的组织和实施工作。领导小组下设办公室负责普查工作的业务指导和督促检查，其主要职责是：制订和组织实施全市污染源普查各阶段工作方案；组织开展全市污染源普查工作的宣传报道和培训；对全市污染源普查工作进行业务指导、督促检查和验收；向市普查领导小组提交普查报告，根据省普查领导小组的决定发布普查结果。[①] 市环保局负责拟订全市污染源普查方案和不同阶段的工作方案，组织普查工作试点和培训，负责工业源、生活源和危险废物处置厂（场）的普查，对普查数据进行汇总、录入、分析、核实、上报、结果发布等并组织普查工作的验收。[②] 此外，在市污染源普查小组的统一领导下，各县（市、区）政府也设立了相应的污染源普查领导小组及其办公室，负责组织实施本地区的污染源普查工作。

为了提高普查工作效率，同时为了避免因责任模糊造成的各单位之间的相互推诿和目标不清，衢州在这次普查工作中采取了单位责任制的形式，向相应单位派发对应的工作任务，实行人员分组、区域分片、行业分类别以及"定人、定时、定量、定标准"等有力措施，切实加大污染源普查力度，以确保普查工作的顺利进行。其中，市委宣传部通过电视媒体、网络报纸等媒介形式，负责组织污染源普查的新闻报道和宣传工作；市统计局负责做好普查所需资料的提供和有关资料的衔接工作，参与普查相关数据的核定和普查结果的分析、发布工作；市财政局负责审核普查经费预算，筹措普查资金，做好专项资金的拨付，并监督经费使用情况；市教育局负责配合做好学校的污染源普查；市卫生局负责配合做好各类医疗机构的污染源普查。[③]

（二）严抓质量控制

为了保证普查质量，衢州市政府也采取了相应的可靠措施。措

---

① 详情请参阅《衢州市人民政府办公室关于印发衢州市第一次全市污染源普查工作方案的通知》（衢政办发〔2008〕10号），第9页。
② 请参阅《衢州市人民政府办公室关于印发衢州市第一次全市污染源普查工作方案的通知》（衢政办发〔2008〕10号），第10页。
③ 请参阅《衢州市人民政府办公室关于印发衢州市第一次全市污染源普查工作方案的通知》（衢政办发〔2008〕10号），第10～11页。

施首先要求根据国务院普查领导小组办公室制定的普查数据质量控制规定，确定普查工作评价标准，开展全市普查质量控制工作。其次，地方各级污染源普查机构根据国家的统一规定，建立污染源普查数据质量控制责任制，设立专门的质量控制岗位，并对污染源普查实施中的每个环节实行严格的质量控制和检查验收。严格规定各部门、各单位的负责人不得擅自修改污染源普查领导小组办公室、普查人员依法取得的污染源普查资料；不得强令或者授意污染源普查领导小组办公室、普查人员伪造或者篡改普查资料；不得对拒绝、抵制伪造或者篡改普查资料的普查人员进行打击报复。各级普查机构根据实际需要，聘请了相关行业或领域的专家参与普查全过程工作，依托专家对污染源普查方案和重要技术规定进行评审和论证，确保了污染源普查各项技术方案的科学性和可操作性。最后，市普查办统一组织了污染源普查数据的质量核查工作，在各主要环节，按一定比例抽样，抽查结果作为评估全市各地区污染源普查数据质量的依据。污染源普查数据不符合全国污染源普查方案或者有关标准、技术要求的，市污染源普查领导小组办公室可以要求相应区、县污染源普查小组办公室重新调查，确保普查数据的一致性、真实性和有效性。

（三）重视普查队伍的基础培训工作

衢州市政府还意识到普查工作的具体执行人员的业务素质是影响这次普查工作最终效果的决定性因素，因此，衢州还特别注重对普查人员的专业培训，对污染源普查方案的内容，普查范围和主要污染物，普查技术路线和普查方法，各类普查表格和指标的解释、填报方法，以及普查数据录入软件的使用、数据库的管理和普查工作中应注意的问题等，有针对性地进行了及时的专题培训。对在污染源普查工作中作出突出贡献的集体和个人给予一定的表彰和奖励，对不执行普查方案，伪造、篡改普查资料，或者强令、授意普查对象提供虚假普查资料的普查人员，依法给予处分。

在这些准备工作充分完成之后，衢州相关部门开始对工业污染源、农业污染源以及生活污染源进行了系统普查。通过实施这次污染源普查工作，衢州市更准确、更深入地了解了当地污染的实际状况，这不仅为其日后有针对性地加强环境管理、促进重点减排、有效地改善地区环境质量夯实了基础，同时也为国家污染源普查信息库的最终完善作出了地方性的必要贡献。

2009 年

六　《衢州市国家卫生城市管理办法》

2009 年 12 月 15 日，衢州市创建省级环保模范城市通过省环保厅技术评估，12 月 17 日，衢州荣膺"国家卫生城市"称号。为了切实落实城市市区长效管理，明确责任单位长效管理的工作职责，全面发挥综合管理效能，进一步提升城市卫生管理水平，促进城市管理制度化、规范化、法制化，不断巩固和深化衢州市国家卫生城市成果，衢州市根据《国家卫生城市标准》《衢州市爱国卫生工作管理办法》和有关法律、法规，结合本市实际，及时出台了《衢州市国家卫生城市管理办法》（以下简称《办法》），对衢州市区范围内的爱国卫生组织管理、健康教育、市容环境卫生、环境保护、公共场所和生活饮用水卫生、食品卫生、传染病防治、病媒生物预防控制、单位和居民区卫生、城中村和城乡结合部卫生等国家卫生城市 10 个方面的长效管理一一作出了具体的规定。

（一）《衢州市国家卫生城市管理办法》出台的原因

衢州市委、市政府清晰地意识到国家卫生城市并非终身制，一且获得不会一劳永逸，永不复失。既然获得了国家卫生城市的光荣称号，就要在城市市容市貌的具体维护方面尽到责任，就要在各方面以更高的标准严格要求自己，就要在卫生维护方面高于一般的地方城市。同时，还要保证生活于其中的老百姓有一种卫生城市带给他们的温馨感受，借此让老百姓形成高度的城市主人翁意识，自愿维护城市市容并将其提高到一个新的水平。"创卫"成功后的衢州市对有关市容的组织、统筹、协调、检查、评价、奖惩和迎接复查等具体工作极其重视。在组织领导方面，原国家卫生城市工作领导小组直接调整为市国家卫生城市管理工作领导小组，领导小组下设办公室，针对市民投诉多、反映强烈的重点难点问题，迅速组织开展专项整治，解决存在的突出问题。对日常督察中发现的问题和薄弱环节及时跟踪，确保各种问题能在最短时间内得到妥善解决。管理工作小组还致力于发现和抓住问题的源头，建立健全长效管理机制，并对各单位进行年度考核，确保长效管理工作取得实效。

（二）城市管理与具体分工

《办法》在注重各级各部门加强配合协同作战的同时，还对管理工作中的部门责任区分工作予以高度重视。在合作中注意区分，在区分中注重合作。《办法》的明细条目对各部门在市国家卫生城市管理工作中应该承担的具体任务一一作出了详细的规定。规定市委宣传部在负责指导市属新闻媒体加强国家卫生城市长效管理活动的宣传报道工作的同时，还要协助组织和指导各机关单位、企事业单位、社区定期开展卫生宣传和教育工作，并引导广大市民树立健康文明的生活理念。卫生局负责对市区食品及饮用水安全进行监督管理，严格核查餐饮业以及食品销售商所供食品的来源渠道、经营许可证等，对过期的不合格食品督促及时清架，维护百姓的食品安全。同时还要负责做好传染病的登记、预检及其上报工作，通过网络等媒介形式及时向社会报告突发疫情，稳定市民情绪。市建设局负责残损道路修复、绿化带的补全、粪便的无害化处理以及堵塞下水道的疏通工作，加强路灯点亮城市工程建设，强化城区河、湖、渠、塘的管理。市综合执法局负责加强市容秩序管理，对乱搭乱建、随地乱倒垃圾、流动摊点随意占道经营以及墙上涂鸦、张贴小广告等一些影响市容市貌的违法违规行为进行严肃处罚，确保良好的市容秩序。市环保局负责对水源、空气质量、噪声控制以及医疗污水排放等进行具体监管，并做好餐饮业排污许可证的发放管理等工作。《衢州日报》、《衢州晚报》、衢州电视台和广播电台等衢州媒体则被要求调动一切人力、物力，在对城市受众进行卫生防病教育的同时，加强对国家卫生城市管理工作的舆论宣传和舆论监督。①

（三）卫生城市管理过程中监督工作

《办法》还集中体现了衢州市在国家卫生城市管理中对创建监督检查制度的高度重视，反复强调要建立领导定期督察制度，确保各项工作落实到位。市国家卫生城市管理工作领导小组办公室采用平时抽查和年终检查相结合的方法进行考核，对各成员单位年度计划落实情况每半年组织检查一次，对市区卫生保洁工作采取定期督察通报制度，督察结果在报纸和电视等媒体上进行通报。衢州市委、市政府还将国家卫生城市管理情况列入各部门单位年度目标考核。对积极开展国家卫生城市管理工作，圆满完成本单位相应职责和任务的单位和个人给予表彰；对没有完成规定职责，管理工作不落实的单位和个人，将视情节轻重，责令改正或通报批评。②

通过以上措施，衢州不但确保了国家卫生城市管理工作的顺利实施，完成了预定的各项目标，而且推动当地生态文明建设不断前

---

① 具体责任划分请参阅 http：//news. qz828. com/system/2009/12/23/010174365. shtml。
② 关于具体监管工作请参阅 http：//news. qz828. com/system/2009/12/23/010174365. shtml。

进，衢州市容市貌越发美观，人们的生活条件日趋改善，这一切都是衢州市委、市政府科学决策的回报性成果。

2010 年

七 《中共衢州市委关于加快推进生态文明建设的实施意见》
《中共衢州市委 衢州市人民政府关于加快林业改革发展全面推进"森林衢州"建设的意见》

为了进一步加快当地生态文明建设的步伐，衢州市委、市政府在 2010 年连续推出了《关于加快推进生态文明建设的实施意见》和《关于加快林业改革发展全面推进"森林衢州"建设的意见》。两个文件有很多共同之处，在这些诸多共同之处中，第一个共同之处即两个文件对接下来的生态文明建设过程中预实现"目标"和所必须坚持的基本"原则"都给予高度的重视并作出严格的具体规定，在强化目标责任制、数量达标的同时，坚持原则的不可动摇性，借此推动当地经济又好又快地向前发展。

《关于加快推进生态文明建设的实施意见》这一文件对预实现"目标"给予高度的重视，明确提出了"十二五"时期全市生态文明建设的总体目标，该目标一分为三。

目标一：形成具有衢州特色的现代生态经济体系。在政策方面鼓励低耗高效企业加快发展，同时淘汰落后的生产方式，发展循环经济和清洁无污染的第三产业，注重资源利用在时间维度上的持续性和在社会横向结构上的兼顾性，推动经济腾飞与环境保护、物质文明与精神文明、自然生态与人类生态高度统一和可持续发展的衢州特色经济体系的最终建成。

目标二：城市与农村生态家园建设共同推进。该意见强调要加快农村生态环境建设的整体步伐，以改水、改路、改厕、改圈、改灶、改善环境为重点，引导广大农民群众树立生态环保观念，植树造林，加大对村容村貌的整治力度，使大批重点乡镇、村寨和农户庭院的脏乱问题得到治理。努力建设一批具有衢州特色、全国一流、宜居宜业宜游的美丽乡村。① 同时注重优化城市的生态居住功能，加大城市森林覆盖率，扩大人均公共绿地面积，生态市建设实现第三步目标。全市河流水质普遍达到控制目标，集中式饮用水源达标96%以上。空气污染指数逐步降低，群众的环境权益得到切实保障。公众对生态环境质量的满意率居全省前列。②

目标三：不断完善生态文明建设的体制机制，构建良好的生态文化氛围。衢州市委、市政府对生态教育的重大意义有着清晰的认知，在整个教育体系的设置过程中，一直将生态教育作为一个重要的板块，政府、企事业单位、学校、家庭、宣传出版部门、群众团体齐心联动，努力将生态学思想、理念、原理、原则与方法融入现代全民性教育的整个过程之中。通过生态教育使全社会形成一种新的生态自然观、生态世界观、生态伦理观、生态价值观、可持续发展观和生态文明观。该意见还强调要不断完善部门联动机制、综合考核评价机制、生态应急保障机制，健全生态文明建设所需要的基础推进机制，以此推动衢州生态文明建设的高速发展。

《关于加快林业改革发展全面推进"森林衢州"建设的意见》同样目标明确，以2015年为分界点，衢州市政府提出了两个战略目标。

① 《中共衢州市委关于加快推进生态文明建设的实施意见》（衢委发〔2010〕30号），第3页。

② 《中共衢州市委关于加快推进生态文明建设的实施意见》（衢委发〔2010〕30号），第3页。

目标一：从 2010 年到 2015 年，利用这 5 年时间，完善城乡森林生态体系建设，并明确用具体的 6 组数字规定了预实现目标。目标规定，到 2015 年，全市森林覆盖率要保持在 71% 以上；城区林木覆盖率达到 40% 以上；市级以上绿化示范村占全部村庄 20% 以上；林木蓄积量净增 1800 万立方米以上；森林吸收二氧化碳新增 100 万吨以上；林业行业社会总产值超 200 亿元，并实现国家级"森林城市"创建目标。

目标二：从 2015 年起，经过相当长时间的发展，在全市基本建成较完善的森林生态体系、较发达的森林产业体系、较繁荣的森林文化体系，基本实现林业的现代化。①

2010 年出台的两个文件第二个共同之处是都强调原则优先。

在政府的政策制定过程中，"原则"的预先规定是十分必要的，有了原则，后续行动才有指引和约束，否则就容易陷入"随大流"、"敷衍了事"或者"过度行动"。衢州市在《关于加快推进生态文明建设的实施意见》中对原则性表现出了高度的重视，并明确四项原则，这四项原则体现了对当地生态文明建设的精密构思，它们不是机械模仿的产物，而是针对地区特色，联系当地实际状况推出的合理举措。原则突出了"协调"、"创新"、"分类"与"共建"四个方面。

《关于加快推进生态文明建设的实施意见》提出的第一个必须坚持的原则就是"协调"，即协调经济发展和环境保护的关系。众所周知，环境保护与经济发展具有一定的矛盾关系，那种将环境与经济发展直接对立起来，只要环境、不要发展的"零增长"观点，最终会造成无路可走；与此同时，只要发展、不要环境保护，"先污染、后

---

① 《中共衢州市委 衢州市人民政府关于加快林业改革发展全面推进"森林衢州"建设的意见》（衢委发〔2010〕15 号），第 3 页。

治理"的发展道路也被相关实践证明是极其错误的。衢州市委、市政府极其重视经济的可持续发展，重视协调经济发展与环境保护的关系。在坚持生态优先的特色区位理念的同时，要求正确处理好发展经济与生态建设的关系，坚持在发展中保护、在保护中发展，把生态优势转化为经济优势，促进生态和经济良性互动，实现发展惠民和生态富民的有机统一。《关于加快推进生态文明建设的实施意见》强调的第二个基本原则是"创新"。创新是人类特有的认识能力和实践能力，是人类主观能动性的高级表现形式，是推动民族进步和社会发展的不竭动力。一个民族要想走在时代前列，就一刻也不能没有理论思维，一刻也不能停止理论创新。对经济发展来说，创新是社会经济发展的前置因素，是形成规模效益的源泉。衢州市委、市政府在推进生态文明建设的过程中对科技创新、文化创新、体制机制创新非常重视，把创新实践提高到一个原则性的高度上，并依此提倡"敢于突破，敢于尝试，率先实践，率先发展，争当全省生态文明建设的排头兵"的创新精神。第三个原则是"分类治理"。在推进生态文明建设的过程中，对整个中国来说，存在省、区、市、乡、村的差异，对一个具体的市来说，其下属的区、县、乡、村等也存在各自不同的实际情况，需要区别对待，不能"一竿子打"。衢州市委、市政府因此要求在推进本市生态文明建设的过程中，根据不同的区域特点，因地制宜，分类设定各类建设目标、建设标准以及考核评价体系，并进行分类指导。在工作进行的过程中突出了"明确细分"与"循序渐进"两个方面，反对"一刀切"与"大而化之"的旧有发展理念。《关于加快推进生态文明建设的实施意见》最后明确强调的是"共建原则"。生态文明建设不只是政府的事情，它同样关乎群众的切身利益，只有政府与群众合作才能将生态文明建设切实有效地向前推进。衢州市委、市政府对这种合作共建精神极其重视，要求在推进这一工作的过程中，在充分发挥各级党委、政府在生态文明建设中的组织、引导、协调和推动作用的同时，必须调动各方力量，整合多种资源，形成党政主导、社会参与、全民共建的工作格局，依靠全社会的力量共同实现原定预期目标。

《关于加快林业改革发展全面推进"森林衢州"建设的意见》中也同样提出了在推进衢州森林建设的过程中必须遵守的原则，借以引导衢州的林业改革沿着正确的道路健康发展。

原则之一：要坚持以政府为主导，以农民为主体，全社会办林业，共建共享"森林衢州"。这个原则看似简略，但在具体指导衢州森林产业的良性发展过程中发挥着重要作用。如果政府不重视生态建设，不关注环境的保护，不出台相关的有力措施来确保绿色植被免遭破坏，不积极鼓励林业的产业结构升级，那么，这个地区的绿色森林建设事业必将毫无前景，最终致使仅有的绿色植被被工业机器生产的废渣和污水所覆盖，造成无可挽回的巨大损失。在林业改革发展的过程中，农民是最大的受益者，同时也是一个地区最终的森林建设前景的决定性载体，因此，关注农民，关注农民的积极性和创造力，多鼓励农民参与林业建设和保护，一直为衢州市委、市政府在推进林业改革过程中所高度重视，并始终坚持。同样，推进林业的转型发展，不仅是政府和农民的事情，还与社会各个部门紧密相关，因此，衢州采取各种措施，努力营造森林建设各方参与、全社会力量综合调动的模式，从而使得一种"大生态意识"逐步在每个人心中构建起来。

原则之二：《关于加快林业改革发展全面推进"森林衢州"建设的意见》提出要始终坚持生态优先的可持续发展模式。这个原则突出了当地政府对绿色生态建设高度重视，对生态富民、长远发展有着清晰的认知，不走"短视""无前景""断子孙后路"的传统发展道路，通过法制建设，逐步将生态优先发展的理念上升为法律原则，并严格依法执行各项政策措施。除此之外，该意见还提出了坚持市场导向和创新机制两大原则，并借此逐步增强当地林业的发展活力。

通过这些明确的目标和原则的出台，衢州的林业发展进入一个新的健康发展的既定轨道，农民的积极性由此获得提高，植树造林量稳定增加，空气越来越清新，生活在这里的人们幸福指数逐年提升，这些都得益于衢州市委、市政府《关于加快林业改革发展全面推进"森林衢州"建设的意见》的及时出台和落实。

2011 年

八　《衢州市人民政府办公室关于印发衢州市"清洁水源"等六个行动方案的通知》

《衢州市人民政府办公室关于进一步加强农业标准化工作的实施意见》

《衢州市人民政府办公室关于做好市区城市环保满意率提升工作的通知》

《衢州市人民政府关于推进"十二五"节能降耗工作的意见》

《衢州市委办公室　市政府办公室关于印发衢州市"811"生态文明建设推进行动方案的通知》

环境问题是中国 21 世纪面临的最严峻挑战之一，为社会经济发展提供良好的资源环境基础，使所有人都能获得清洁的大气、卫生的饮水和安全的食品，是中央和地方各级政府的基本责任与义务。衢州人历来对生态文明建设与环境保护工作高度重视。为了实现经济社会发展与人口、资源、环境的良性互动，不断增强经济实力，进一步牢固树立生态文明观念，使衢州成为全省、长三角乃至全国生态文明建设先行区和示范区，衢州市委办公室、市政府办公室于2011年出台了《关于印发衢州市"811"生态文明建设推进行动方案的通知》，这标志着衢州生态文明建设迈上一个新的台阶，从理念和实际操作上都提升到一个更高的层次。

该通知涉及包括"节能减排行动、循环经济行动、绿色城镇行动、美丽乡村行动、清洁水源行动、清洁空气行动、清洁土壤行动、农业面临污染整治行动、森林衢州行动、防灾减灾行动以及绿色创建行动"在内的11个专项行动方案。

（一）预实现目标

该通知对到2015年将要实现的各项目标作出了具体规定。（1）生态经济目标。对服务业增加值、高新技术增加值、单位建设用地总值、单位工业增加总值、主导农产品中无公害农产品、绿色产品、有机食品种植面积所占的总体比重都作出了明确的规定。（2）节能减排目标。对单位生产总值能耗、单位生产总值二氧化碳排放量、化学需氧量、氨氮、二氧化硫、氮氧化物排放总量，银、汞、铬、砷4种主要重金属污染物排放量等作出了任务性规定。（3）环境质量目标。对钱塘江流域（衢州段）主干流水质达标率、县以上城市集中式饮用水水源地水质达标率、县以上城市环境空气质量年均浓度值、城市空气质量达到二级标准天数、酸雨率和酸度、灰霾天气出现频率、区域环境噪声分贝等具体项目作出了明确的达标规定。（4）污染防治目标。对市区污水处理率、县以上城市污水处理率、农村生活污水处理行政村覆盖率、县以上城市生活垃圾无害化处理率、市区城市生活垃圾无害化处理率、县以上城市污水处理厂污泥无害化处置率、重点企业污泥无害化处置率、工业固体废物综合利用率、规模化畜禽养殖场排泄物综合利用率、农作物秸秆综合利用率、废旧放射源安全收贮率等预实现目标作出了严格规定。（5）生态环保与修复目标。对衢州当地的森林覆盖率、平原区域林木覆盖率、城市林木覆盖率、林木蓄积量、新增治理水土流失面积、需治理与修复的废弃矿山治理率、农村生态葬法覆盖率、省级以上自然保护区面积占全市土地总面积比例——作出了具体规定。

为了具体贯彻《关于印发衢州市"811"生态文明建设推进行动方案的通知》精神，完成规定目标，衢州市政府具体出台了《衢州市清洁水源行动方案》《衢州市清洁空气行动方案》《衢州市清洁土壤行动方案》《衢州市绿色创建行动方案》《衢州市防灾减灾行动方案》《衢州市循环经济行动方案》6 个行动方案。6 个方案全面、连续、协同有序，反映出衢州对如何推进当地生态文明建设的独特思路。

（二）《衢州市绿色创建行动方案》的总领意义及其推进情况

比较来看，在 6 个行动方案中，《衢州市绿色创建行动方案》具有总体的指导意义。因为，较高的环境意识是社会文明进步的一个重要标志，而绿色创建则是将环境意识转化为实际行动的重要手段。绿色创建是推进生态文明建设的有效载体，是各级政府落实科学发展观、促进经济社会与环境协调发展的重大举措，对于建设资源节约型、环境友好型社会和全面建设惠及全市人民的小康社会具有重要意义。为了充分做好绿色创建行动的环境宣传和吸引公众参与，不断拓展创建工作的范围和空间，衢州及时出台了《衢州市绿色创建行动方案》。通过开展生态市、生态县、生态乡（镇、街道）、环保模范城市、文明生态村、绿色社区、环境优美乡镇等多层次的绿色创建活动，加强公众参与，强化环境教育，提高环境意识，力争将环境保护、改善生态、节能降耗的理念渗透到公众的日常生活和行动中，这对形成人人关注环境、主动保护环境的良好社会氛围的形成具有重要的作用。

市政府对这次活动极其重视。为了创建一批国家级和省级文明城市、森林城市、卫生城市、园林城市、水土保持生态环境建设示范城市、生态旅游区、节水型城市和节水型社会试点，同时为了建成一批特色鲜明的省级生态文明教育基地和省市级绿色学校、绿色社区、绿色企业、绿色饭店、绿色医院、绿色家庭、绿色矿山，市政府不仅成立了由分管领导担任组长的衢州市绿色创建行动领导小组，而且专门建立了市级部门绿色创建联席会议制度。市环保局在此次工作中专门牵头，加强对全市绿色创建行动的组织协调工作，各地也建立了相应的绿色创建组织领导机构和工作机制。衢州各级宣传、统战、农办、经信、教育、民政、财政、国土、环保、建设、水利、林业、文化、卫生、人口计生、工商、旅游、总工会、团委、妇联、工商等部门和有关单位在此次活动中精心部署，各负其责，密切配合，确保了此次活动的顺利完成。此外，衢州还特别注重宣传效应，突出加强生态文明建设的舆论引导，积极构建宣传生态文明、普及环保知识、弘扬生态文化的立体式大宣教格局，帮助全民尽快树立生态文明观、道德观、价值观。通过创新活动的形式和手段，精心组织策划了生态文明系列宣传活动。充分利用浙江生态日、世界环境日、世界地球日、世界水日、世界气象日等重要节日的纪念和宣传活动，开展群众性的生态环保主题活动，引导人民群众不断强化生态理念和生态文明意识，营造全社会关心、支持和参与绿色创建行动的浓厚氛围。

这次绿色创建行动涵盖各个领域，包括绿色企业、绿色饭店、绿色医院、绿色家庭、绿色矿山的创建。值得注意的是，这次的绿色创建活动对"软建设"极其重视，对绿色观念的基础建设投入了较多的力量。由此，绿色学校的创建在这次活动中被提到了一个较高的决策层面。生态文明教育内容被纳入大、中、小学教育的规划与设计中，通过开设生态文明课程、组织相关社会实践、开展课题研究和竞赛交流等方式，努力建成大、中、小学生态文明教育网络体系，实行有机的连贯教育，把环境教育渗透到学校教学和管理的各个环节。观念教育还渗透到了绿色社区的创建工作中，通过广泛开展环保法律法规宣传教育，大力宣传绿色生活理念和绿色社区知识，衢州绿色社区的创建工作最终取得了显著成效。在绿色家庭的创建活动中，衢州组织开展了形式多样的绿色家庭创建、家庭节能减排低碳生活宣传教育和实践活动，宣传普及环保知识，增强家庭成员保护环境的意识。通过绿色观念的植入，广大家庭成员对绿色理念有了新的认知，在以后的生活中，绿色生活方式由此被实践起来。

绿色创建行动意义重大，影响深远，衢州由此在生态文明建设的道路上越走越牢固，成效也越发显著。

2012 年

九 《衢州市人民政府关于印发衢州市工业投资项目决策咨询制度的通知》

《衢州市人民政府关于加快"腾笼换鸟"促进经济转型升级的若干意见（试行）》

（一）衢州为何推行"腾笼换鸟"

"腾笼换鸟"，是经济发展过程中的一种战略举措。"腾笼"主要是运用差别电价、差别水价、金融信贷等倒逼手段，整治重污染、高能耗产能比较集中的区域，为发展新兴产业、现代服务业腾出能耗空间和土地空间。"换鸟"不是简单地把小企业换成大企业，而是要把腾出来的"笼子"用来装人见人爱的"好鸟"，引进那些处于产业链高端、占据产业链核心部位的好项目，培育那些成长性好、带动力强的好企业，力求所"换"之"鸟"能够占据制高点，拥有"话语权。"① 浙江经济在快速奔跑了30年后的今天，突然感受到了发展中的"制约之痛"，体会到了耕地锐减、环境污染、能源困局、成本攀升等"成长中的烦恼"。浙江的决策者很清楚，这些烦恼归根结底是浙江经济发展增长方式粗放、产业层次不高等积弊的反映。如果不痛下决心"腾笼换鸟"，发展空间就会越来越小，就会与机遇失之交臂，这些烦恼将成为"永久的烦恼"。为此，浙江采取三大方略，实施"腾笼换鸟"：优农业（用生态农业、精致农业代替传统农业）、强工业（用新型制造业改造提升传统产业）、兴三产（靠"楼宇经济"缓解土地压力）。② 这些在《浙江省人民政府关于加快"腾笼换鸟"促进经济转型升级的若干意见（试行）》（浙政发〔2012〕49号）这一文件中都有明确的要求。

为了认真贯彻落实《浙江省人民政府关于加快"腾笼换鸟"促进经济转型升级的若干意见（试行）》精神，进一步加大"一个中心、两大战役"推进力度，衢州市政府结合当地具体情况，推出《关于加快"腾笼换鸟"促进经济转型升级的若干意见（试行）》（以下简称《意见》），以期尽快促进本市产业转型升级和经济发展方式转变，扩大有效投资，提高资源有效配置率。

（二）"腾笼换鸟"工作协调小组及其下设组织

为了具体落实《意见》精神，有效推动经济结构的转型升级，

---

① http://news.qz828.com/system/2013/08/02/010645135.shtml.

② http://baike.baidu.com/link? url = ym8FsTN – 7xK7w1nOJZqoK_Cu4dsKPgHKLvOvzrgmLK5yGCum-KkobrPlMowC09k.

市委专门成立了由市委宣传部、市发改委、市经信委、市科技局、市监察局、市财政局、市地税局、市人力社保局、市国土局、市环保局、市住建局、市规划局、市水利局、市商务局、市安监局、市统计局、市物价局、市法制办、市行政服务中心、市工商局、市国税局、市电力局、市质监局、市人行、市银监局、市总工会等多个部门参加的"腾笼换鸟"工作协调小组。在协调小组之下设办公室，重点研究协调推进全市"腾笼换鸟"相关工作事宜。办公室下设淘汰落后产能工作组、由市经信委牵头的用能优化配置工作组、由市国土局牵头的土地集约利用工作组、由市环保局牵头的环境污染治理组这4个工作小组。协调小组各成员单位目标责任明确，联动执法，为保证这次活动的顺利进行发挥了有力的统筹领导作用。各级宣传部门和新闻媒体通过开设专题、专栏、专版等形式，加强相关政策的宣传和解读，引导企业能够理解和利用好相应的政策。宣传部门还注重充分挖掘企业和政府部门在"腾笼换鸟"工作中的成功经验和先进典型，曝光资源、能源、土地等浪费现象，为营造"腾笼换鸟"工作的良好氛围发挥了重要的舆论引导作用。

（三）目标在先

《意见》明确提出了本市"腾笼换鸟"计划在未来几年的预实现目标：要求2012年，全市盘活存量土地900亩；腾出用能空间17万吨标煤；淘汰落后产能水泥211万吨，关闭黏土砖瓦窑企业13家；在2011年基础上削减化学需氧量2.2%、氨氮2.8%、二氧化硫3%、氮氧化物2%。2014年，衢州市区基本完成大气重污染企业搬迁。到2015年，全市单位生产总值建设用地比2010年下降31.5%；累计腾出用能空间30万吨标煤；城镇规划区范围内全面淘汰黏土砖瓦窑企业，对衢州市区其他污染类别严重的企业及时完成搬迁，县级以上城市基本完成城区大气重污染企业搬迁。淘汰落后产能、单位生产总值二氧化碳排放量和主要污染物排放均完成省下达指标。[1]

（四）奖励与倒逼机制的合二为一

这次活动的一个突出亮点就是将激励机制与倒逼（约束）机制结合起来，实行差别管理，从正反两个对立方面协调推进工作。

《意见》强调要全面推行差别电价、水价政策，通过产业政策和价格杠杆的有机结合，引导投资，遏制高耗能产业盲目发展和低水平扩张，促进建立节约能源和降低能耗的长效机制，从而使产业结构更加合理，使当地经济能够实现又好又快地发展。对电解铝、铁合金、电石、烧碱、水泥、钢铁、黄磷、锌冶炼等 8 个行业实行差别电价政策，促进节能降耗和产业结构调整。衢州市每年还对企业进行环境信息评定，并向社会公布评定结果，相关物价部门以评定结果为依据，明确执行差别水价的具体单位、污水处理费标准及执行时间，对医药、化工、造纸、化纤、印染、制革、冶炼等行业中的高污染、高耗能、高耗水企业，严格执行差别水价、超计划用水累进加价制度和差别用能政策。对土地集约利用评价好、亩产税收高的企业实施要素供给倾斜制度，优先保障项目用地、用电等要素需求。对土地集约利用评价低、亩产税收少的企业实施要素供给压缩制度，尤其在要素紧张、能源紧张时期实行严格的限制措施直至停产。在财政投放方面，衢州同样实施了严格的差别对待模式。一方面，加大了对相关节能环保产业发展的信贷支持力度，优先配置中心财务、信贷资源，制定单独的财政奖励措施，支持符合条件的节能环保产业发行短期融资券、中期票据和中小企业集合票据，

---

[1] 详情请参阅《衢州市人民政府关于加快"腾笼换鸟"促进经济转型升级的若干意见（试行）》（衢政发〔2012〕56 号）关于"工作目标"部分。

扩大节能环保产业债券融资规模，促进节能环保产业发展。另一方面，衢州市坚决杜绝投资建设各类不符合产业政策的高耗能、高污染项目以及不符合安全生产标准的项目。市政府要求当地银行业金融机构必须对高耗能企业进行持续跟踪和监测，对能耗、污染不达标，或违反国家有关规定的贷款企业，要坚决收回贷款；对能耗、污染虽然达标但不稳定或节能减排目标责任不明确、管理措施不到位的贷款企业，要调整贷款期限，压缩贷款规模，提高专项准备，从严评定贷款等级，以便加快相对落后产能的淘汰步伐。

这次活动还特别注重监督考核以及表彰机制的双重并用。《意见》提出要把"腾笼换鸟"工作列入相关部门工作目标责任制考核内容，对未完成季度目标任务的单位予以黄牌警告，限期整改；对未完成年度目标任务或淘汰落后产能"死灰复燃"的单位，予以红牌警告，在红牌警告期内暂停该区域内项目能评、环评的审批和转报；对第二年度仍未完成目标任务或谎报工作进展、瞒报落后产能和能耗、污染指标的单位实施行政问责。[①] 对瞒报、谎报"腾笼换鸟"工作进展情况或整改不到位的单位，实行"一票否决"。对工作成绩突出的部门，给予表彰奖励。

衢州通过这次大力实施"腾笼换鸟"运作模式，有效规避了土地资源浪费严重现象，助推了部分企业快速创收，实现了压缩供地规模、预留招商空间、提升工业基础平台的目的。此外还大幅度地盘活了多处存量建设用地，化学需氧量、氨氮、二氧化硫和氮氧化物排放量显著下降，为衢州当地的生态文明建设写下了浓重而唯美的一笔。

---

① 详情请参阅《衢州市人民政府关于加快"腾笼换鸟"促进经济转型升级的若干意见（试行）》（衢政发〔2012〕56号），第4页。

2013 年

十 《衢州市人民政府关于加快"腾笼换鸟"
促进产业转型升级的实施意见》

《衢州市人民政府关于进一步加快推进
我市氟硅新材料产业发展的若干意见》

《衢州市人民政府关于促进光伏
产业发展的若干意见》

《衢州市人民政府办公室关于印发关于
加强环境资源配置量化管理推动
产业转型升级实施方案的通知》

《中共衢州市委　衢州市人民政府关于
百个乡镇（街道）分类争先的
实施意见（试行）》

《衢州市人民政府办公室关于加强畜禽
排泄物资源化利用推进生态循环
农业发展的若干意见》

《衢州市人民政府关于加强砂石
资源开发管理的意见》

2013 年是衢州生态文明建设的关键之年，同时也是成效显著的一年。在这一年中，衢州市委、市政府及其相关责任部门在本年度连续推出了《关于加快"腾笼换鸟"促进产业转型升级的实施意见》

《关于进一步加快推进我市氟硅新材料产业发展的若干意见》《关于促进光伏产业发展的若干意见》《关于加强环境资源配置量化管理推动产业转型升级实施方案的通知》《关于百个乡镇（街道）分类争先的实施意见（试行）》《关于加强畜禽排泄物资源化利用推进生态循环农业发展的若干意见》《关于加强砂石资源开发管理的意见》7 个指导性文件，从各方面入手，全面打造衢州（市、区、县、乡镇、村）的环保特优品质。从彼此关系上讲，这些文件之间不是毫不无关的，而是始终贯穿着科学发展、因地制宜这一战略主轴的。从内容上讲，这些文件彼此间可以用三个关键词贯穿起来。它们分别是：

（一）关键词一：量化

在以上 7 个文件中，《关于加强环境资源配置量化管理推动产业转型升级实施方案的通知》在其中起着承前启后的指导与总结作用，该文件立足于宏观的视野，兼顾各个方面，对构建较为完善的环境资源配置制度体系以及 2013 年之后衢州的生态经济发展模式发挥着预先的基础定位作用。如标题所示，该文件最突出的亮点主要是其具有鲜明的"量化规定"特征。环境资源配置问题关系长远，意义重大，但有些地区敷衍了事，不拿数据说话，相关部门不具备环境保护的主体责任意识，最终导致了有方案无实施、有实施无效果的消极结局。衢州对此有着清醒的认识，对环境资源配置方面的量化规定、量化实施、量化考核、量化奖惩等方面给予了高度的重视。文件对到"十二五"末化学需氧量排放量削减量、氨氮排放量削减幅度、二氧化硫排放量削减幅度、氮氧化物排放量削减幅度都作出了明确的数量规定，且明确规定到 2015 年底前，完成"十二五"期间化学需氧量、氨氮、二氧化硫和氮氧化物等主要污染物的减排目标。同时要求签订责任书，将这些量化的目标作为约束性指标列入当地经济社会发展计划和政府环境保护目标责任书。同时，为了配合量化工作，控制企业排污总量，实现企业环境管理从浓度控制向浓度、总量双控制转变，衢州市政府决定要于 2013 年度加快推进刷卡排污试点工作，并明确要求要在年底之前，全市完成省控以上重点污染源的刷卡排污工作。①

衢州市政府坚决回避传统的先污染、后治理的旧有道路，对未来的绿色经济发展模式有着明确的定位，因此在对待新增（扩、改）项目上，也预先明确了由这些新增部分生成的污染物的具体限制指标。对印染、造纸、化工、医药、制革等化学需氧量主要排放行业的新增化学需氧量排放总量与削减替代量的比例，新增氨氮排放总量与削减替代量的比例作出了数量上的明确规定；对电力、水泥、钢铁等二氧化硫主要排放行业新增二氧化硫排放总量与削减替代量的比例以及新增氮氧化物排放总量与削减替代量的比例也作出了严格的量化规定；最后还对应用低氮燃烧技术、采用天然气等清洁能源作为燃料的新建、改建、扩建发电机组和锅炉与其新增氮氧化物排放总量与削减替代量的比例明确规定不得低于 1∶1。②

在《关于促进光伏产业发展的若干意见》中，其量化规定特征也极其明显。该意见对到"十二五"末全市分布式光伏发电总装机容量以及其中衢州绿色产业集聚区内装机容量作出了明确的数量规定，推动光伏产业实现销售收入超 100 亿元，并打造成国内具有重要影响的产业基地。③

在《关于进一步加快推进我市氟硅新材料产业发展的若干意见》中，为了建成研发优势突出、产业链完整、产业配套齐全、具有国际

---

① 详见《衢州市人民政府关于加强环境资源配置量化管理推动产业转型升级实施方案的通知》之"主要工作任务部分"第三大方面。
② 详见《衢州市人民政府关于加强环境资源配置量化管理推动产业转型升级实施方案的通知》之"主要工作任务"部分。
③ 请参阅《衢州市人民政府关于促进光伏产业发展的若干意见》（衢政发〔2013〕53号），第 1 页。

先进水平的氟硅新材料现代产业集群，对到 2015 年衢州氟硅新材料产业基地的预计实现总产值作出明确的规定，并要求要培育产值超 300 亿元、50 亿元的企业各 1 家，产值超 10 亿元的企业 10 家以上。[①]

在《关于加快"腾笼换鸟"促进产业转型升级的实施意见》中，规定到 2015 年，全市单位国内生产总值建设用地要比 2010 年下降 31.5%；累计腾出用能空间 30 万吨标煤。文件提出要注重优先发展氟硅新材料、新能源、先进装备制造、特种纸、绿色食品等一批优势产业，并明确了数量规定，提出力争经过 5 年努力，培育 5 家年产值百亿元以上、10 家年产值 50 亿元以上、20 家年产值 30 亿元以上的工业企业。[②]

（二）关键词二：扶持

在对待新材料、新能源生产开发方面，7 个文件的联合关键词是扶持。对相关企业给予政策、资金、管理以及技术方面的政策性倾斜，以最大力度地对新兴绿色能源产业进行扶持。

在《关于进一步加快推进我市氟硅新材料产业发展的若干意见》文件中，我们看到衢州市委、市政府对氟硅新材料产业发展的高度重视。通过建立由市政府主要领导为组长，分管领导为副组长，市级相关部门、绿色产业集聚区、有关县（市、区）政府领导为成员的"衢州氟硅新材料产业发展领导小组"，专门负责统筹氟硅新材料产业规划、政策制定、项目推进等重大问题的综合协调。同时注重对龙头骨干企业的专门扶持力度，对一批在赢利能力、规模实力、技术水平以及规范性等方面具有综合优势的行业龙头骨干企业进行针对性

---

① 请参阅《衢州市人民政府关于进一步加快推进我市氟硅新材料产业发展的若干意见》（衢政发〔2013〕52 号），第 2 页。
② 转自《衢州市人们政府关于加快"腾笼换鸟"促进产业转型升级的实施意见》（衢政发〔2013〕50 号）第 2 页有关"实施龙头企业培育工程"部分。

扶持，还对部分重点企业推行"一企一策"政策，推动其全速发展。衢州市政府支持当地企业以商招商，对引进氟硅新材料产业的重大项目，实行"一事一议"的特别扶持政策。文件还强调要建立重点项目"三位一体"推进机制，确定一位市领导牵头、一个部门联系、一套班子跟踪的服务体系，并注重为企业引进优质人才，千方百计加大高端研发、营销与管理人才向企业的引进力度。在科研项目、创新平台建设和人才培养等方面予以大力支持，帮助企业建立企业人才信息库，用优越条件重点引进具有现代企业管理和营销经验的高素质人才，同时最大限度地挖掘、用好企业现有人才。注重培养和引进企业急需的基层技术骨干和操作能手，充分发挥衢州学院、衢州职业技术学院、巨化化工技工学校等院校的教育资源优势，支持院校开展氟硅新材料专业教育及专业人才培育。文件还强调政府要对氟硅产业项目进行资金和其他方面的支持，明确提出要对氟硅新材料产业项目，在根据推进工业有效投资相关政策按其设备或技术投资额给予补助的基础上，再给予2%的一次性补助；对列入省氟硅新材料产业技术创新综合试点的重点企业研究院，市、县（市、区）按照省氟硅新材料产业技术创新综合试点工作方案落实配套资金；对氟硅新材料企业申报国家、省、市工业转型升级、"腾笼换鸟"、节能减排、创业创新等扶持政策和补助资金的予以优先支持，对氟硅新材料企业参加行业龙头骨干企业、创新型示范企业等评优评先的予以优先推荐。①

《关于促进光伏产业发展的若干意见》中同样高频度地表现出了衢州市政府重视"扶持"这一关键词。

为了促进光伏产业的快速发展，衢州专门成立了由市政府领导牵头，衢州绿色产业集聚区与市发改、经信、科技、财政、电力、国

---

① 详见《衢州市人民政府关于进一步加快推进我市氟硅新材料产业发展的若干意见》（衢政发〔2013〕52号），第7页。

土、规划、住建、环保、招商、物价、税务、人行等多个部门组成的市光伏产业发展领导小组，全面统筹协调光伏产业发展工作，决策光伏产业重大事项，解决产业发展过程中出现的重大问题。

在具体方面，衢州市政府注重加大对光伏企业在资金政策方面的扶持力度。规定 5 年内，对绿色产业集聚区内采购本地光伏产品建设分布式光伏发电的项目，在省定上网电价 1.0 元/千瓦时的基础上，给予 0.3 元/千瓦时的上网电价补贴；对于已享受国家、省级各类补贴政策的项目，按上述标准折算评估后核定电价补贴。① 在关键技术研发、关键装备改造提升、重大创新成果产业化、重大应用示范工程和分布式电站建设方面，政府对光伏企业进行了优先扶持。

政府还要求各职能部门加大对光伏企业的扶持力度。经信部门负责牵头做好大能耗项目配套建设屋顶光伏发电的引导；发改部门牵头协助企业实施好现有"金太阳示范工程"项目，帮助企业做好光伏发电项目审批及政策争取；住建部门牵头帮助企业申报"太阳能建筑一体化工程"项目；电力部门积极做好光伏发电规划与配套电网规划的协调和光伏发电并网技术、准入等服务工作，进一步营造浓厚的为企业服务氛围。②

政府还积极协助光伏企业引进优势人才。加强企业与大专院校、科研机构合作，开展技术人才培养培训，对企业引进和培养产业高水平创新人才、高技能人才的，承诺将按照市委、市政府《关于切实加快四省边际人才强市建设的意见》规定给予相关的政策支持。

（三）关键词三：差异化奖惩

7 个文件在具体的政策落实方面，还同时强调了面对不同类型、

---

① 请参阅《衢州市人民政府关于促进光伏产业发展的若干意见》（衢政发〔2013〕53号），第 2 页。

② 详情请参考《衢州市人民政府关于促进光伏产业发展的若干意见》（衢政发〔2013〕53 号），第 4 页。

不同发展阶段、污染输出量不同的企业，要实行差异化的奖惩模式，以此淘汰污染以及落后产能模式，鼓励新型绿色产业快速发展。

《关于加强环境资源配置量化管理推动产业转型升级实施方案的通知》着重强调要根据原有企业的减排落实情况，确定相应的激励或者惩罚措施。文件首先强调要对相关企业进行排序。以纳税工业企业吨排污权指标为主要评价标准，综合考虑用地、用电、能耗等因素，对产业转型升级进行量化考核、综合排序和分行业排序，并以此为参照，先进企业的减排任务可低于当地工业平均削减比例，政府会在排污权指标分配、企业上市环保核查、排污权抵押贷款、用地等方面给予先进企业相应的支持；一般企业的减排任务则按当地工业平均削减比例确定，政府适当鼓励企业进行工艺、设备技术改造提升；落后企业的减排任务会被规定为高于当地工业平均削减比例，政府会通过制定并严格执行差别电价和差别水价政策，充分发挥污染减排推进行业转型升级的倒逼机制的作用，淘汰关停企业的排污权指标。[①]

在《关于加快"腾笼换鸟"促进产业转型升级的实施意见》中，衢州市政府强调要严格禁止投资建设各类不符合产业政策的高耗能、高污染项目以及不符合安全生产标准的项目，严格控制对"两高"行业、部分产能落后和过剩企业的贷款投放，对国家明确要求淘汰的落后产能违规在建项目和未按规定期限淘汰落后产能的企业，规定当地金融机构不得对其提供任何形式的新增授信支持。同时开展企业综合经济效益排序，通过综合排序，鼓励耗能少的绿色企业加快发展，同时淘汰落后的高耗能企业。对全市年耗电 30

① 详见《衢州市人民政府关于加强环境资源配置量化管理推动产业转型升级实施方案的通知》（衢政发〔2013〕85 号），第 5 页。

万千瓦时以上的企业，按照单位用电、用地、用水、用能、排污等资源占用指标和企业经济、社会效益指标进行核算和分行业排序。对资源环境效益特别好、贡献特别大的企业，政府相应加大了扶持力度，对其将给予重点保障；对综合排序及行业排名双双靠后的企业，对因能耗、环保、安全等因素要求关停淘汰的企业，将不再给予各级优惠政策，并依法吊销排污许可证、生产许可证和安全生产许可证。[①]

在《关于加快"腾笼换鸟"促进产业转型升级的实施意见》中，还全面推行了差别电价、水价政策。文件强调对能源消耗超过现有国家和省级单位产品能耗（电耗）限额标准的产品，将按照《浙江省差别化电价加价实施意见》严格执行惩罚性电价政策。对列入淘汰落后产能规划的、全市综合经济效益排序及行业排序靠后的企业，研究并制定执行差别电价、差别水价和差别用能政策。

《关于加快"腾笼换鸟"促进产业转型升级的实施意见》注重对新型低耗能企业的扶持力度。规定在全市企业综合经济效益排序中经济效益特别好、贡献特别大的战略性新兴产业企业，优先列入龙头企业培育名单。在符合市政府"十二五"规划发展重点、发展目标的情况下，经企业承诺并根据实际需要和企业申请，由市政府研究，可享受"一企一策"或"一事一议"政策。引导优势资源向大企业、大产业倾斜。综合经济效益排序靠前的企业，优先保障用电，在扩大投资、新上项目时优先保障用地、用能，申报各类资金补助、评优争先活动优先考虑；金融机构在企业信用评级、贷款准入和利率定价中给予优先支持。与此同时，文件还加大对不合格企业的惩罚力度。定期实施区域限批和行政问责制度。建立"腾笼换鸟"季度通报制度，对未完成季度目标任务的考核单位予以黄牌警告，限期整改；未完成

---

① 《衢州市人民政府关于加快"腾笼换鸟"促进产业转型升级的实施意见》（衢政发〔2013〕50号），第3页。

年度目标任务的，或淘汰落后产能死灰复燃的，予以红牌警告，在红牌警告期内暂停该区域内项目能评、环评的审批和转报；对第二年度仍未完成目标任务或谎报工作进展、瞒报落后产能和能耗、污染指标的考核单位实施行政问责。①

通过这些差异化的政策措施，衢州一大批绿色新兴产业走上了飞速发展的战略轨道，相应的，通过倒逼机制，一些不符合政策要求、单位能耗高、效益差的企业被一一淘汰。由此，衢州的经济在生态、健康的良性轨道上稳步前进。

结　语

通过上一部分我们可以看到，十年之中，衢州市委、市政府在复杂的经济发展格局中，围绕调整发展思路，转变思想观念，明确发展方向，始终坚定地奉行着"生态优先""持续发展"的先进理念。十年中，衢州市委、市政府始终立足于全市人民的根本福祉，践行"绿水青山就是金山银山"的理念，通过各种政策提升城市整体品位、塑造城市良好形象、增强城市综合实力、建设现代宜居城市，同时注重农村环境整治，尽一切努力促进城乡生态文明建设，实现人与自然的和谐发展，坚定不移地走出了一条生产发展、生活富裕、生态良好"三位一体"的文明发展之路。

生态文明建设不是一蹴而就的，同时也不是单子式的独立承担，必须各个方面一起抓，从一个地方的经济、社会、文化等各个领域综合突破，才有可能实现生态文明建设的持续推进。历观衢州近十年有关生态文明建设的各种文件，我们发现，这些文件涉及面极广，对问题的解决也精微深入，从宏观到微观，面面俱到。

---

① 详情请参阅《衢州市人民政府关于加快"腾笼换鸟"促进产业转型升级的实施意见》（衢政发〔2013〕50号），第5页。

其中，2004 年的《关于加快推进"百村示范、千村整治"工程的意见》注重农村环境的综合治理。2005 年的《关于加快旅游业发展的若干意见》的出台则反映了衢州市以加快旅游业发展为抓手，推动整体生态文明建设。2006 年的《关于市区城市园林绿化长效管理的实施意见》是从城市绿化入手打造绿色衢州。2007 年出台的《关于切实做好第五届生态衢州（上海）推介会等活动筹备工作的通知》是将衢州的绿色产品与大城市实现市场对接，鼓励农民的生产积极性，进而实现农村经济的跨越式发展。2008 年的《关于印发衢州市第一次全市污染源普查工作方案的通知》则是衢州为了配合国家，同时也是为了明确自身系统之内主要污染物的各项排放指标而作出的一项富有重大战略意义的大调查。2009 年的《衢州市国家卫生城市管理办法》是衢州为了改善整体市容市貌，全面优化市民生活环境，以及整体推进城市生态建设的一项重大举措。2010 年发布的《关于加快推进生态文明建设的实施意见》是对未来几年之内衢州生态文明建设实施方向、预实现目标、实施手段以及战略格局的一个整体的说明性的统筹文件；《关于加快林业改革发展全面推进"森林衢州"建设的意见》则是以当地生态文明建设的一个重要突破点——森林建设为抓手，以点带面，推动"绿色衢州"向更高植被覆盖率水平迈进的一项重大举措。2011 年的《关于印发衢州市"811"生态文明建设推进行动方案的通知》是衢州为发挥本地生态优势、优化生态环境、建设生态文化，努力形成节约能源资源和保护环境的产业结构、增长方式和消费模式，建设"富裕生态屏障"，着力打造"生态衢州、人居福地"的环保发展模式而订立的未来五年发展目标。《关于印发衢州市"清洁水源"等六个行动方案的通知》除了提出具体的《衢州市清洁水源行动方案》之外，还内含《衢州市清洁空气行动方案》、《衢州市清洁土壤行动方案》、《衢州市绿色创建行动方案》、《衢州市防灾减灾行动方案》以及《衢州市循环经济行动方案》等其他 5 个具体方案，6 个方案从各个角度分别对水源、空气、土壤、城市创建、降低灾害以及循环经济等衢州未来几年生态文明建设的具体瞄准点进行一一规划，并引导相关责任部门以及当地广大群众努力实现预定计划。《关于进一步加强农业标准化工作的实施意见》是衢州为提高农产品质量安全水平和市场竞争力，促进当地生态高效农业的快速发展，加快农业产业结构调整以及推动农业标准化发展模式而出台的一项崭新举措。《关于做好市区城市环保满意率提升工作的通知》是衢州为通过强化执法，加强宣传教育等措施，有效控制交通噪声环境，进一步加强环境污染治理，提升市区城市环保满意率而作出的指示。《关于推进"十二五"节能降耗工作的意见》是衢州为推动本地产业结构、企业结构、产品结构和能源消费结构调整，提高能源利用率，促进经济转型升级，保护和改善整体环境而推出的一项新举措。2012 年的《关于加快"腾笼换鸟"促进经济转型升级的若干意见（试行）》是衢州市为进一步加大"一个中心、两大战役"推进力度，促进衢州产业转型升级和经济发展方式转变，提高资源有效配置率，扩大有效投资而具体提出的试行方案。《关于印发衢州市工业投资项目决策咨询制度的通知》则是为进一步提高市区工业投资项目质量，提升工业项目服务水平，排除污染严重企业进入衢州，鼓励新型低污染、低能耗、高产出的产业项目进驻衢州，实现经济、社会与生态环境协调发展而颁布的规范性文件。2013 年的《关于加快"腾笼换鸟"促进产业转型升级的实施意见》则是 2012 年《关于加快"腾笼换鸟"促进经济转型升级的若干意见（试行）》的正式实施，同属于本年度的《关于进一步加快推进我市氟硅新材料产业发展的若干意见》、《关于促进光伏产业发展的若干意见》和《关于加强环境资源配置量化管理推动产业转型升级实施方案的通知》是"腾笼换鸟"方案在三个分领域的具体落实。《关于百个乡镇（街道）分类争先的实施意见（试行）》则是根据《中共衢州市委关于学习贯彻党的十八大精神全面开展"百千万先锋行动"的意见》要求，推动乡镇进一步转变作风，加快科学发展、建立生态型乡镇而推出的战略举措。《关于加强畜禽排泄物资源化利用推进生态循环农业发展的若干意见》文件的提出是为了加强畜禽排泄物资源化利用，推进生态循环农业发展，改善农村生态环境，积极打造耕地地力提升与畜禽排泄物资源化利用相结合的双平衡模式，目的在于带动农村生态文明建设实现跨越式发展。《关于加强砂石资源开发管理的意见》则是衢州为了全面规范本地砂石资源开发利用，维护河流健康，建立现代田园城市，以及最终实现"水清、岸绿、流畅、景美"的优质水生态环境而发行的指示意见。

由此我们看到，在整个生态文明建设过程中，衢州市委、市政府一直发挥着重要的统筹领导作用，始终将自己定性为"生态型政府"，将生态管理作为自己的基本职能，努力做到对政府管理的全域、全程和全部环节进行"生态化"，运用行政、经济、法律、技术和教育等各种有效手段实现生态管理。衢州市委、市政府在财政上注重整合各项专项资金，通过拓宽融资渠道，逐年加大生态文明建设的财政投入力度，推动生态文明建设不断前进。此外，衢州市还积极依靠科技进步，推动产业结构逐年升级，最终实现了经济建设与环境保护的协同发展。同时，在生态文化体系建设过程中，衢州市尤其注重通过电视、报刊、网络等媒介，加强生态文化宣传，营造生态文明建设和生态市创建的浓厚氛围，培育生态文明意识，提倡绿色行为，让广大群众欣然接受绿色理念，并终身奉行绿色生活模式。衢州市还特别突出了生态教育在整个生态文明建设过程中的基础性作用，努力创建绿色学校，建设生态教育基地和人才培养基地，普及生态文化知识，加强对优秀民族生态文化资源的整理和保护，挖掘传统生态文化内涵，提升民族文化活动的品位，促进地方特色生态文化产业的发展。

通过以上这些具体措施，衢州利用十年的时间，促使当地生态文明建设跨入一个新的阶段，提升到一个新的高度，并为将来更高水准的生态文明建设打好了坚实基础。

（执笔人：徐艳东）

报告二 发展生态经济 加速经济转型

——衢州经济生态转型发展状况调研报告

党的十八大报告明确提出"大力推进生态文明建设",要求"着力推进绿色发展、循环发展、低碳发展,形成节约资源和保护环境的空间格局、产业结构、生产方式、生活方式"。这既为加强社会主义生态文明建设指明了努力方向,也为生态文明建设总体要求下的经济转型升级确立了明确要求与标杆。为了探究集欠发达地区、生态资源丰富区、重要生态功能区、曾经的传统产业高能耗区和如今的国家级生态示范区等多重标签于一身的衢州如何走出经济生态化方向转型升级的成功之路,我们对此进行了专门调研。

一 衢州经济生态转型发展状况调研背景

在人类文明发展史上,经济、政治、文化、社会、生态是相互影响、相互作用的。要推动科学发展、和谐发展,必须实现经济、政治、文化、社会、生态的共转变、共促进、共制约、共融合。转变经济发展方式、推动经济转型升级,是实现科学发展的关键所在,也是贯彻党的十八届三中全会要求的社会主义生态文明建设的关键所在。良好的生态环境是经济社会可持续发展的重要条件,是一个民族生存和发展的根本基础。建设生态文明与转变经济发展方式在科学发展、和谐发展战略目标的统领下是辩证、有机统一的，是互为因果、相辅相成的"一体两面"。

（一）生态文明建设与传统经济转型升级

生态文明作为一种崭新的文明形态，代表着人类文明发展的方向，反映了人类社会的进步状态、价值理想和目标追求，对人类的生产生活具有导向和引领作用。改革开放以来，包括衢州在内的各地在实现了经济社会发展的历史性跨越、取得了巨大成就的同时，也付出了环境生态等方面的代价。从总体上讲，我国长期以来的经济发展还是粗放的、外延的、初步的，长期积累的结构性、素质性矛盾较为突出，在国际金融危机冲击下表现得尤其明显。实践证明，那种以追求GDP为目标、以资源消耗为依托、以环境污染为代价、以廉价劳动力为优势的粗放发展模式难以为继，转变经济发展方式刻不容缓。经济发展方式就是要朝着建设生态文明的方向转。生态文明为经济发展方式的转变提供了思想理念、价值取向、评判标准、目标方向、路径选择。新的发展方式必须体现渗透生态文明的精神，有利于保护生态环境，有利于节约集约利用资源，有利于建立人与自然的和谐相处关系和实现可持续发展，有利于实现人民群众经济、政治、文化权益与生态权益的有机统一。

随着全球化的不断深入，社会转型已成为一种普遍的现象。当代中国社会转型是指中国由传统社会向现代社会的转型。社会转型是一个包括经济、政治、文化等领域的全方位的系统工程，其表现在经济领域中就是经济转型，即一个国家的经济体制和发展方式由一种形态向另一种形态的转变。经济转型包括制度变迁和经济发展两层含义。制度变迁一般是政治体制变革、社会制度改变导致的结果，而经济发展主要是指经济运作从一种方式向另一种方式的转变。

经济转型是当今世界颇受关注的焦点问题之一。当代中国社会经济转型主要表现为经济体制由计划经济体制向市场经济体制转变，经济增长方式由粗放经营向集约经营、从封闭经济向开放经济转变。人类社会源于自然，人类的发展更离不开一定的自然环境，其中作为自然环境重要组成部分的生态环境与人类发展的关系尤为密切。所谓生态环境，是指由生物群落及非生物自然因素组成的各种生态系统所构成的整体，主要或完全由自然因素形成，并间接地、潜在地、长远地对人类的生存和发展产生影响。处于社会转型期的当代中国，其经济发展离不开一定的生态环境，而生态环境的好坏也与社会经济的发展密切相关。经济发展是在一定的生态环境中进行的。当代中国的经济转型离不开生态发展的大背景，良好的生态环境可以为经济体制顺利地由计划经济体制向市场经济体制转变，经济增长方式由粗放型向集约型、由封闭经济向开放经济转变提供有利的条件；而不良的生态环境在不同程度上阻碍着社会经济转型的实现，最终会导致人类生存环境的总体恶化。生态环境也离不开一定的经济发展。人类与自然是一个有机的统一体，当社会经济发展中体制转变比较顺利、经济增长方式相对比较科学时，就会有利于生态环境的正常发展。

（二）传统经济转型升级的生态化方向

传统经济理论认为，严格的环境保护必然会增加生产成本、降低企业竞争力。但是长期的经济发展实践能够证明，环境保护能够刺激技术创新，减少费用，提高产品质量，增强市场竞争优势。建设生态文明为推动技术创新步伐、加快产业和产品结构转型升级提供了新动力。建设生态文明蕴藏新的经济增长点，推动了以环境保护和治理为主的环保产业，以资源回收再利用为特点的循环经济，以能源效率和清洁能源为基础的低碳经济，以有机无公害产品为主打产品的绿色产业，以高新技术、知识经济、总部经济为特征的现代服务业的快速发展。建设生态文明拓展了新兴产业的成长空间、经济社会发展的承载空间、突破贸易壁垒的国际市场空间。建设生态文明是扩大内需、拉动经济增长的重要途径。加大对生态环境整治项目、新能源开发项目、农村环境基础设施项目的投入，既能拉动当前经济增长，又能增强可持续发展后劲，无论对眼前还是长远都具有重要意义。

传统的工业化、现代化偏重于物质财富的增长而忽视人的全面发展，单纯地把自然界看成人类生存和发展的索取对象。在这种发展观的影响下，我们创造了经济增长奇迹，积累了丰富的物质财富，但也为此付出了巨大代价。生态现代化既是世界现代化的生态转型，也是人类发展与自然环境的一种相互作用，它将现代化发展观和以人为本、全面协调可持续的科学发展观统一起来。这就要求我们，在发展过程中不仅要追求经济效益，还要讲求生态效益；不仅要促进经济增长，更要不断提高人们的生活质量，从而达到经济发展与环境保护的"双赢"。

经济成功转型升级将会优化工业结构，提效降耗，促进经济与生态的"双赢"。当今时代，先进技术层出不穷，信息技术成为当代最先进、最活跃的生产力，正在推动一场深刻的全球化产业革命、技术革命以及社会生产方式、人们生活方式的变革，成为优化经济资源配置、推动传统产业改造、提高全社会劳动生产率、转变经济增长方式的新动力。信息技术广泛渗透到经济和社会发展的各个领域，信息化是一个在工业、农业、商业、交通运输、对外贸易、科教文卫和其他各项服务业中广泛应用、深入开掘、加速现代化的过程。以信息化带动工业化，以工业化促进信息化，必将大大缩短摸索过程，将社会资源从过剩的产业转向稀缺的高新技术产业，减少或避免不必要的失误，从而充分发挥"后发优势"，实现生产力的跨越式发展和经济成功转型升级。作为经济转型重要引领者，以信息技术为先导的高新技术产业的发展，可以创造出众多的就业机会。高新技术产业是新兴的、富有生命力的并能引起经济结构发生重大变革的朝阳产业，会创造出众多新的就业机会；高新技术产业又是具有强大竞争力的产业。高新技术产业的迅速发展，会大大推动经济进一步繁荣，从而创造出大量新的就业机会。用以信息技术为先导的高新技术改造传统工业，能够带动工业化的发展，将吸纳大量的劳动力就业。我国是一个正在推进工业化的发展中国家，工业化任重而道远。庞大的工业规模和快速的工业化进程，以及由此而来的全国城镇化的发展，必将吸纳数以亿计的城乡劳动力，转移数以千计的农村人口，为我国最终实现工业化铺平道路。

经济转型升级所带来的"绿色化"和"生态化"经济发展战略将会在相当程度上保障社会主义生态文明建设。"绿色化"的基本内涵是降低有毒、有害物质的生产和排放，发展环保技术；"生态化"的基本内涵是大力创新，发展循环经济，预防环境事件，从而实现经济和环境的"双赢"。这与新型工业化道路中"科技含量高、环境污染少"的要求相一致。经济转型要求"资源消耗低、环境污染少"，就是要避免"先发展、后规范""先污染、后治理"的套路，尽可能减少资源占用与消耗，大力提高能源、原材料和辅助材料的利用效率；要广泛推行清洁生产，大力发展循环经济，发展绿色产业、生态产业、环保产业，加强环境和生态保护，促进人与自然和谐发展，推动整个社会走上生产发展、生活富裕、生态良好的文明发展道路。

（三）传统经济转型升级的民生发展指向

从表面上看，生态文明要解决的是环境与经济发展的矛盾问题，但其根本上是个民生问题，而在民生问题的背后则是社会公平问题，进一步则是一个发展模式、改革方向的问题。党的十八大宣布将生态文明与经济、政治、文化、社会文明并列，建设"五位一体"的社会主义现代化。这既是对科学发展观思想的进一步丰富，也符合中国特色社会主义全面发展的内在要求，标志着中国现代化转型正式进入一个新的阶段。过去 30 多年间，我们专注于发展经济，在一定程度上忽视了环境和资源保护问题。发达国家工业化经验表明，当社会经济发展到一定水平时，民众对于环境保护的认知能力和关注度都会显著提升。今天，中国面临类似的局面：越来越多的民众在解决了物质生活问题之后，开始更多地关注周边的环境，导致近些年污染问题引发的群体性事件越来越多。这表明社会经济发展尽管已经取得了阶段性成果，但也面临新的发展瓶颈，即人民群众对环境福祉越来越高的要求与粗放型工业化模式所带来的环境恶化和资源紧缺等市场经济外部性之间的冲突。因此，生态文明建设寄托着人民福祉，经济转型升级具有重要的民生意义。

环境和资源问题衍生于市场经济的快速发展，是改革开放 30 多年来面临的困境之一。但若是在改革开放的路径上倒退，将一切问题归罪于市场经济本身，既无法解决这些问题，也有悖于社会主义现代化的基本原则。目前，我国的环境立法进程远远落后于欧美国家。企业和政府管理人员的观念非常滞后，没有真正将环境因素作为经济决策的核心内容之一。这应归因于环境知识的匮乏和发展理念的陈旧。当前，越来越多的人意识到，系统性设计生态文明指标考核体系具有重要作用，以此可以改变"唯 GDP 论"的思维惯性。中国的环境问题日趋严重，相当程度上因为"唯 GDP 论"，环境指标往往仅作为约束性考核指标，在 GDP 增长的压力下被不断弱化。生态文明建设需要一套更为系统性的指标考核体系，既要以经济建设为本，又要统筹兼顾环境资源问题。已有的循环经济、生态经济、节能减排指标体系相互隔离又相互重叠，缺乏系统性和集成性，而低碳经济尚未有被广泛接受的指标体系。因此，生态文明的建设应当从指标体系的建设出发，整合现有的绿色指标体系，并逐步引入生态足迹、环境成本等概念，从根本上优化以 GDP 为核心的考核体系。事实上，环境产业早已成为多个国家和地区经济的新的增长点。许多国家和地区宁可牺牲短期利益，也要实施严格的环境约束，其目的便是通过环境政策来促进绿色产业的发展，创造新的就业机会，提升技术竞争力。在这种形势下，我国也在逐步升级环境政策，着力应对复杂的绿色贸易壁垒和产业竞争，以真正促进经济转型升级发展。

二 衢州经济生态转型发展现状分析

生态文明建设既是浙江迈向现代化的必由之路，也是衢州实现跨越式发展的必然选择。衢州地处钱塘江源头，是浙江全省重要生态功能区，又是欠发达地区。根据浙江省委、省政府的要求，衢州要成为浙江省新的经济增长点，与浙江全省同步提前基本实现现代化。可见，衢州面临双重任务，既要保护生态，又迫切需要加快发展。那么，衢州的选择是什么呢？保护与发展并重、经济与生态共赢，这是衢州人民的历史选择。近年来，衢州市委、市政府一直在低碳节能和绿色生态方面进行着探索和实践，致力于传统经济转型升级。在经济转型之路上，衢州不断破解经济生态双重压力，实现高起点、跨越式、可持续发展，以产业高端化引领和推动经济转型升级，取得了经济与生态双赢的良好效果。

（一）衢州经济总体发展状况

近年来，衢州经济发展步入快车道，经济综合实力显著增强，增长质量和效益同步提升，民生和社会事业协调发展，先后荣获了国家历史文化名城、中国优秀旅游城市、国家级生态示范区、国家园林城市、国家卫生城市、国家森林城市、中国投资环境百佳城市、省级环保模范城市等称号。

2012 年，衢州全年国内生产总值为 982.75 亿元，按可比价格计算，比上年增长 8.7%。其中，第一产业增加值 79.85 亿元，增长 3.1%；第二产业增加值 531.91 亿元，增长 8.7%；第三产业增加值 370.99 亿元，增长 10%。在第三产业中，交通运输、仓储及邮政业增加值增长 5.8%，批发和零售业增加值增长 16.9%，住宿和餐饮业增加值增长 18.4%，金融业增加值增长 8.7%，房地产业增加值增长 10.4%。三次产业增加值结构由上年的 8.3∶55.6∶36.1 调整为 8.1∶54.1∶37.8。全市人均生产总值按户籍人口计算为 38891 元，合 6161 美元，比上年增长 8.4%。市区居民消费价格第一季度同比上涨 3.6%，上半年上涨 3.1%，前三季度上涨 2.6%，全年平均比上年增长 2.4%，其中，食品类上涨 5%。工业生产者出厂价格比上年下降 4.7%，其中，重工业产品出厂价格下降 6.7%，轻工业产品出厂价格上涨 0.2%。工业生产者购进价格下降 1.5%，其中，黑色金属材料类下降 8%，有色金属类下降 4.6%，化工原料类下降 3.6%，燃料、动力类上涨 0.7%。全市新增就业人数 3.28 万人，有 1.41 万名城镇下岗失业人员实现再就业，年末城镇登记失业率为 3.39%，比上年末下降 0.15 个百分点。全年实现财政总收入 106.39 亿元，比上年增长 12%，其中，公共财政预算收入 63.42 亿元，增长 10.1%。在公共财政预算收入中实现税收收入 57.12 亿元，增长 10.3%，其中，主体税种增值税 7.88 亿元，增长 6.1%；营业税 17.56 亿元，增长 11.5%；企业所得税 9 亿元，增长 41.9%；个人所得税 2.9 亿元，增长 5.3%。

在工业方面，全市年末共有规模以上工业企业单位 943 家，比上年增加 82 家，其中，主营业务收入亿元以上的企业 243 家，比上年增加 15 家；大中型企业 89 家，比上年增加 1 家。全年全部工业增加值 457.56 亿元，按可比价格计算比上年增长 9.2%。规模以上工业企业全年完成产值 1356.11 亿元，增长 4.8%，其中，重工业 948.29 亿元，下降 0.6%；轻工业 407.82 亿元，增长 20%。实现工业销售产值 1322.17 亿元，增长 3.7%，产销率 97.5%，比上年降低 1.02 个百分点。全年完成工业出口交货值 97.11 亿元，增长 4.3%。在规模以上工业中，化工行业实现产值 239.82 亿元，比上年下降 8.5%；机械行业 282.63 亿元，增长 4.6%；建材行业 74.13 亿元，下降 13.2%；黑色金属冶压业 171.3 亿元，增长 0.9%；造纸行业 116.12 亿元，增长 27.2%；木材加工业 45.88 亿元，下降 7%；纺织业 55.83 亿元，增长 10.7%；电力行业 75.68 亿元，增长 5.7%。全年规模以上工业企业实现利税 107.3 亿元，下降 6%，其中利润 71.92 亿元，下降 11.5%。列入省考核的 11 项工业经济效益指数综合得分 305.86 分，比上年下降 19.54 分。全年建筑业实现增加值 74.36 亿元，按可比价格计算比上年增长 5.7%。全市建筑业企业 322 家，其中，具有一级资质企业 23 家，具有二级资质企业 89 家。全年建筑业实现总产值 293.08 亿元，增长 10%，其中超亿元产值的企业 80 家。

在农业方面，全年实现农林牧渔业总产值 135.30 亿元，比上年增长 4.2%。全年农作物播种面积 345.33 万亩，比上年增长 1.4%。其中，粮食播种面积 201.01 万亩，增长 0.4%；油料播种面积 58.86 万亩，增长 3.5%；蔬菜种植面积 54.08 万亩，增长 3.3%；果用瓜种植面积 7.89 万亩，下降 3.8%。全年粮食总产量 79.69 万吨，比上年增长 0.4%。油料产量 6.41 万吨，增长 9.8%。蔬菜产量 90.48 万吨，增长 3.3%。食用菌产量 18.58 万吨，下降 3.8%。果用瓜产量 14.31 万吨，下降 3.8%。茶叶产量 6847 吨，增长 5.3%。水果产量 80.96 万吨，增长 0.7%，其中柑橘产量 62.60 万吨，增长 0.9%。全年肉类总产量 32.01 万吨，比上年增长 4.5%，其中猪肉 27.76 万吨，增长 4.1%。全年生猪出栏 479.17 万头，增长 0.9%。家禽出栏 3273.42 万只，增长 4.7%；禽蛋产量 2.31 万吨，增长 2.1%。蜂蜜产量 2.66 万吨，增长 13.9%；蜂王浆产量 494.05 吨，增长 12.4%。

牛奶产量 1691 吨，下降 33.9%。水产品产量 5.41 万吨，增长 6.2%。全市整治乡镇 23 个，整治行政村 201 个，其中，新增村内主干道硬化里程 470.25 公里，新增卫生厕所农户 53204 户，新增污水治理农户 42946 户。规划建设的 14 条美丽乡村创建线路全面实施。全市农村垃圾集中收集处理覆盖率 95.07%。新增市级"农家乐"特色村（点）26 个，申报省级农家乐特色村（点）8 个，全年累计接待游客 900 多万人次，营业收入 4.46 亿元。全年累计培训农民 8.07 万人次。

在第三产业方面，全年实现社会消费品零售总额 396.36 亿元，比上年增长 15.2%。按经营地统计，城镇市场实现消费品零售额 342.64 亿元，增长 14.7%；乡村市场实现消费品零售额 53.72 亿元，增长 29.3%。按消费形态统计，批发业实现零售额 62.53 亿元，增长 20.1%；零售业实现零售额 289.53 亿元，增长 13.5%；住宿业实现零售额 4.44 亿元，增长 9.4%；餐饮业实现零售额 39.86 亿元，增长 21.5%。全市限额以上批发零售业实现零售额 111.71 亿元，增长 14.4%，其中，食品、饮料、烟酒类增长 18.4%，服装鞋帽、针织品类增长 16.8%，日用品类增长 21.8%，化妆品类增长 27.7%，中西药品类增长 8.7%，家用电器和音像制品类增长 4.9%，汽车类增长 15%。全市共有成交额超亿元的各类市场 22 个，摊位数 7752 个，实现成交额 242.9 亿元，增长 6.1%。成交额超 10 亿元的市场有 7 个，比上年减少 1 家。全年实现进出口总额 30.18 亿美元，比上年增长 12.3%，其中，出口 18.59 亿美元，增长 5.6%；进口 11.59 亿美元，增长 25.1%。全市有出口实绩的企业 616 家，比上年增加 66 家，其中当年新启动出口业务企业 132 家，增加 15 家。全年出口额在 100 万美元以上企业 251 家，其中 1000 万美元以上的企业 42 家，增加 2 家。全市出口排前三位的市场依次是欧盟、东盟、美国。对欧盟出口 3.03 亿美元，下降 7.9%；对东盟出口 2.34 亿美元，增长 52.7%；

对美国出口 2.15 亿美元，下降 8.3%。对这三大主要市场出口额合计占全市出口总额的 40.5%。在主要商品出口中，机电产品出口 5.34 亿美元，增长 26.1%；高新技术产品出口 0.76 亿美元，下降 36.8%；化工医药产品出口 4.5 亿美元，下降 34.2%；服装、纺织品出口 2.21 亿美元，增长 1.2%；农产品及其加工产品出口 1.7 亿美元，增长 19.6%。全年新批外商投资企业 14 家，比上年减少 10 家；合同利用外资 0.46 亿美元，下降 61.9%；实际利用外资 0.51 亿美元，增长 11.6%。

总体上看，衢州已经实现了从传统农业大市向工业主导型城市的转变。载至 2010 年，人民生活显著改善。全市用于民生事业发展的财政预算内支出累计达 277.4 亿元，年均增长 22.9%，连续 6 年财政支出增量的 2/3 以上用于民生。城镇居民人均可支配收入、农村居民人均收入分别从 2005 年的 13006 元、4850 元增加到 2010 年的 21811 元、8270 元，年均增长分别达 10.9% 和 11.3%。城镇和农村居民人均住房面积分别增加到 39 平方米和 55.8 平方米。城镇居民每百户拥有汽车达 11 辆。城乡养老和医疗保障制度实现全覆盖，最低生活保障实现"应保尽保"。全面实施城乡免费义务教育制度，省级教育强县实现全覆盖。民生满意度多年高于全省平均水平，民生综合指数进入全省中等水平地区行列。衢州的生态建设在全省处于领先地位。在经济总量翻番尤其是工业总量连续 8 年保持 30% 以上高速增长的同时，区域环境得到同步改善，并保持在全省领先水平。全市森林覆盖率达 71.3%，出境水水质连续 6 年 100% 达标，市区空气质量优良天数从 2004 年的 339 天提高到 359 天，是浙江省 11 个地级市中唯一饮用一级地表水的城市。生态环境质量公众满意度居全省前列，成为全省首个全市域国家级生态示范区。按照省委、省政府"绿色发展、生态富民、科学跨越"的要求，衢州市坚持高起点、跨越式、可持续发展，积极探索经济与生态互促共赢的绿色发展模式。

在取得了巨大经济建设成就的同时，衢州对传统产业经济发展的路径依赖也十分明显。这方面主要体现在衢州经济建设领域中产业高污染、高消耗的状况依然存在，全市产业结构偏重，能耗高，排污强度大，产业结构既"重"又"低"的特征十分明显；低端化的重化工业带来节能减排和资源、环境容量的巨大压力；部分工业企业生产装备还比较落后；污染治理设施仍处在低水平阶段；全市单位GDP能耗高于全省平均水平1倍；工业废水和化学需氧量排放强度接近全国平均水平的2倍；清洁能源利用率列全省末位。以2011年为例，全市工业增加值能耗、万元GDP水耗、万元工业增加值废水、化学需氧量排放强度分别为2.3吨标准煤、16.34吨/万元、1.74千克/万元、4.15千克/万元，远远高于全省和全国平均水平；清洁能源利用率仅为42%，也低于国家50%的标准；农业面源污染问题日益突出，农业面源污染成为影响水环境的重要污染源；目前全市环境质量虽然总体能够满足功能区的要求，但流域水环境中污染物浓度呈上升趋势并趋于超标。从长远看，未来衢州经济社会发展与资源、环境容量之间的矛盾仍将会持续存在。

（二）衢州经济生态转型的基本优势

衢州作为浙江省的欠发达地区，发展起步晚，工业化、城市化程度相对较低，经济总量较小，综合实力不强，需要有一个持续较快的发展速度。同时，衢州地处钱塘江源头，对产业尤其是对工业的选择有着比其他地区更多更严的约束。为此，衢州市始终把保持"绿水青山"、保护浙江"生态屏障"、保证"一江清水出衢州"作为省委、省政府和全省人民赋予的特殊政治责任，自觉地将生态保护作为转型升级的倒逼机制和可持续发展的最大优势，绝不以牺牲生态环境为代价谋求一时的发展，也不以停止发展消极地保护生态环境，积极探索经济转型与生态环境互促双赢的新路。在这条新路中，衢州获得了一些实现经济生态转型的难得优势。

1. 衢州具备良好的生态资源基础，丰富的生态资源是衢州显著的优势

衢州地处浙江省西部，钱塘江上游，金（华）衢（州）盆地西端，南接福建南平，西连江西上饶、景德镇，北临安徽黄山，东与省内金华、丽水、杭州三市相交。"居浙右之上游，控鄱阳之肘腋，制闽越之喉吭，通宣歙之声势。"川陆所会，四省通衢。衢州市域属亚热带季风气候区。全年四季分明，冬夏长、春秋短，光热充足、降水丰沛、气温适中、无霜期长，具有"春早秋短、夏冬长，温适、光足，旱涝明显"的特征。衢州是全国九大生态良好地区之一，浙江的生态屏障，全省首个全市域国家级生态示范区。市内森林覆盖率达71.5%，开化古田山国家级自然保护区是全球负氧离子浓度最高的5个地区之一，全年空气质量优良天数达354天。出境水水质连续8年保持100%达标，是浙江省11个地级市中唯一饮用一级地表水的城市。全域地表水90%以上达到或优于二类以上水质标准，市区空气质量（API）优良天数达到97%，所辖6个县（市、区）均通过国家级生态示范区验收，公众对环境质量的满意度位居全省前列。衢州拥有世界自然遗产地、国家级重点风景名胜区、5A及4A级旅游区、森林公园、地质公园和自然保护区多处，境内文物古迹多达2040处。作为国家级历史文化名城、中国优秀旅游城市和国家园林城市，衢州有"神奇山水，名城衢州"之美誉，境内既有浙江省唯一的世界自然遗产1处（江郎山），全国重点文物保护单位4处（孔氏南宗家庙、龙游湖镇舍利塔、衢州府城和江山三卿口制瓷作坊），也有生态胜地、国家5A级旅游区（开化根宫佛国）及4A级旅游区和5处国家森林公园（紫微山、钱江源、仙霞山、三衢山、浙江大竹海），还有常山国家地质公园、古田山国家自然保护区和江郎山国家重点风景名胜区，浙江全省占地面积最大的湿地公园、总面积约58平方公里的乌溪江国家湿地公园也位于衢州市域。面积并不大的衢州市域，坐拥如此丰厚的、优质的生态资源，实属难得。

2. 经济发展剑指高端

早在 2008 年，衢州市委五届八次全会就明确确立了"主导产业高端化、新兴产业规模化、传统产业高新化"的指导方针，并且制定出台了以加快工业转型升级为主的 8 个方面 13 项政策举措。瞄准国内、国际先进水平，积极对接国家和省产业振兴规划，深入实施产业集聚平台、产业龙头带动、产业创新能力、产业集约发展和产业服务环境提升等"五大提升工程"，全力推动高端化发展。目前，以高端化为导向的现代产业体系初步形成，氟硅新材料、太阳能光伏、空气动力机械、电子信息等新兴战略产业发展势头良好，已成为推动衢州经济又好又快发展的主要支撑。氟硅新材料产业发展迅猛，衢州已成为国家氟硅新材料产业基地、浙江首个光伏产业基地，是目前国内光伏产业链最为完善的地区之一，产业集群已初具规模。以"开山"牌、"红五环"牌、"衢机"牌为代表的衢州矿山风动机械行业快速发展，已形成市场占有率全国第一的三大主导产品，浙江开山集团成功开发的空气动力中国"芯"，结束了我国螺杆主机长期依赖进口的局面。传统产业的改造提升也取得明显成效，钢铁龙头企业成为全国循环经济典型。造纸产业完成从低档纸向高档特种纸的转型，全国市场占有率达 20% 以上，利润年递增近 30%。衢州已被列为省特色产业发展综合配套改革试点区。

3. 生态环境整治成效明显

衢州特别注重生态环境的整治，狠抓节能减排的落实工作，坚定走好产业集群化发展之路。从衢州的产业基础来看，支柱产业总体上带有"偏重、偏散、偏弱"等问题。"偏重"就是传统产业中，化工、建材、钢铁一直是支柱产业，往往存在能耗高、能效低、污染重等问题；"偏散"就是传统产业块状经济不足，主导产业集聚不够，众多产业存在大而不强、产业链不长、产业协作不够等问题；"偏弱"就是不少传统产业处于产业链的低端，存在产品技术含量和档次不高、附加值偏低等问题。面对全球新一轮的低碳经济热潮，面对国家下达的节能减排指标硬任务，衢州深化生态文明建设着力做好转型升级，实行"腾笼换鸟"，通过置换部分夕阳产业，淘汰落后产能，为科学发展腾出土地、环境和能源等要素空间。衢州加强节能减排，坚持往高端升、向集群转、往生态靠、向特色走的发展方向，着力构建"低能耗、低排放、低污染"的绿色产业体系，通过促进产业集群建设、依靠科技进步和发展循环经济把能耗、物耗、污染降下来。此外，衢州还以优化结构为目标，大力发展第三产业，通过培育壮大生产性服务业和创意产业，努力打造四省边际物流、边贸、交通、旅游集散、职教培训等中心城市建设，调整优化经济结构和能源结构，为建设生态文明创造良好的外部条件。

衢州的生态文明建设雷厉风行，一方面严抓增量把关，在全省率先实行严格的工业项目落地专家决策咨询机制，提高项目准入门槛，对环保、能耗不达标或不适合在衢州布局的项目，不管投入再大、效益再好，坚决予以拒绝。"十一五"期间，共否决不符合产业和环保政策的项目达1345个，总投资额超过93亿元。另一方面，严抓存量调整，大力淘汰落后产能，强力推进节能减排，加强环保基础设施建设，坚持铁腕治污，全面推进重点区域、行业、企业的污染整治。近年来，全市累计平毁1.24万个竹料腌塘，拆除124条水泥机立窑，关停2000多家技术落后和污染严重的小企业。

4. 生态文明氛围浓厚，生态文明共识明显

衢州有着浓厚的生态文明氛围，这主要体现在衢州深入扎实开展生态环保宣传教育上。衢州不断增强公众生态理念、环保意识，充分发挥生态系列创建的示范作用，广泛动员全民参与生态建设，形成强大的工作合力和舆论氛围。衢州在全省率先全面建成国家级生态示范区，森林覆盖率达 71.5%。市区新增城市绿地面积 847 公顷。全市建成国家级生态乡镇 25 个，并荣获 2010 绿色中国行活动中"绿色中国特别贡献奖"。衢州不断加强发展循环经济、建设节约型社会的新闻宣传工作，向全社会普及循环经济、节能环保知识，传播绿色理念，倡导低碳生活，弘扬生态文化，大力营造发展循环经济建设节约型社会的浓厚氛围。发挥报刊、广播、电视、网络多媒体协调联动的优势，加强与职能部门的沟通协调，整合各方力量，采取多种方式，不断发展壮大推进循环经济和节约型社会建设的舆论宣传阵地。组织动员社会力量参与节约型社会建设，深化"关爱家园，从我做起——节约资源、保护环境"系列公益宣传活动，组织好全国节能宣传周、世界环境日、地球日、水日等宣传报道活动。

（三）衢州经济生态转型的实践与探索

实现传统经济的生态转型是一项艰巨、系统、庞大的工程，非一朝一夕之功。近年来，衢州坚持以生态文明建设力促转型升级，从着力构建绿色产业体系、加快淘汰落后生产能力、注重发展森林生态经济、加速发展循环经济等多个方面入手，强有力地推动衢州经济的华丽转身。

1. 着力构建绿色产业体系

绿色产业体系的构建是经济转型成功与否的关键所在。衢州注重发展绿色产业，按照集聚化、循环化的要求，重点发展技术创新型、生态环保型工业，着力打造机械装备制造、氟硅新材料和区域特色产业集群（生物医药、文化创意和农林产品）三大千亿产业板块。2013 年 1～6 月，衢州全市高新技术产业增加值 50 多亿元，同比增长 12.9%，新产品产值 120 多亿元，同比增长 30.7%，增幅均居全省第三。衢州坚持生态化、品牌化的战略方向，积极打造衢州生态农业品牌。全市在创建省级生态循环农业示范区，建设无公害农产品基地，通过无公害、绿色、有机农产品论证等方面都取得了很大成绩。衢州围绕建设"四省边际物流中心、商贸中心、旅游集散中心、职教培训中心、交通枢纽"，大力发展现代服务业，特别是把旅游业作为"生态富民"的着力点和突破口，打响旅游业大发展战役，全市创成国家 5A 级景区 1 个，4A 级景区 23 个，成为"首个国家休闲区创建试点城市"，江郎山成为全省首个世界遗产地。2013 年第一季度，全市旅游收入 38.28 亿元，增幅位居全省第一。衢州努力优化产业布局，将整个市域划分为重要生态功能保护区、重点资源开发监管区、生态经济协调发展区三类生态功能区，严格按照规划布局引进项目，全面落实空间、总量、项目"三位一体"的环境准入制度，在全省率先实行工业项目落地专家决策咨询机制，明确工业园区入园项目最低投资规模和最低税收贡献率，严控污染性、能耗型企业落地。近 5 年来，衢州累计否决不符合环境要求的工业投资项目近 1500 个，总投资 100 多亿元。衢州还全力推进节能减排，制定实施《衢州市排污权有偿使用和交易暂行办法》，积极探索主要污染物总量指标量化管理制度，完善排污权有偿使用和交易制度，启动刷卡排污试点工作，完成企业废水刷卡排污系统 23 家、废气刷卡排污系统 6 家。完成了巨化集团公司等 12 家省控氨氮排放重点企业的治理，巨化集团公司氨氮排放量削减 44%。加强清污分流工作，工业废水、废气排放达标率在 95% 以上，工业固体废物综合利用率达 98%。

2. 加快淘汰落后生产能力

淘汰落后生产能力，是"腾笼换鸟""转型升级"，提升衢州工业现代化水平的重要途径。长期以来，衢州对淘汰落后生产能力工作都非常重视，采取了一系列强有力的措施，全面超额完成淘汰落后生产能力目标任务。近年来，全市累计拆除水泥机立窑生产线 124 条，淘汰 3 米以下水泥磨机生产线 88 条，全面完成省政府和市委、市政府确定的目标任务；累计淘汰水泥落后产能 1600 万吨，水泥企业从

58 家降至 17 家。年减少粉尘排放 7.9 万吨、二氧化硫排放 0.5 万吨，年节约能源消耗 15.8 万吨标煤。截至目前关停各类黏土砖瓦窑 107 座，盘活土地 3183 亩，减少实心黏土砖产能 13.29 亿块标准砖，年节约 16.66 万吨标煤、土地 2114 亩；淘汰小油机 4400 千瓦机组，超额完成省下达任务。同时衢州还主动整治"地条钢"企业 7 家、淘汰农村竹料腌塘 1.2 万多个、关停小造纸厂 20 多家、关停小石灰窑和石灰钙棚 300 多家，完成沈家化工园区和常山化工园区整治工作。

衢州全市各部门多方合力、多管齐下，按照"疏堵结合、治旧控新"的原则，扎实推动了淘汰落后产能工作。这些措施主要包括：采取调控措施，强化经济手段引导企业淘汰落后产能，充分发挥差别电价等机制在淘汰落后产能中的杠杆作用，提高落后产能企业在使用能源、资源等方面的成本，压缩落后产能生存空间。开展专项督察，由市政府督察室对全市淘汰落后情况进行专项督察、跟踪督察，推进工作进度。

加强考核验收，市政府成立了由市委常委、常务副市长担任组长，市经信委、市财政局等部门为成员单位的市淘汰落后产能工作领导小组。由市经信委牵头，市财政、监察、环保等 7 个部门组成淘汰落后产能工作考核验收小组，对各县（市、区）拆除的落后生产设备进行联合考核验收，确保淘汰落后产能目标任务落实到位。严格项目准入，严格执行国家和省产业结构调整指导目录，加强投资项目准入审核管理，强化安全、环保、能耗、物耗、质量、土地等指标约束，坚持新增产能与淘汰产能"减量置换"的原则，严格审查，有效防止落后产能的反弹。衢州还根据全市淘汰落后工作实际，市、县两级政府相继出台淘汰落后产能补助政策，包括鼓励利用淘汰后的厂房、土地开办新企业；及时兑现拆除落后产能的补助资金，保证按时全额划拨补偿款等。衢州市政府还在工业转型升级资金中专门设立了淘汰落后产能专项资金。

在下一步淘汰落后产能、促进经济转型的攻坚工作中，衢州计划加强规划控制，明确淘汰落后产能目标任务，根据全市产业结构、用能形势制定比国家、省要求更高，适合衢州产业结构调整需要的淘汰落后产能标准。衢州希望完善政策，促进主动淘汰落后产能，继续完善并执行差别电价政策，尽量推动以经济手段淘汰落后生产能力的办法和机制，减少由于行政推动带来的阻力和工作压力，并加大补助力度，通过提高对淘汰落后生产设备的补助，鼓励企业主动淘汰落后产能。健全机制对推动淘汰落后产能工作顺利进行至关重要。这方面的举措包括完善考核机制，将淘汰落后产能完成情况纳入各县（市、区）政府绩效考核；加强对产能过剩行业项目的管理，综合运用法律、经济、技术以及必要的行政手段，严格控制过剩行业产能盲目扩张；进一步完善落后产能的退出机制，加快水泥、建材、造纸等重点行业淘汰落后生产能力步伐，推动落后生产能力加快退出市场，加快衢州工业转型升级。

3. 注重发展森林生态经济

作为高森林覆盖率地区，衢州注意做好森林生态经济这篇大文章。近年来，衢州科学规划了生态功能区，专门编制了《衢州生态市建设规划》，按重要生态功能保护区、重点资源开发监管区和生态经济协调发展区 3 个功能区来规划全市经济社会发展布局。对江河源头、大型水库、城镇饮水区等重要生态功能保护区进行严格保护；对矿产资源丰富的重点资源开发监管区进行合理开发，加大生态重建及修复力度；对生态要求相对较低的生态经济协调发展区，按照生态与经济共赢的思路，科学规划城乡建设和现代工业发展，形成新型工业化、新型城市化、新农村建设互动发展的良性格局。衢州不断着力发展生态高效林业，在充分发挥森林陆地生态系统主体作用的同时，注重发挥林业产业的富民功能，相继实施了百万亩竹林增效工程101.48 万亩、油茶产业提升工程 7 万亩、大径材培育工程 15 万亩、珍贵树种发展工程 2 万亩，取得了良好效益。全市累计通过绿色食品、有机食品（含国家无公害农产品）认证 292 个，建成无公害林产品基地 48 万亩。森林休闲旅游是衢州发展森林生态经济的新思路，衢州坚持点、线、面相结合，使古田山国家自然保护区和钱江源、紫微山、浮盖山、三衢山、浙西大竹海等 5 个国家级森林公园得到了更好的保护和开发，新建成乌溪江国家级湿地公园，新培育森林（农家乐）休闲旅游村（点）197 个，经营农户 1083 户，2010 年接待游客 472 万人次，直接营业收入超过 3 亿元。衢州还大力发展林产品加工业，坚持合理开发利用，全市培育形成笋竹加工、山茶油加工、人造板制造、家具制造、竹炭生产、名茶加工等七大特色加工基地，全市 2010 年林业产业社会总产值达 170.85 亿元，竹木加工成为全市十大工业主导产业之一。

衢州坚持以生态公益林建设、现代林业园区、林业特色产业、林下经济为重点，以集体林权制度改革、产业转型升级、森林旅游为突破口，形成了木材、笋竹、干鲜果、森林食品、油茶五大林业主导产业和江山木门、龙游竹笋、衢江竹炭、柯城家具、常山油茶、开化森林旅游六大区域块状产业集群，创立了山茶油、竹炭、茶叶、黑木耳等中国之乡，全市共有笋竹面积 141 万亩、油茶面积 65 万亩、板栗 14 万亩、花卉苗木 4.5 万亩；拥有年产值亿元以上企业 13 家，规模以上企业 316 家，浙江名牌林产品 18 种，林业行业总产值逐步上升，6 年来保持年均 21% 的增长速度，达到 232.9 亿元。

全市已建生态公益林 377 万亩，其中省级以上生态公益林 366 万亩，仅重点生态公益林补偿，2011 年至 2013 年全市已落实每亩 19 元提高到 21 元的生态公益林的补偿资金 1.8 余亿元。全市规划省级林业园区 44 个，其中综合园区 4 个，精品园区 28 个，示范园区 12 个。到目前已建成的 13 个园区面积 7.29 万亩，平均每亩单产达到 1000 元以上，每亩增收 236 元。衢州出台了扶持林业特色产业政策，建立了市级珍贵树种和花卉苗木繁育基地，加快林业现代技术推广应用，从原来的松杉种植转移到重视大径用材林、茶叶、珍贵用材林、木本药材、花卉基地、特色经济林的发展，全市建成各类林业特色基地220个，面积达150万亩，新品种油茶亩产可达40公斤以上，笋竹覆盖技术每亩年收入达到1万元。林下经济发展规模逐渐扩大，品种呈多样化，有种植业、养殖业、森林旅游及特色休闲业等，年产值超过46亿元。常山杉林套种红豆杉、衢江板栗林下套种茶叶、江山猕猴桃套种茶叶，以及林下养羊、林下水沟放养石蛙、林下饲养梅花鹿等多种复合模式得以形成。

近年来，随着衢州竹木加工行业的逐步壮大，产值突破了170亿元，全市共有10万农民在林工企业工作。为进一步促进衢州竹木加工行业转型升级，衢州出台了产业规划，全市竹木加工行业投资54亿元，新建、技改项目有29个；建成欧派门业园，年产30万套EPC生态项目、烤漆门自动化生产线等先进生产线；竹胶板行业实现了从桥梁板到车厢板的二次飞跃。江山欧派门业、丽人木业，龙游腾龙竹业等从国外引进目前世界最先进设备，淘汰了落后国产设备。家具、山茶油、竹木工艺品等行业进一步洗牌，形成规模、品牌优势，全市竹、木材综合利用率达到92%以上。衢州第一产业、第三产业联合发展，拥有丰富的自然资源、良好的生态环境，衢州五大国家森林公园、开化根博园、衢江玫瑰园、龙游年年红红木、常山油茶博览园作为重要旅游景点，吸引各方投资10多亿元，开发建设森林旅游景点20余处，建设林业观光点25个，2010年到2012年，森林旅游年收入翻番，实现产值突破10亿元。据测算，全市人均林业纯收入达到2833元，开辟了一条全新的山区林农致富之路。

4. 积极发展循环经济

衢州对发展循环经济十分重视。衢州以优化资源利用方式和提高资源利用效率为核心，以"四节一利用"为重点，以技术创新和制度创新为动力，大力发展工业循环经济，争取了国家循环经济示范城市、国家循环改造示范试点园区、国家餐厨废弃物资源化利用和无害化处理等一系列试点取得明显成效。在近年来发展循环经济的实践中，衢州坚持以产业链理念为指导，编制并实施衢州市工业循环经济规划。"十二五"以来，衢州根据"十一五"期间工作经验，继续编制了《衢州市"十二五"节能规划》和《衢州市"十二五"工业循环经济发展规划》，特别是在工业循环经济规划中，引入产业链理念，认真分析了全市产业结构，对化工、水泥、冶金、造纸、装备制造、新能源等产业，对各行业内部和行业与行业之间进行了详细分析，提出了在各行业内部及行业与行业之间推行循环经济。衢州以这一理念为指导，引进了诸如豪邦化工这类利用巨化副产氯化氢的项目，实现产业链大循环。衢州加大对循环经济政策支持力度，积极组织企业申报省节能和工业循环经济补助资金，2012 年仅市区获省节能减排补助资金 550 万元，市区节能减排项目补助资金额度从 2011 年的 400 万元提高到 2012 年的 1500 万元，支持力度进一步加大。2012 年，从全市筛选出 24 个节能减排重点项目予以推进，计划总投资 8728 万元。衢州深入推进工业节能，首先落实节能工作责任。衢州依照责任书目标，根据市节能降耗预警制度，及时分析掌握各县（市、区）重点用能企业工作进展情况，对进度慢的县（市、区）进行红色或黄色预警，对节能形势严峻的企业进行督办。其次，衢州做好控增量、减存量工作，严格项目准入门槛，出台了《衢州市固定资产投资项目节能评估和审查实施办法》《衢州市工业固定资产投资项目节能审查细则（试行）》，严控高耗能项目落地。最后，加强重点用能企业管理。推行重点用能企业用能情况申报制度，加强用能企业能管员培训，创建能源计量示范企业。开展节能监察和能耗限额对标活动。衢州还不断推进园区生态化改造，积极实施工业循环经济"368"工程，在"十二五"期间完成 300 家企业清洁生产审核，创建 60 家绿色企业，8 个园区实现生态化改造。衢州鼓励循环经济示范园区和示范企业的创建工作，促进以"减量化、再利用、资源化"为内涵的工业循环经济发展，不断提高工业园区生态化水平。

基于上述扎实稳健的工作，衢州全市工业领域循环经济取得了明显成效。2012 年，全市单位生产总值能耗从 2005 年的 2.07 吨标准煤/万元下降到 1.51 吨标准煤/万元；规模以上工业企业增加值能耗从 2005 年的 5.07 吨标准煤/万元下降至 2.35 吨标准煤/万元。全市已全部淘汰了水泥机立窑，关停淘汰落后企业 700 多家、生产线 200 多条。在资源综合利用方面，截至 2012 年底，衢州市享受资源综合利用政策的企业有 33 家。全年共利用各类固体废弃物 480.11 万吨，资源综合利用产品产值达 29 亿元，减免税费 1.28 亿元。全市累计完成清洁生产审核企业 269 家，通过省级评审创建绿色企业 37 家，省级循环经济示范企业 20 家，高新技术园区和江山江东工业园区为衢州市最早的 2 个省级循环经济示范园区，巨化集团公司成为全国循环经济示范单位，元立公司被评为全国"十一五"节能降耗先进单位。

衢州在立足于现有良好基础的同时，计划于 2015 年循环经济发展理念进一步得到深化，资源利用效率和再生资源回收利用率明显提高，主要污染物排放得到有效控制，生态环境继续保持领先，生态文明观念牢固树立，全市循环经济发展框架基本形成。衢州广泛推广循环产业发展模式，建成一批循环经济试点基地、示范园区、示范企业及重点项目，形成具有特色的区域循环经济格局和较为完善的循环经济产业体系。全市节能环保产业营业收入年均增长达到 10% 以上。衢州的资源综合利用效率将会明显提高，全市万元生产总值综合能耗完成省下达的任务，单位工业增加值用水量控制在 88 立方米/万元以内。农业灌溉水有效利用系数达到 0.55，建设用地生产总值比 2010 年提高 20%，非化石能源消费占一次能源消费总量比重达到 10%。再生资源回收利用体系初步建成。工业固体废弃物综合利用率达到 94% 以上，秸秆综合利用率达到 80% 以上，规模畜禽养殖场排泄物综合利用率达到 96% 以上。

循环产业说起来容易，做起来难。衢州十分注重推动循环型产业发展，着力加快发展工业循环经济。衢州大力发展节能、环保、新能源、新材料等新兴产业，着力构筑循环经济产业发展新优势。切实抓好钢铁、化工、建材、造纸等重点行业的资源消耗减量化，以推进衢州市工业经济的转型升级。着力在产业集聚区、开发区（工业园区）内构建具有衢州特色的循环经济产业链，促进企业内部、企业之间以及园区之间废弃物的循环利用。组织开展清洁生产，计划于"十二五"期间，确保全市 300 家企业通过清洁生产阶段性验收，完成 20 家企业绿色企业申报创建工作。衢州注意大力发展生态循环农业，以产业发展精品化、资源利用循环化、功能拓展多样化为取向。衢州大力推广资源节约型农业技术和农业废弃物资源化利用技术，积极推进农业标准化、清洁化生产，大力推广设施栽培、生态养殖、立体种养、种养加一体化、休闲观光农业等高效生态农业发展模式，5 年内计划投入 23 亿元用于生态循环农业项目建设。除了循环工业、循环农业外，衢州鼓励发展循环型服务业，积极、有序地推动再生资源综合利用产业发展，鼓励社区、村镇回收网点和电子网络建设；大力优化交通运输结构，积极发展能耗低、污染少的运输方式；鼓励培训、认证、投资、咨询等与循环经济相关的服务业发展，积极推动能源合同管理服务业、生态物流业、循环经济科技服务业发展；大力倡导有利于节约资源和保护环境的消费方式，培育绿色消费需求，引导公民强化零排放或低排放的社会意识，自觉抵制"白色污染"和过度包装，鼓励使用再生产品、绿色产品、能效标识产品、节水认证产品和环境标志产品。

优化循环经济空间布局是发展循环经济的重要一环。衢州十分注意完善空间区域布局，通过贯彻实施《浙江省主体功能区规划》

和《衢州市生态环境功能区规划》，衢州落实空间准入、总量准入、项目准入"三位一体"的环境准入制度，推动形成经济、产业发展空间更加合理，与资源环境承载能力相协调的区域开发格局。按照《浙江省主体功能区规划》对衢州市各地的主体功能定位，衢州大力发展与区域资源环境承载能力相适应、具有良好产业基础的循环型产业，控制开发强度，促进产业集聚发展，凸显区域比较优势，力争形成特色鲜明、重点突出、优势显著、协调可持续的产业空间开发新格局。衢州也着力推进绿色产业集聚区建设，以加快培育经济增长点和竞争制高点、着力建设发展方式转变引领区为目标，立足产业基础、区位优势、资源条件、环境承载能力，推进衢州绿色产业集聚区建设。衢州计划到"十二五"期末，工业企业万元产值综合能耗年均下降5%以上，土地利用强度年均提高15%，实现工业用水循环利用率70%以上，工业废水集中处理率100%，基本形成可持续的生态经济发展模式。此外，衢州也不断加快推进循环经济示范基地建设。按照"产业优势化、生产清洁化、资源循环化、环境生态化、管理现代化"的要求，深入推进循环经济示范基地建设。衢州计划到2015年，衢州氟硅新材料、江山新型电光源、衢江竹资源综合利用、龙游浙西再生资源综合利用等4个省级循环经济试点基地和常山球川省级生态循环农业示范区，基本形成较为完善的循环经济产业体系、基础设施体系、技术创新体系和政策支持体系，成为区域发展循环经济的示范基地和骨干力量。

从一个农业废弃物资源化及沼气发电工程示范项目可以看出衢州在发展循环经济方面的先进理念与先进做法。衢州的浙江兴泰农牧科技有限公司坚持环保生态优先理念，注意综合利用，变废为宝。在农业废弃物资源化及沼气发电工程示范项目中，从规划设计到建设投产的全过程，该公司自始至终贯穿环保、生态优先的理念，全场采用雨污分流、干湿分离的工艺，投资360万元建成污水收集排放管、渠 5000 多米，污水沉淀池 3 个 324 立方米，酸化池 180 立方米，厌氧池 2100 立方米，缓冲池 210 立方米，曝气池（好氧池）396 立方米，沉淀排放池 150 立方米，集肥池（氧化塘）14000 立方米，堆粪舍 2 幢 300 立方米，死猪深埋池 8 个 300 立方米；与十里丰工贸有限公司苗木公司合作，实施千亩"沃土"工程，污水经处理达标后，全部用于 1000 亩的茶园、苗木等的灌溉。干粪经收集发酵后，供给有机肥厂加工。2009 年该公司入选世界银行全球环境基金的"农业废弃物资源化及沼气发电工程示范项目"，该项目装机容量达到 2MW，年发电量可达 1500 万千瓦时以上，由此每年可节约能源 4500 吨标准煤，同时减少温室气体排放 8 万吨，减少二氧化硫排放 73 吨，减少氮氢化合物排放 46 吨，减少烟尘排放 21 吨。

循环经济重大工程是衢州加快循环经济发展的重要载体。衢州的循环经济规划实施重点领域节能工程，实施"十大重点节能工程"，突出抓好化工、金属制品、造纸、建材等重点耗能行业和企业的节能工作；大力推进公共机构节能工作；大力发展节能型交通运输工具和农业机械，优先发展城市公共交通系统，控制高耗油汽车的发展；推动新建住宅、公共建筑节能和现有建筑节能改造，完成既有建筑节能改造面积 10 万平方米，城市新建民用建筑力争达到节能 65% 的标准，推广节能环保型家电产品和绿色照明产品。大力推进工业园区循环化改造工程。结合申报国家产业园区循环化改造工作，大力支持企业进行技术改造，推进资源消耗的减量化、循环化和再生化，提高资源利用效率，着力推进开发区循环化改造，强化物质集成、资源集成、信息集成，逐步形成"纵向闭合、横向耦合"的工业生态链网。"十二五"期间，全市 1 个国家级开发区、6 个省级开发区和市高新园区生态化改造通过省级验收。大力推进衢州农林资源循环利用工程。大力推广生态、高效的农林生产模式，加快构建农业和林业再生资源回收与综合利用体系。结合区域资源优势和产业基础，重点发展龙游、开化等生物质发电，衢江、龙游竹木资源综合利用，江山林木废弃物综合利用，江山食用菌废料综合利用，开化食用菌无木化生产，常山县生态农业示范工程等特色产业，进一步提升一批农林资源循环化利用产业基地的建设水平。衢州计划实施中水回用工程，以造纸、化工、制革等行业为重点，开展中水回用技术研究和应用示范工程建设，研究典型行业废水循环利用集成技术、新型高效污水生物处理技术等水处理技术。针对不同的行业特点和区域特征，因地制宜地采取符合实际的中水回用技术路线，引导城市绿化、市政环卫、洗车等行业使用再生水等非传统水资源，鼓励城市大型公共建筑、居住小区内建设区域性中水回用系统。到 2015 年，全市规模以上工业用水重复利用率达到 60% 以上，污水处理回用率达到 4% 以上。衢州计划实施产业链培育工程，依托氟硅新材料、先进装备制造业、电子信息、新能源、绿色加工业的基础，加大对补链项目的招商引"智"力度，做强做大产业链龙头企业，促进相关企业的集聚发展。力争在"十二五"期间内培育 15 个产业链较为完整、产值达到 50 亿元以上的优势产业集群。

衢州还希望通过建成一批循环经济示范载体实现循环经济迈上新的台阶。这些循环经济载体包括：建成一批循环经济示范基地、建成一批循环经济示范区、建成一批循环经济示范企业、建成一批循环经济重点项目。在建成一批循环经济示范基地方面，衢州将大力推进首批 5 个省级循环经济（示范区）试点基地建设，并根据基地考核情况，推荐 1~2 个发展优势突出、示范作用显著、成长潜力较大的循环经济（示范区）试点基地申报国家级循环经济（示范区）示范基地，力争建成 1 个以上循环经济产值在当地生产总值中占有较大比重的省级循环经济示范基地，成为带动区域循环经济发展的重要力量，并在推动节能减排、推广节能环保产品等方面发挥重要作用。在循环经济示范区建设方面，衢州将大力发展工业循环经济，全市力争建成 3 个工业循环经济示范园区；积极打造四省边际生态循环农业示范中心，到 2015 年，全市建设生态循环农业示范项目 100 个，生态农业示范基地 100 个，农村沼气工程 100 万立方米；加快推进生态物流园区的建设，以提倡节约能源、资源，倡导绿色文明消费为出发点，建设一批绿色社区、绿色校园、绿色医院。在建成一批循环经济示范企业方面，衢州以化工、造纸、建材等行业为重点，培育一批清洁生产示范企业；以用能用电大户企业为重点，培育一批节能示范企业；以造纸、化工等高耗水行业为重点，培育一批节水示范企业；以化工、建材、造纸、皮革等行业为重点，培育一批资源回收与综合利用示范企业；以农业主导产业发展、农产品精深加工、农业废弃物资源化利用为重点，培育一批生态循环农业示范企业。在建成一批循环经济重点项目方面，衢州将以节能、节水、园区生态化改造、资源综合利用等为重点，"十二五"期间滚动实施一批省循环经济 991 重点项目，计划投资 485.78 亿元，实施 68 项市级循环经济重点项目，项目的实施将对改善区域生态环境、推进产业结构调整和优化发挥积极作用。

5. 以生态环保促经济转型升级

以生态环保促经济转型升级是衢州环保工作和经济转型工作中的新思路、新做法。衢州认真分析全市经济社会发展中存在的环境质量、环境容量等方面的突出问题，及时提出应对之策，从基础、源头上贯彻落实以环境保护优化经济发展、促进转型升级的战略思想。同时发布一批禁止、限制发展的工业污染项目、产品和工艺目录，加强对产业发展的引导。衢州认真贯彻国家产业政策和环境准入要求，注重加强环境准入引导转型升级，严格执行环境影响评价制度和建设项目"三同时"制度。2009 年以来，市环保部门共完成建设项目环评审批 538 个，否决项目 62 个，完成"三同时"验收项目 123 个，力求做到增产不增污。下一步，将不断创新方式，探索推行空间准入、总量准入、项目准入"三位一体",专家评价与公众评议"两结合"的环境准入制度,通过环评严格把关。通过空间准入制度,突出生态环境功能区规划的强制性,加强空间的环境管制,保障生产力布局优化。通过规划环评,控制高污染行业,淘汰现有的落后产能,把好总量准入关。在项目准入方面,对事关可持续发展和民生改善的重大项目,包括节能环保等有利于优化结构的项目,积极支持,提前介入,全过程服务;对一般的项目,进行一定的限制;对"两高一资"等不符合国家产业政策的项目拒批。衢州还加强环境监管强促转型升级。目前,全市列入日常环境监管开展排污申报企业共302家,征收排污费企业285家。2009年以来,环保部门共处理各类环境信访投诉1176件,检查企业2525人次,积极配合省、市环保局开展飞行监测行动,下发书面环境监察意见书67份,对18家企业作出经济处罚,对12家企业作出警告处罚,依法取缔、关闭8家违法违规企业,责令3家企业停产,责令2家企业限期治理。通过不断加强执法监管,淘汰靠违法排污、转嫁成本来维持生存的落后产能。在突出抓好重点污染企业环境监管的同时,加强对中小企业的环境监管,力求执法尽可能全面到位,防止中小企业成为环境监管执法的"漏网之鱼"。

　　衢州狠抓污染减排倒逼转型升级,注意将污染减排作为约束性指标,将其作为倒逼转型升级的重要行政手段。截至2009年底,衢州全市化学需氧量和二氧化硫两项主要污染物指标比2005年分别削减12.87%和14.63%。2013年以来,减排成效更加显著,特别是二氧化硫减排认定量占衢州市六县(市、区)总和的88.82%。实践证明,"十一五"期间的污染减排确实对改善环境质量、加强环境基础设施建设、促进产业提升起到了很大的作用。下一步,衢州将继续运用减排约束性指标,将污染减排指标分解落实到每家重点排污企业,建立减排补助激励和约束机制,督促各企业主动加强环境保护,继续淘汰落后产能，转变经济发展方式。实施污染整治是衢州强推转型升级的做法之一。衢州通过连续两轮"811"行动，全市共完成了重点区域、重点行业、重点企业污染治理项目135个。重点部署开展了以印花浆行业污染整治、江贺公路沿线木材加工企业锅炉黑烟整治等为主要内容的七大专项整治工作，基本完成印花浆行业异味气体污染"三统一"易地整改、江贺公路沿线木材加工企业锅炉黑烟整治、城区20多家三产企业和单位锅炉污染整治；经济开发区环境综合整治取得积极进展，全市90多家化工行业企业专项整治有序推进。在两轮"811"行动中，衢州一直坚持专项整治、重点攻坚的方针，侧重于解决突出的环境问题，也确实取得了明显成效。但随着一些突出环境问题的解决，以及人民群众对环境质量要求的提高，加之经济社会发展中环境污染呈现新趋势、新特点，迫切需要抓好污染防治和生态保护建设的切入点、着力点，谋划好第三轮"811"生态文明建设推进行动。在理念上，从侧重解决突出环境问题、削减排污总量向空间约束与总量控制并重、更加注重改善人居环境转变；在领域上，从侧重工业污染防治向工业、农业、生活面源污染防治并重转变；在环境要素上，从侧重水污染防治向水、大气、土壤等污染综合防治转变；在污染因子上，从侧重治理化学需氧量、二氧化硫向更加注重防治氨氮、总磷、细颗粒物、重金属、挥发性有机物、辐射等污染转变。

衢州注重加强以环保服务助推转型升级，因此衢州环保部门改变了过去对企业违法行为予以曝光、处罚和责令停产为主要手段的负激励，转变为开通环保"绿色通道"的正激励，积极引导企业遵守环保法规，提高污染防治水平。按照行政审批"两集中、两到位"要求，衢州环保部门首批进驻市行政服务中心，将审批时限由国家规定的环评报告书60个工作日、环评报告表30个工作日、环评登记表15个工作日分别缩短到7个工作日、5个工作日、3个工作日，简化办事程序，提高办事效率。适应经济形势的新变化，把环境保护融入经济社会发展主战场，积极探索保护与发展并重、服务与监管一体、经济与环保双赢的工作策略和方式方法，为经济转型升级提供更为坚实的环境支撑和更为优良的环境服务。衢州积极稳妥推进排污权有偿使用和交易试点，着重做好试点企业认定、政府排污权储备、初始排污权有偿和合理分配、企业排污总量监控与核算等基础性工作。牢固树立招商引资是第一工程、服务项目是第一要务的观念，主动做好项目服务，主动指导业主对接上级政策包装申报项目，积极帮助其向上争取项目资金支持。高度重视项目前期工作，做到量质并举。

三 衢州经济生态转型发展的基本经验及进一步发展的路径建议

在调研中，我们深刻感受到，衢州在社会主义生态文明创建之路上积极探索、勇于开拓，不仅取得了优异成绩，向200多万衢州人民提交了一份令人满意的答卷，而且也积累了大量的难得的宝贵经验，给人以深刻启发和思考。

（一）衢州经济生态转型发展的基本经验

1. 生态文明建设、经济转型发展与促进民生改善紧密结合、"三位一体"

党的十八大报告将生态文明建设与经济建设、政治建设、文化建设、社会建设并列。衢州按照中央的精神与要求，坚持正确的发展思路发展战略、发展举措，没有片面地追求规模增长和总量扩张，绝不以牺牲环境为代价换取一时发展。衢州的做法是，将加强生态文明建设、推进经济转型发展与促进民生改善紧密结合起来，走"三位一体"的经济与社会发展之路，这对实现社会经济协调发展具有重要意义。

近年来，衢州市坚持以人为本、环保为民的理念，不断加大社会动员力度，增强全社会的生态环境意识，大力推广使用清洁能源，着力解决影响群众健康的突出环境问题，让人民群众在经济发展中不断提高生活水平，在环境改善中不断提高生活质量，使生态环境建设成为广大干部群众的自觉行动，形成了对生态环境"共保、共建、共享"的格局，有效促进了资源节约型、环境友好型社会建设。如衢州市竹农使用石灰、烧碱腌制毛竹，制浆造纸，至今已有400多年的历史。然而，利用竹料腌塘制浆的土法造纸生产工艺落后，产生的废水对水质污染严重。据测算，每生产1吨土纸废水排放量达600多吨，往往出现一家小造纸厂污染整条小山溪的现象。为此，衢州市对全市所有竹料腌塘和土法造纸企业进行关停，整治工作涉及全市26个乡镇3.6万人口。为平稳推进整治工作，出台了补助政策，对主动平毁料塘的农户按料塘大小给予20～30元/平方米的政府补助。目前，1.24万个竹料腌塘全部得以平毁。41家土法造纸企业、200多个农户半机械家庭造纸土作坊全部得以关闭，每年可减少废水排放6000多万吨。竹料腌塘和竹造纸企业平毁、关停后，源头山溪河流水质得到彻底改观，沿溪群众的用水安全得到保障。环境的改善更带动了当地生态旅游业的发展。该市七里乡、黄坛口乡和大洲镇等一些原先以腌料为主业的竹农转而经营起了"农家乐"。

2. 以限低压劣为抓手力促转型升级

长期以来，化工、建材、钢铁一直是衢州市工业经济的主导产业。由于历史原因，其中相当部分的企业和产品生产工艺落后，资源消耗大、能耗高，污染相对较重。为此，衢州市针对本地产业现状，将环境整治与促进区域产业结构调整、加快经济发展方式转变有机结合，提出了"削总量、腾容量、促提升"的工作思路，一方面全力淘汰传统产业中高能耗、高污染的落后产能；另一方面利用淘汰、整治腾出的环境容量，通过规范、提升，大力发展特种纸、氟硅化工等优势产业。衢州市先后出台了限制和禁止高能耗、高污染产业目录，造纸、水泥、化工等产业发展指导意见和工业空间布局指导意见等一系列政策；各级财政还安排专项资金用于淘汰整治工作；结合生态市建设，将淘汰整治工作通过政府责任书的方式分年度层层落实到各县（市、区）和有关部门，并严格考核。2005年以来，衢州市率先全面平毁和关停了1.24万个竹料腌塘、41家土法竹造纸企业和200多个农户半机械家庭作坊，关停了349个土法小石灰窑和604个各类灰钙棚，关停了沈家化工园区、亚伦禾草制浆、产能在1万吨以下废纸造纸和巨化AC发泡剂、电解铝装置、酞菁蓝产品等污染严重的企业和生产线，淘汰了全部66个水泥机立窑和94个黏土砖瓦窑。几年来全市累计关停淘汰落后和污染严重的造纸、水泥、味精、化工、电镀、冶炼、炼油、灰钙、活性炭等企业1000多家、生产线100余条，为工业经济在量的扩张和质的提升方面腾出了环境空间。

在转型升级路径中，衢州市在全省率先强力实施项目落地决策咨询制度，大力扶持发展低能耗、低污染的新型产业，对环保和能耗不达标或不适合在衢州布局的项目，坚决拒之门外，近年来，已先后否决了总投资近100亿元的1000多个项目。建设项目环评和"三同时"执行率达100%。同时，该市大力发展氟硅、装备制造和区域特色产业，努力打造三大千亿元产业板块。到2008年，以氟化工、有机硅、单晶硅和光伏为主的氟硅产业企业数达48家，产值达111.8亿元；以空气动力与掘进装备、金属冶炼和加工、高压输配电、电光源和风电设备、轴承等为主的装备制造业企业达332家，产值达274.9亿元；以高档特种纸、绿色食品、竹木加工、新型建材、精细化工为主的区域特色产业企业达697家，产值达381.9亿元。衢州工业经济已进入一个加速发展、转型升级的新阶段。

3. 以"浙江绿源"为导向构建生态经济体系

衢州所处的浙闽赣交界山地是《全国生态环境保护纲要》所确

定的 9 个全国性生态良好地区之一，也是浙江省西部的生态屏障。近年来，衢州市按照生产发展、生活富裕、生态良好总体要求，着力通过生态工业、生态农业、生态林业的发展构建衢州生态经济体系。

衢州坚持加快制造业基地建设和创建生态市相结合，运用高新技术和先进适用技术改造提升传统产业，大力发展循环经济。着力构建"企业清洁生产、园区循环配套、社会倡导节约"的环保新格局。编制完成了《衢州市循环经济发展规划》，大力实施工业循环经济"5518"工程，培育了一批典型。此外，大力提高废弃资源综合利用率。全市有 110 家资源综合利用企业，回收、利用各种废弃物 25 种约 486 万吨，生产产值达 15.5 亿元。按照"节能、降耗、减污、增效"要求，有 28 家企业通过清洁生产审核，共实施清洁生产项目 520 个。开展能源利用审计，"十五"期间共完成近 50 家重点用能单位的能源监测（审计）计划。每年节能 9.7 万吨标准煤，节电 5800 万千瓦时，节水 260 余万吨，并大量削减了"三废"排放量。推广余热发电，8 条回转窑水泥生产线配套了余热发电项目，合计装机容量达 7.8 万千瓦。在造纸、化工行业推广热电联产技术，有 10 个热电联产项目已建成投产，合计装机容量近 21 万千瓦。

衢州专门划定钱江源、须江、灵山江、铜山源等五大流域绿色农产品保护区。按照"人无我有，打特色牌；人有我优，打绿色牌；人优我多，打规模牌"的思路，大力开展农产品基地建设和品牌创建。建成各级特色、无公害、绿色、有机农产品标准化生产基地 510 个，总面积 120 万亩。其中，省级以上无公害、绿色、有机农产品基地 92 个。认定了 3 批共计 99 种衢州绿色农产品和 97 个衢州市绿色特色农业示范园场，有国家无公害农产品 72 种、有机食品 21 种、绿色食品 14 种。15 种农产品获得国家原产地标记保护。开化县成为农业部授予的全国 100 个无公害农产品（种植业）生产示范基地县之一，开化县、江山市和龙游县进入全省 30 个绿色生态农业示范县行列。

近年来，衢州全市共完成造林更新 20.9 万亩；累计建成生态公益林面积占到 115 万亩，森林总蓄积量达到 1528 万立方米，森林覆盖率稳定在 71.5%，受保护地区面积占到 39.8%；建成花卉苗木基地 6.52 万亩，省市级绿化示范村 64 个，工业原料林基地 4 万亩，城市防护林带 1000 亩。加强生物多样性保护，建成各类自然保护小区 131 个，保护面积 143.4 平方公里；有国家级森林公园 4 个、省级森林公园 1 个。

4. 以环保促进转型

环保是经济转型的关键所在。近几年在国债资金、省级财政的大力支持下，衢州市共投资 10 多亿元，完善了城镇污水处理、收集管网、垃圾处理、危废处置、集中供气、环境监控监管等方面的环保设施。到 2008 年，完成了 5 座县级城市污水处理厂及配套管网建设，其中衢州市区一期日处理 5 万吨的生活污水处理厂已满负荷运行，配套收集管网 180 公里，出水水质全面达标，目前衢州市区二期生活污水处理工程正在建设之中。总投资 1.2 亿元、总容积 316 万立方米、服务年限 20 年的市区徐八垄生活垃圾无害化填埋场一期工程按高标准建成投运，填埋场渗滤液得到妥善处理。投资 1.1 亿元建成日处理 20 吨市危险废物和医疗废物的集中处置设施及危废填埋场，并配套了相应的收集、运输系统。市经济开发区和高新园区都实现了集中供热，总供热能力达 283 吨/小时，已覆盖两个园区 55.5 平方公里范围内共 113 家企业。高新园区建成日处理 1 万吨的污水预处理站，园区污水纳入巨化污水处理厂。为提高环保监控管理水平，2005 年来，全市共投入 4500 多万元，建成 5 座地表水自动监测站和 11 座大气自动监测站，84 套重点企业在线监测装置以及市、县两级监控平台，实现省、市、县三级联网，市、县两级环境监察和监测全部通过标准化验收。环保设施的完善，环境监管能力的提升，大大增强了区域污染防控能力。

5. 营造生态氛围，强化转型观念

在生态市建设之初，衢州市就提出建设"浙江绿源"的口号。几年来，结合"五城联创"和"811"环境整治行动，广泛开展多形式、多渠道、多层次的宣传活动。在报纸、电视、电台等媒体开设生态建设和环境保护专栏专版，全方位地宣传生态市建设和环境保护工作取得的成就；在市区各入城口、主要道路、公共场所等设置宣传标语和广告牌，设立衢州生态建设网站，编制各类整治的宣传片、图册和4册《浙江绿源——衢州生态市建设文选汇编》，定期向社会公布环境质量状况；举办以生态环保为主题的文艺晚会、诗歌征文和环保摄影比赛、电影下乡等一系列群众参与性很强的活动；连续多年在各级党校开设专题讲座，宣讲科学发展观、和谐社会、生态经济、环境保护等内容，将生态环保教育列入学校课程体系，并渗透到各学科的教学中，全市中小学环保宣传教育普及率达到95%以上；大力开展群众性绿色系列创建活动，全市共创建了全国环境优美乡镇17个、省级生态乡镇53个，建成了214个省级"绿色企业"、"绿色社区"、"绿色学校"、"绿色饭店"、"绿色医院"、"绿色家庭"、"生态环境教育基地"、"保护母亲河号"和"生态监护站"，以及一大批市级生态环保示范点。通过全方位的宣传，为生态城市建设和环保模范城市创建营造了良好的氛围，衢州良好生态形象得以展示，生态品牌得到有力提升，区域环境优势得以更好地发挥，全民生态环境意识明显增强。引导市民养成节约能源资源、保护生态环境的生产生活方式，推进生态文明建设。

（二）衢州经济生态转型升级路径建议

走在生态文明建设前列的衢州在经济转型升级方面取得了重大成绩。衢州经济生态转型要获得进一步的发展，在以下若干方面还可

以再继续加大力度。

1. 坚持"高端"取向，着力培育新兴产业

衢州可继续加强规划引领，强化产业发展的选择性，重点扶持新材料、新能源、装备制造和电子信息四大战略性新兴产业，同时大力发展金融、物流、文化创意等现代服务业。充分发挥招商局的专业招商作用，进一步明确招商方向和重点，突出招大引强，以大项目、好项目带动、支撑新兴产业的发展。强化创新驱动，加快推进慧谷工业设计基地、大学科技园等创新平台建设，切实为高端高新产业发展提供支撑。建议衢州紧盯国家确定的七大战略性新兴产业发展方向，重点扶持培育以氟硅和碳纤维为主的新材料，以光伏产业为主的新能源，以 LED 为主的新光源，以矿山风动机械为主的装备制造以及电子信息等产业，努力在核心技术和产业化成果转化上取得突破。在新材料、新能源、高端装备制造、电子信息等领域培育一批生态型新兴产业，加强产业集群建设，提高科技研发能力，加大人才引进力度，使衢州成为国内领先的氟硅新材料基地、太阳能光伏产业基地、空气动力机械及输配电设备基地、电子信息特色示范基地，形成生态经济发展新优势。

2. 继续提升传统产业

根据衢州传统产业的特点，我们建议加强金属制品、新型建材、绿色食品、高档特种纸等传统产业改造提升。抓好浙江省循环经济"991 行动计划"重点项目和工业循环经济"368"工程滚动实施，推进巨化集团公司国家循环经济试点，建好衢州氟硅新材料产业、衢龙竹资源综合利用产业、浙西再生资源综合利用产业和江山新型电光源产业等省级循环经济试点基地。推进衢州氟硅、江山木业加工两大省级产业集群示范区建设，推动块状经济向现代产业集群转型升级。全面推行环保在线监控和清洁生产审计，推进衢州经济绿色、低碳、循环发展。加快传统产业高新化改造，还需要积极引导鼓励企业

运用先进适用技术和现代管理方法改造提升传统产业，扎实推进企业工艺装备升级、技术升级、产品升级，大力推动产业链向研发设计、品牌营销两端延伸，不断提高产品附加值和竞争力，促进企业由产业链的低端向更高层次升级。

改造提升传统产业的同时，应注意与循环经济实现无缝对接，延伸产业链条，这是提高资源利用率、增强抗风险能力的最直接、最有效的途径。特别要加快培育和引进新技术，推动钢材、水泥、造纸、化工等高耗能企业向深加工、后端加工发展，降低能耗，促进减排。推动技术改造，支持企业采取适用技术，推行清洁生产，实施生态化改造。加快"腾笼换鸟"，下定决心，加大力度，淘汰落后产能。

3. 构建高效生态产业体系，发展壮大生态经济

按照生态和经济建设协调发展要求，围绕"生态富民"这个根本目标，充分发挥区位、资源、产业优势，大力发展高效生态产业，积极培育一批具有竞争力的高效生态产业集群，逐步形成特色高效生态产业体系，以具有衢州特色的生态产业、生态经济来构筑富民之基。要制定实施全市主体功能区规划和生态环境功能区规划，根据资源环境承载能力，确定不同区域的主体功能，统筹谋划人口分布、产业布局、国土利用和城镇发展格局。扎实推进特色产业发展综合配套改革试点工作，积极谋划新一轮发展空间，全力打造特色产业发展集聚区。要制定完善衢州产业集聚区发展规划，通过规划引领空间资源，通过空间资源引导产业布局，构建"工业新城—省级（国家级）开发区—重点乡镇工业功能区"立体式、多层次、梯度型的空间布局体系。大力培育和发展战略性新兴产业，加快发展生态工业、生态农业、生态旅游和现代服务业，推动主导产业高端化、新兴产业规模化、传统产业高新化，努力构建附加值高、资源消耗低、环境污染少的高效生态产业格局。积极培育龙头企业，建立后备发展空间和政府可调控资源对龙头企业的"双优先"制度，加快形成一批竞争力强、成长性高、带动力强、综合实力强的骨干企业。建立健全中小企业协作配套体系，加强对科技型、成长型、生态型中小企业的培育扶持。大力发展金融、物流、会展、信息、咨询、文化创意、楼宇等现代服务业，不断提高服务业产值在全市生产总值中的比重。大力发展生态农业，进一步优化农业产业结构，推进农业优势主导产业升级，着力建设一批区域化布局、标准化生产、规范化管理的高效生态农业基地和生态循环农业示范区。大力推行绿色生产，积极推行农业生态化、标准化生产，努力实现农产品的优质化和无害化。加快构建生态林业产业体系，深入推进"兴林富民"示范工程，积极发展木业、竹业、森林食品、森林旅游、中药材、种苗花卉等林业产业。大力发展生态旅游，充分发挥独特的生态环境、风景旅游和历史人文资源优势，整合旅游资源，深化推进区域旅游合作开发，积极打造浙西旅游大市和四省边际旅游集散中心。

4. 积极发展生态型现代服务业

在完善衢州四省边际中心城市服务功能方面，衢州还可以进一步做好大文章。衢州可以考虑加强服务业集聚区和总部商务区建设，高水平建设衢州电子商务园、衢州"无水港"，加快现代服务业发展；扶持发展服务外包、总部经济等新业态，培育一批服务业重点企业，努力把衢州建设成为四省边际的商贸、物流、旅游、职教等区域性中心；加快社区服务业、农村服务业的发展与改造升级，提升城乡居民生活品质。

5. 探索建立健全资源有偿使用和生态补偿机制，促进衢州经济转型升级

党的十八届三中全会通过的《中共中央关于全面深化改革若干重大问题的决定》中明确提出"实行资源有偿使用制度和生态补偿制度"，要加快自然资源及其产品价格改革，全面反映市场供求、资源稀缺程度、生态环境损害成本和修复效益。坚持使用资源付费和谁污染环境、谁破坏生态谁付费原则，逐步将资源税扩展适用于占用各种自然生态空间。稳定和扩大退耕还林、退牧还草范围，调整严重污染和地下水严重超采区耕地用途，有序实现耕地、河湖休养生息。建立有效调节工业用地和居住用地合理比价机制，提高工业用地价格。坚持"谁受益、谁补偿"原则，完善对重点生态功能区的生态补偿机制，推动地区间建立横向生态补偿制度。发展环保市场，推行节能量、碳排放权、排污权、水权交易制度，建立吸引社会资本投入生态环境保护的市场化机制，推行环境污染第三方治理。在此背景下，衢州可以考虑以全面推进排污权有偿使用和交易试点为切入点，积极开展相关政策研究，充分利用经济、法律、行政等多种手段，协调解决生态文明建设过程中的矛盾和问题。特别对排污权有偿使用和交易试点工作，可由衢州有关主管部门牵头，结合实际，积极探索。可在积极向浙江省级政府争取加大生态补偿力度的同时，着眼于衢州各地实际，按照"谁开发、谁保护，谁破坏、谁恢复，谁受益、谁补偿"原则，积极探索建立科学合理的生态修复机制和生态补偿机1制。

（执笔人：张永义）

报告三　绿色、生态、美丽
衢州之发展

——衢州生态文明建设中的生态文化理念

英国哲学家罗素说过："这个世界是我们的世界，要把它变成天堂或地狱都在于我们。"[1] 把我们生活的世界变为天堂或地狱的关键在于人们发展经济时的生态意识和生态观念，盲目的经济发展会加剧生态环境的破坏，会把我们生活的世界变得更糟，最终制约经济和人类社会的发展；在经济发展的同时保护好我们所依赖的生存的环境，即在发展经济、提高 GDP 的同时更要美好的生态环境，兼顾经济发展与环境保护的发展才是真正意义上的持续有效的发展，是人与自然、人与社会的协调发展。衢州在发展的过程中，不断强化水土保持等环保工作，促使人与自然的和谐、城市生态面貌的焕然一新，使生态成为衢州最大的优势、最响的品牌和最大的潜力。衢州的发展坚持"绿色发展、生态富民、科学跨越"的理念，与其他发达地区比速度、比民生、比生态，成为衢州在生态文明建设中的突出特点。从这个角度讲，浙江省衢州市的生态文明建设为我们提供了一个生态文明发展的范例和一种良好的生态文化理念。衢州是 9 个全国性生态良好地区之一，森林覆盖率高达 71.5%，空气质量常年保持二级

---

① 〔英〕罗素：《社会改造原理》，上海人民出版社，1986，第 119 页。

标准，水质均为国家一级标准。衢州以森林公园、美丽风景区以及快速发展的经济，打造了一个人间福地。衢州市被评为"全国水土保持生态环境建设示范城市""国家园林城市""国家森林城市""国家卫生城市""中国优秀旅游城市""浙江省环保模范城市"等，衢州市在发展中所体现的生态文明和生态文化理念，是衢州市委和衢州人民敢于向环境污染说"不"，勇于贯彻生态经济化、经济生态化的理念，也是确保衢州市政府提出拥抱蓝天净土的根本途径，即发展经济也要把生态这篇文章做得更深更透，让绿色 GDP 理念更加入脑入心。

一 和谐、可持续：衢州生态文明建设中的生态伦理观

关于生态文化，中国社会科学院哲学所研究员杨通进指出，生态文化本身是一个系统，它包括生态知识、生态精神、生态产品、生态制度等，"生态文化，是以整体、和谐、还原和自生的生态学原理为基础，培养一类具有较高生态意识和继承历史文化的群体，包括建立认知文化、体制文化、物态文化、规范和准则等，其核心就是环境意识和环境理念以及由此形成的生态文明观和文明发展观"。① 也就是说，生态文化是以生态意识的提高、生态知识的普及、生态环境法律体系的完善以及绿色文明为精神基础，以文化资源和自然资源的保护、生态科技的实践活动、生态产业的形成为物质基础的文化。

传统文化强调人与自然的主客体关系，主张人类主宰自然，人是主体，自然是人利用和改造的对象，这种理念在工业文明时期促进经

① 农兴强、杨荣翰、韦祖庆：《古镇旅游发展与生态文化理念》，《广西社会科学》2007年第 4 期。

济快速发展的同时导致了生态危机。而生态文明强调人与自然是和谐的有机统一体，主张世界是"人—社会—自然"的复合生态系统，在这个系统中，人是主体，自然也是主体，自然和人都是存在主体和价值主体，人和自然构成了复合生态系统中的统一的整体。在这个系统中，整体决定部分，人与自然的和谐状况决定了人类社会的政治、经济、文化、社会、生态的充分、持续、有序的发展。由此，生态文明社会中的文化价值观也由人类中心向人与自然统一的理念过渡。人对自然不再是单一的统治关系，人对自然也不再是一味地索取，人与自然万物间是一种和谐发展的关系。这种发展观的本质是人与自然、人与人、人与社会的和谐，其目标是通过人的解放和自然的解放实现人与自然的生态和解以及人与社会的和解，最终达到人、自然、社会的充分发展。此主张摒弃了"人类中心说"的理念，坚持人是自然界中的一部分，只有人与自然和谐发展才能带来共荣共生的局面。

生态文明是人类经历了原始文明、农耕文明、工业文明之后的一种崭新的文明。作为一种崭新的文明形态，生态文明建设提倡以尊重自然和保护自然为前提，以资源承载能力为基础的可持续的产业发展方式、生产方式以及消费模式，实现人与自然环境相互依存、相互促进、全面协调的可持续发展。在衢州生态文明建设的过程中，其生态文化主要理念体现在人与自然、与自然界万物间和谐相处的"种际"伦理观，当代人与后代人之间的可持续发展的"代际"伦理观以及在此基础上"五位一体"协调发展的科学生态观。

（一）人与自然和谐相处的"种际"伦理观

罗尔斯顿在《环境伦理学》的扉页上引用维克多·雨果的话："在人与动物、花草及所有造物的关系中，存在着一种完整而伟大的伦理，这种伦理虽然尚未被人发现，但它最终将会被人们所认识，并成为人类伦理的延伸和补充……"① 这种伦理重点体现在人类将道德关怀从社会延伸到非人的自然存在物或自然环境，也就是生态伦理的一个基本道德原则——"生态环境保护"，即人们在开发、利用自然的同时也要保护自然、尊重自然、顺应自然，进而保护和维护生态系统的完整性和稳定性，使人和自然的关系具有普泛的道德意义和道德价值，也即是说，我们对自然负有责任和义务，我们对自然最大的责任和义务就是最大限度地适应自然，最大限度地维护生态系统的稳定、和谐和美丽。

首先，保护自然，打造水清景美的人间福地。

人和自然的关系是一种复合生态关系，任何不保护自然、任意破坏自然的行为必将遭到自然猛烈的报复，衢州人深刻地认识到这一点。作为浙江省母亲河钱塘江的发源地，衢州素有"浙江绿源"之美誉，该美誉得益于衢州境内的水。自古以来，衢州以水为荣，然而，水也曾让衢州人担忧，白居易曾写下"是岁江南旱，衢州人食人"的诗句，这种惨剧是自然向人类疯狂进攻的一次宣示。可喜的是，现在的衢州人，特别是近10多年来，250多万三衢儿女认识到生态保护和生态建设的重要性，他们用智慧和双手治理水土流失，保护自然环境，改善生态环境，使得今日的衢州大地葱茏、生机盎然，成为全国水土保持生态环境示范城市。

众所周知，衢州市地处浙江的母亲河——钱塘江的源头，其境内河流绝大部分属钱塘江水系，面积达8844平方公里，钱塘江水系在衢州市区的双港口汇合后称衢江。衢江由西向东横贯衢州市的柯城区、衢江区、龙游县，流入兰溪市境内，称兰江。由此，衢州市境内

---

① 〔美〕霍尔姆斯·罗尔斯顿：《环境伦理学》，杨通进译，中国社会科学出版社，2000。

的钱塘江水系保护关系到全省一半以上区域的经济发展和环境安全，提升钱塘江源头的生态功能，促进人和自然的和谐发展，是衢州生态乃至浙江生态发展的重要一环。因此，争取"一江清水出境""水城畅想三江汇，总把信安比西湖""钱江源头筑屏障，一江清水送杭城"，成为衢州市生态发展中的首要任务，这也是衢州生态文明发展中坚持"保护优先""保护第一责任"的基本生态理念的体现。在这个意义上，衢州市提出确保钱塘江源头生态资源的有规划控制和科学合理有序地开发、保护和巩固钱塘江源头生态功能的原则，在保护自然的同时，坚持经济发展和环境容量的协调发展，走环境污染少、经济效益好、单位 GDP 能耗低的生态、经济、社会有机统一的道路。为此，衢州市深入推进以市区信安湖为重点，包括引水入城、截污纳管和景观提升三大工程共 21 个子项目的城市水系改造提升工作，着力打造"美丽信安，水韵衢州"。同时，衢州市引清涤浊，盘活一城秀水。在初步完成石室堰配水改造工程的基础上，衢州对石室堰和南环河引水工程沿途河道进行设施改造、疏浚清淤、驳坎护坡、洁化绿化等，确保清水入城。现在，从乌溪江和常山港引入日流量达 10 万立方米的清水，成为补充城区南湖、斗潭湖等 3 个内湖和 10 余条内河的生态水源。为保护生态环境，衢州市以"生态、文明"为主题，爱护自然，把水土保持等生态文明建设工作融入"四边三化（公路边、铁路边、河边、山边、洁化、绿化、美化）"的行动方案中，实现堤防坡面生态化、树种草种多样化、排水治理一体化。在"四边三化"的工作中，信安以其美丽自然的环境被评为国家级水利风景区，成为钱塘江上一颗璀璨的明珠。

有了明晰的生态理念，衢州市良好的生态环境可以说是"青山作证，绿水可鉴"。衢州，这个生态保护与经济发展并行的城市，成为全国 9 个生态良好地区之一，也是浙江省的重要绿色生态屏障。"这里的人民，敬畏自然，以感恩之心加倍珍惜这一方秀山丽水；这里的人民，铭记责任，牢牢筑起屏障为浙江绿色保驾护航。"① 灵性的水，优美的水生态，衢州人保护自然的生态观及其行为构成了衢州一道亮丽的风景。

强调环境保护，重视经济发展，维护经济、社会发展中的生态平衡，已经形成衢州发展的一种文化形态，成了衢州人的一种世界观、方法论和思维方式。2003 年时任浙江省省委书记的习近平在《全面启动生态省建设，努力打造"绿色浙江"》的讲话中提出"既要金山银山，更要绿水青山"的科学理念。衢州市在发展的过程中坚持"绿色发展、生态富民、科学跨越"的总体思路，时任市委书记孙建国提出坚定不移地走经济与生态互促共赢之路，大力倡导"生态经济化，经济生态化"理念，改变衢州面貌，推动衢州发展，努力使衢州的水更清、城更绿、生态更好、环境更美、市民更富裕，最终在人与自然的和谐中实现衢州的跨越式发展。

其次，尊重自然，"山定权、树定根、人定心"。

衢州市强调生态文明发展，其生态文化理念表明人类与自然之间的关系不再是"征服—反抗"的关系，而是一种"友善—协调"的复合生态关系。传统的人与自然间的关系是一切以人类为中心、以人类为唯一尺度的理念的体现。这种理念下的自然是人类生活所需的资源库，提供人类行为的工具和质料，也是人类任意排污的场所和任意处置的对象，因为人类是"天之骄子"，然而这种观念最终导致的是人类的毁灭。衢州人深刻认识到这一点，树立了尊重自然的观念。

衢州市地形以山地、丘陵为主，山地面积占 49.0%，丘陵面积占 36.4%，平原面积仅占 14.6%，以衢江为轴心向南北对称展布，

---

① 《大美衢州 绿梦成真》，《衢州日报》2013 年 1 月 11 日。

海拔高度逐级提升。衢江两侧为河谷平原，外延为丘陵低山，再扩展上升为低山和中山。东南缘为仙霞岭山脉，有境内最高峰大龙岗（海拔 1500.3 米），西北及北部边缘为白际山脉南段和千里岗山脉之部分，西部多丘陵低山，中部河谷平原、低丘岗地交错分布，东部以河谷平原为主，地势平稳，森林覆盖率达到 72.9%。在特殊的地理环境中，衢州人提出了"山定权、树定根、人定心"的策略。以开化为例，开化县虽没有经典的旅游风景看点，但是钱江源国家森林公园中大片的原始次生林本身就是一种生态文化，保护、开发森博园，赋予自然生命力，原生态山水、田园生活成为开化发展"文旅"结合的旅游业的重要载体和支撑，让游人和度假者感受真实的原生态自然生活成为开化县生态旅游发展的亮点。这一"文旅"结合的生态旅游业最终目的是达到回归自然、返璞归真、天人合一的境界。由此，在衢州的发展中，市领导和人民坚持衢州的发展既不以牺牲生态环境为代价，又不以停止发展、消极地保护生态环境为理由畏缩不前。换言之，衢州坚持并确立了"保护第一责任、发展第一要务"的理念，坚持生态屏障建设和经济社会发展同步并重，在现代文明发展的潮流中走在前列。这种尊重自然的生态文化理念既摒除了人类中心观理念，提倡人类与大自然的和谐相处，使人类真正成为自然界的一员，又把经济、社会的发展放在第一位，走一种绿色发展的新型工业化之路。

推进山区发展，在"山定权"理念的指导下，开化县坚定"强化生态保护不折腾、发展生态经济不放松、建设和美富庶山区不懈怠、统筹经济社会发展不动摇"的决心，树立"生态经济化发展、经济生态化发展"等观念，更加重视提高质量，实现山区经济社会转型发展、城乡居民幸福安康和钱江生态屏障建设的和谐共赢。

在"山定权、树定根、人定心"的理念下，开化县基本完成集体林权制度改革，提升了农民发展林业的积极性。2011年，全县森林面积268.9万亩，森林蓄积量927万立方米，省级生态公益林扩大到110万亩，建成城镇合格饮用水源地保护区6个；同时，开化县区内的原始森林区、林木水源涵养区和濒危珍稀动物集中分布地带得到特别保护，森林涵养水源功能进一步增强，最终人们饮用水源水质达标率100%。

"山定权，树定根、人定心"的理念正是人们对自然的一种尊重。衢州市开化县改革林权制度，在保护自然、尊重自然的同时，赋予了自然一种道德权利，进而带给衢州人以幸福和安康。自然定则人心定，人在与自然的和谐中实现了共荣共生的稳定发展。

最后，顺应自然，人类与万物的和谐相处。

衢州人在建设绿色家园时指出：山不孤独水孤独，所以水绕着山；梦不孤独心孤独，所以梦把心牵住；树不孤独鸟孤独，所以鸟在树上住；我们不能让水孤独，不能让心孤独，更不能让鸟孤独。共建绿色家园，让绿色回归自然。

衢州历史上有着美丽的生态自然，白居易在《江郎山》诗中曾描写道："安得此身生羽翼，与君来往醉烟霞。"明朝徐渭在《江郎山》中这样描述衢州："蝌蚪自依苔，鲜鳞倏飞雾。何以致兹奇，鸟攫涧流鲋。"大自然间的生态链在衢州呈现一种和谐、静谧之美。昔日的衢州，人与万物共荣共生；工业文明之后的今日衢州同样美丽，原因便是衢州人在建设衢州、发展衢州时仍能顺应衢州的自然发展，为衢州的大自然披彩。以衢城西区生态优美的鹿鸣公园的石梁溪生态整治工程为例，此工程充分保护和利用现有的自然条件，在减少大开挖、大填方的基础上，左岸区域营造"亲水、见水、临水"的人水互动氛围，右岸区域保留鹿鸣山体原有的骨架，增种植被，提升水土保持功能，江心洲上的橘林和下游的沼泽地有重点保留，打造鸟类栖息的天堂，形成四面环水、白鹭点点的人与自然和谐的自然情趣。

其实，衢州市城区建设和管理，始终坚持"少扰动、少损坏、少排弃，多绿化、多保留、多利用"的原则，全部按照"因地制宜、顺势就坡"的思路进行规划建设，出现了"城绿、水清、流畅、景美"的和谐新景观。

衢州市在发展中顺应自然、保持人与万物和谐相处的效果是很明显的。现在全市拥有 11 个土类、18 个亚类、50 个土属、99 个土种，不同土壤及其不同的分布地带，为不同植被的生长提供了良好的条件。在全国和省级植被区划中，衢州市属"中亚热带常绿阔叶林北部亚地带植被区"，具有植被垂直分布明显、自然和人工植被并重两大特点。这也得力于衢州人强烈的生态观念，他们利用有利的地理环境，保持水土，保护森林，森林植被中天然林占 52.2%，人工林占 47.8%，森林覆盖率达到 71.5%，林木绿化率达到 73%；全市拥有高等植物 2712 种，占全省的 59.6%，其中属国家一、二级保护的珍稀植物有 30 种，占全省的 56.6%；衢州成为全国 12 个具有国际意义的生物多样性分布中心之一，森林资源居全省前列。

近年来，衢州市又坚持水土保持工作的有效开展，不仅提高了衢州人民生活的幸福指数，而且提供了动物生存的良好环境，在顺应自然、保护自然的同时，衢州人与自然能和谐相处，衢州市成为浙江省第一个全市域国家级生态示范区。

（二）造福后代的可持续发展"代际"伦理观

原衢州市委书记孙建国在《坚定不移地走经济与生态互促互赢之路》的讲话中指出："生态文明建设是一项惠及全市人民、惠及子孙后代的民心工程、德政工程，是党委、政府的责任所在，功在当代，利在千秋，必须毫不动摇、一以贯之地抓实抓好。"的确，我们生活的地球只有一个，一方面，我们生活的自然界需要大家自觉承担守护人和道德代理人的责任，从而维护自然界的和谐与美丽；另一方面，我们还必须虑及后代人的利益，保持人类自身以及后代的可持续性发展。从前者看，衢州人将道德关怀从人类社会延伸到自然界，将传统的算计、盘剥、掠夺自然的观念发展到爱护自然、尊重自然、顺应自然的观念，体现了人与自然和谐相处，体现了生态文明发展中"种际"和谐伦理观念。这种理念不仅拓展了人类道德生活和社会生活的空间，而且极大程度地改善了人与自然的关系，使人类受益匪浅。从后者看，在衢州发展的过程中，衢州市委、市政府及衢州人民在发展自己的同时没有忘记子孙后代，衢州的发展兼顾当代人和后代人的利益，当代人自觉承担责任，保持当代人与人之间的平等，同时也不损害后代利益。换言之，衢州人在发展经济的同时不仅想到同时代人的平等利益，也想到了后代人的平等权利和利益，体现了生态伦理中可持续发展的代内平等和代际平等伦理观念。

首先，从代内伦理关系看，衢州人坚持"生态共享共建"，体现不同群体间利益的平等。

水生态与环境是大家共同拥有和享受的资源，随着钱塘江下游地区持续快速的发展，水资源开发利用将不断增加，确保上游能持续不断提供优质水源是下游地区的期盼；同时，上游也迫切需要加快发展，缩小差距，用水量和污水排放量不断增加。面对同代不同群体间利益的迫切要求和矛盾，衢州市积极推进钱塘江源头生态共建共享机制，把生态工作从过去的"谁破坏、谁补偿"的被动型补偿转向"谁受益、谁共建"的主动型建设，实现经济建设与生态保护"双赢"。按照"受益者补偿、损害者赔偿"的原则，以全流域水资源可持续利用为共同目标，明确界定各自的权利和责任，体现不同群体间利益平等。凡上游地区的生态环保投入所产生的正向效益转移到下游地区，下游地区应采取适当的方式予以补偿；上游地区在生态保护中未履行相应的责任，给下游地区造成损害的，则应按损害程度承担赔偿责任，即开展生态补偿共建共享工作。柯城区地处钱塘江源头，是衢州的主城区，其生态环境的质量对全市乃至全省都有很大影响。作为钱塘江的上游区，柯城区在发展中想到的不是一时一地的发展，而是顾及整个下游地区的利益。为此，衢州市采用资金补偿、技术补偿、市场补偿等方式完成共享共建工作，采用补偿款项、税收、财政转移、加速折旧等形式，对部分财政收入进行重新分配；将下游一些无污染的高科技产业和生态企业通过协商的办法转让到上游地区，弥补上游地区为生态保护作出贡献后的损失，同时深化"山海协作工程"；为上游提供先进污染处理技术，提供新型工农业高新技术；初步探索水权转让机制，下游按照市场价格定期支付区域水资源费用。柯城区委书记祝晓农在发言中指出："如果我们没有把生态环境保护好，造成重大的流域性污染，那影响的不仅仅是柯城，那会影响到整个下游地区。确保把一江清水送到下游是省市对我们的期望，也是我们义不容辞的责任。因此，我们一定要把加强生态环境建设作为神圣的使命，把构建浙江绿色生态屏障作为特殊的责任，勇于担当，积极有为，全力以赴推进生态环保工作，努力为全省、全市生态建设多作贡献。"

作为人类共有共享的资源，河流水循环系统的整体性特点与河流水系的流动性和连续性特点决定了上下游间整体和谐、平等的共享共建机制的必要性。为保障上下游地区生存发展权利、资源开发使用权利和生态安全保障权利，衢州市在水资源保护中消除人为行政区域的划分，建立生态共建共享机制，构建和谐社会主义社会，达到生态保护和生态发展种际平等和均衡，鲜明地体现了衢州在发展过程中关注代内平等、坚持生态利益的生态伦理意识。

"生态水土你我同护，宜居家园人人共享。"衢州市生态水土保持的宣传及其具体做法证实了代内共享共建的权利与责任、受益与受害的同一性。水生态与环境保护坚持代内不同群体间的平等，坚持

"谁受益、谁共建"的主动建设理念，极大地提升了衢州生态建市的积极性和效果。同时关于水土保持，衢州水利建设坚持"预防为主、防治结合、综合治理"的原则，坚持"谁污染、谁治理，杜绝先污染、后治理"，深入开展水土保持生态文明创建活动，积极探索水土保持生态建设的新路子，这些都是生态伦理观念的突出体现。按照"预防为主、防治结合"的方针，衢州市不断强化城市建设水土保持管理，不断推进城市建设和水土流失防治，强力推进水土保持的生态文明建设，"水保为大家、水保靠大家、水保成果大家共享"，衢州在水土保持上的生态伦理理念进一步深入人心，最终确保一江清水出衢州，造福钱塘江下游的人民。

其次，从代际伦理关系看，衢州人的发展和建设坚持代际平等理念，虑及后代，造福子孙。

衢州人生态文明建设不仅顾及当代人的平等利益，同时虑及后代人的权利、发展和利益，这就是所谓的衢州人在生态发展和建设中体现的代际平等理念。

代际平等是从时间特性和人类认识能动性的角度出发提出的一种公平。"代际"关系涉及当代人和后代人两种不同主体间的利益关系。在现实生活中，后代人因其未出生而无法表达自己的意愿，无法申诉自己的权利，于是经常出现的一种不平等就是当代人在发展经济的时候，过度使用土地资源、过度开采或污染使得后代人的利益遭到破坏。然而不论是当代人还是后代人，都是地球上的子民，从"地球只有一个""环境的不可逆性"等角度来说，他们都需要在同一个地球上谋得自身生存和发展的利益。根据出生的先后，当代人自然占据了强有力的优势，对环境、资源等具有绝对优先的发言权和支配权。这时出现的一个问题就是当代人如何对待自己的发展、自己的利益、自己享有的权利和义务以及后代人的利益和发展。

从生态伦理的角度讲，当代人应该把自己的发展行为控制在不损害后代人的资源基础上，进而保障子孙后代对自然资源的可持续性利用，提供后代人和自己一样甚至更多的资源，或者在发展自己的同时为后代人的发展创造更好的条件。换言之，人们在发展中不仅要尊重自然、对自然负责，而且应该虑及后代人的利益，既承担保护环境的责任，又承担为后代人生存和发展提供一定条件和空间的更多的责任和义务。这样，生态公平才会具有真正的意义。

为保持当代人和子孙后代能够具有良好的水土等环境资源，衢州人在发展的同时不仅在不同区域间成立水保小组，实行"代际"共享共治，而且他们有着极强的代际平等理念和意识，他们的水土保持联系单上面醒目地写着"水土保持，功在当代，利在千秋"。衢州电台在宣传水保的30秒广告宣传语中说道："水土流失，危害当代，贻患子孙；保持水土，造福人类，功在千秋。""衢江水土咱得顾，后世子孙才有路"，"水土资源是人类生存的基础！"因此，不论是环境保护意识还是经济发展中的具体策略，衢州人都以当代人占有优先主导权和主体能动性的优势，确保当代人的建设以不损害后代人的利益和发展为基本出发点。于是在同一方水土上，大家共同关爱一个家园。

正如北宋范仲淹在《书扇示门人》中所写的，"一派青山景色幽，前人田地后人收。后人收得休欢喜，还有收人在后头"，正是这种深刻的代际伦理意识和生态伦理观念的写照，衢州人更坚信做好生态这篇文章。衢州电视台水保专题词便证实了这一点："让我们时刻记得，每一滴水，每一棵草，每一片土地，每一个生灵都值得珍惜。让我们彼此提醒，每一缕烟，每一次砍伐，每一次不经意的破坏都会让这大地满目疮痍。保持水土，改善生态环境，从我做起。从点滴做起。我们相信，有一天，绿色会重新铺满大地。"正是强烈的生态伦理意识使衢州迈步走在全国生态文明建设的前列。

二 绿色发展：人与自然和谐相处的
生态环境理念

生态是生存之基，环境是发展之本。把环境保护作为生态文明建设的主阵地，加大生态建设和环境保护的力度，建设绿色衢州，改善衢州市人居环境，在环境保护的基础上发展衢州，保护人与自然和谐相处的良好环境成为衢州生态建设和发展的首要责任。建设富裕的绿色生态区是衢州在"十二五"时期发展的三大目标之一。"富裕的绿色生态区"是指既具有良好的生态屏障功能，又能把生态转化为物质财富，并妥善处理好经济总量和环境容量的关系，推动经济和生态共赢；处理好生态资源与生态富民的关系，真正把绿水青山变成金山银山。这便是衢州人在生态文明社会发展中以人为本，人与自然和谐相处的绿色发展的生态环境理念。

（一）绿色引领发展的生态环境友好意识

生态环境理念主要倡导人与自然的和谐相处，倡导绿色的生活方式和文明的人文道德，使人们在生活中感受自然、了解自然、崇尚自然、保护自然并且享用自然，进而追求人与自然、人与人的和谐关系，这是一种以整体、和谐、还原自生的生态学原理为基础的发展理念。目前，在世界的任何一个地方，无论是南半球还是北半球，无论是发达国家还是发展中国家，无论是富人还是穷人，无论是在海洋、沙漠、高原还是森林，我们已经感受到地球沉重的负荷，这颗美丽星球甚至出现难以维持生命活动的现象，环境恶化成为生态危机的重要表现之一。虽然我们还没有完全走到山穷水尽的地步，但环境恶化的潜伏性特点、地球不堪重负的沉重呼吸已经敲响了警钟。因此，保护环境、绿色发展受到人们越来越多的关注，成为人与自然和谐相处，人类持续发展的重要的生态环境理念。

衢州市在"十二五"期间针对环境污染和环境保护的问题，进一步挖掘环境潜力，腾出环境空间，提升区域环境的承载能力。为此，衢州市把调整产业结构作为提升环境承载力的落脚点，严格把控空间准入、总量准入、项目准入等机制，利用环境倒逼机制，采用行政、法律等综合手段，通过关、停、并、转等措施改善产业结构，减少排污总量，实现产业生态化，抢占新一轮经济发展的制高点——生态发展。为此，衢州市在发展的过程中对自然采用一种文明、合理的尊重和保护的态度，遵循了环境友好原则，努力实现人和自然的和谐发展。这一生态理念表现在如下方面。

首先，衢州市建立了有效的环境保护制度，树立正确的政绩观，建立环境问责制。江山市开始实行的工业企业环保网格化分类管理，建立了大队、中队、生态监管站（园区）、企业为主体的四级监管网格，企业按照排污总量大小、环境管理诚信度、环境安全危害程度、环境安全自律行为等划分为四类进行分类管理，每级监管网格明确了监管的区域、对象、内容、责任和主要责任人与直接责任人，实现了局内分片到队（所）、重点监管企业包干到人，局外落实到各乡镇（街道）、开发区的相关职能部门及分管领导，进一步提高了环境监管效能。

柯城区提出抓环境就是抓经济、抓发展的观念，同时加强领导；实行"一把手"负责制，把生态建设和环境保护放在经济社会发展的全局研究部署，强化责任落实，细化责任目标，明确责任主体，严格责任追究。由柯城区生态办牵头、负责并协调、整合资源力量，切实落实生态建设和环境保护等工作，与其他部门签订目标责任书，确保事事有人抓，件件有落实。柯城区还把建立健全生态补偿与共建机制与党政领导干部政绩考核体系结合起来，从制度上激发政府和人民对生态环境保护的内在积极性，促进经济社会的可持续发展。

　　其次，大力发展循环经济，建设友好型环境，以减量化、再利用、资源化为原则，大力发展低消耗、低排放、高效率的产业。"十一五"期间，衢州市委、市政府就提出"工业立市、借力发展、特色竞争"的发展战略，以优化资源利用方式和提高资源利用效率为核心，以"四节一综合"重点产业结构调整为途径，发展工业循环经济，推动生态经济发展。"十二五"期间继续加快工业结构调整，改造、提升传统产业，大力发展高新技术产业，淘汰落后产业，重点加强资源综合利用，加强回收利用生产和消费过程中的各种废旧物资，形成资源循环综合利用的产业链，倡导绿色消费。2011～2015年衢州市循环经济行动计划主要任务是推动循环型产业发展，大力发展循环工业、农业、服务业等产业。

　　最后，坚持环境友好型建设，大力发展和应用友好的科学技术，按照自然区域协调区域关系，在区域发展格局中确保生态环境的质量。结合"五城联创"和"四边三化"，衢州持续加强水土保持生态建设，处处呈现"城在林中、房在树中、人在绿中，城水相依"的优美人居环境。今日的衢州，共建森林水岸 152.1 公里，水岸绿化达到 94.8%，人均公共绿地 13.07 平方米，市民出门不过 500 米就能进入公园休闲地，水质达标 100%，空气质量优良天数为 359 天。衢州呈现"翠波千顷满眼绿，花灿两岸香万里"的人间福地盛况，证实了衢州人绿色引领发展的生态环境友好意识。

（二）排污治理，爱护自然的生态责任意识

　　美国的生物学家和生态伦理学家蕾切尔·卡逊在《寂静的春天》一书中引用阿伯特·济慈的话说："人们恰恰很难辨认自己创造出来的魔鬼。"① 因此，生态文明建设必须认识到人类自己创造的"魔

---

① 〔美〕蕾切尔·卡逊：《寂静的春天》，吕瑞兰、李长生译，吉林人民出版社，1997，第 263 页。

鬼",这个"魔鬼"就是对大自然的随意破坏、随意丢弃、随意污染所致的环境破坏。

衢州市在发展的同时非常注重排污治理,呼吁各个部门对环境的保护,培养衢州人爱护自然环境的意识,打造"宜居、宜业、宜游"衢州。环境污染整治成为衢州"811"环境保护的主要内容,污染的防治从工业污染治理转向全面防治工业、农业、生活污染,从重点治理水污染转向全面推进水、气、固废、土壤、重金属等污染的治理,统筹兼顾,全面治理,树立保护环境、爱护自然的责任意识,进一步改善环境。

首先,加强工业排污防治。

工业污染是危及环境的主要因素,是工业文明中人类制造出来的最大的"魔鬼"。为了治理工业污染,建设清洁型、环境友好型环境,衢州市整治了印刷、造纸、化工、医药、制革、电镀、电池、食品八大重点污染行业,以整治为手段,采用关、停、并、转、迁等综合措施,实行排污许可制度,对工业污染进行有效控制。

衢州市对工业排污的治理还体现了环境伦理的预防性原则。衢州市采用"防患于未然"的防治措施,对于环境污染,不仅坚决治理,而且还要预防,既做到"亡羊补牢,未为迟也"的治理,又做到未雨绸缪、防患于未然的预防和保护,保障生态建设和人类社会发展的持续有效性。以柯城区和江山市为例,柯城区委、区政府吸取台州路桥、湖州德清铅酸蓄电池企业引发周边群众血铅超标事件的深刻教训,对柯城区进行了"地毯式排查、铁腕式整治",由区政府牵头成立了专项整治工作领导小组,全面部署铅酸蓄电池行业专项整治工作,全面关闭了衢州利达电源有限公司和衢州市巨能电源有限公司2家铅酸蓄电池企业,依法取缔了衢州市柯城航埠镇黄岩植保机械组装厂,验收了花园上祝村10家危化品仓储企业和巨化集团公司周边7家化工企业,有效地巩固了污染整治成果,保障了区域环境安全，提升了区域环境质量。江山市环保局针对城镇娱乐、餐饮业、木片等个体加工户产生的噪声、油烟、烟尘、异味等污染，采取个体工商户注册登记前的环评措施，把环评作为登记、注册、审批的前置许可条件，并对这些小型个体工商户的污染执行刚性管理、惩罚和取缔制度，改变业主生态环境道德低下、"各人自扫门前雪，莫管他人瓦上霜"的意识，最终实现源头控制，减少环境污染，为市民创造良好的生产生活环境，构建和谐的生态社会。

其次，加强农村、农业污染控制，防止农业土壤环境恶化，维持土壤系统的稳定性。

农业面源污染主要包括畜禽养殖污染、水产养殖污染、种植业污染和农业生活污染四大类，尤其以畜禽养殖污染为重。衢州市对畜禽养殖污染实行总量控制和空间控制的"双控"模式，同时推广规模化养殖新技术；对于水产业养殖污染，加强湖泊、山塘、水库的渔业管理，设置禁渔区并规定禁渔期，保障水体和水环境的承载力；对于种植业的农药、化肥污染，加强对农民的技术指导，普及科学施肥和施药的技术，禁用高毒、高残留农药，全面推广测土配方施肥，鼓励并补贴使用有机肥；对于生活污染，因地制宜推进农村生活污水、生活垃圾治理。

与治理工业污染不同的是，农业污染治理的另一个目的是提高土地利用率，维护土壤系统的稳定性，以实现节约、环保、增收。因此，在农田建设方面，衢州市一方面鼓励农作物秸秆的综合利用，禁止露天焚烧农作物废弃物，减少农田化肥使用量，尽量将土地和大气污染降低到最低水平；另一方面，鼓励开发环保型、缓释型肥料，引导农民科学施肥，加强对化肥、农药污染的防治。为保护土壤，开化实行农村建筑垃圾定点规范填埋，杜绝建筑垃圾与生活垃圾混合填满，同时生活垃圾分类处理，可回收的垃圾实行综合利用，不可回收的垃圾实行无害化处理，不能简易填埋，终端处理是运到县垃圾填埋场集中填埋。

通过对农村、农业面源污染的治理，既提高了农村的环境和土壤质量，也为整个社会经济发展尤其是工业经济发展腾出更多的环境空间，最终实现社会的生态发展。

最后，生活污染治理。

为治理生活污染，衢州市开展了推动农村环境连片整治工作，柯城区政府成立了由区长任组长，财政、环保等24个部门负责人组成的农村环保专项整治领导小组，组织相关部门对项目实施情况进行检查，每个季度召开工作推进会，专题研究和部署。其中石室乡荆溪村采用"厌氧＋人工湿地"技术对生活污水开展治理，2011年涉及的4个村累计投入资金261万元，完成2000米污水管网和2座污水处理设施建设，受益人口3256万人。城镇生活污水采用收集纳管，推进污水设施和收集网管建设，对生活用水进行有效处理，提升人们的生活环境。

在浙江"生态省"建设和"811"环保行动的催生下，开化县在"十百"工程中采用户用沼气、卫生改厕、测土配方施肥等方式，首创"门前三包，统一收集，就地分拣，综合利用，无害化处理"的农村生活垃圾分类沤肥处理模式，成为全省农村生活垃圾处理的推广模式。自2012年起县财政连续三年每年投入600万元，用于农村环境卫生机制建设，农村环境卫生工作已取得明显成效。

经过对工业、农业、生活污染的治理，《衢州市"811"生态文明建设推进行动方案》中指出，市区污水处理率达到85％，县以上城市污水处理率达到80％；农村生活污水处理行政村覆盖率达到70％以上；县以上城市生活垃圾无害化处理率达到95％以上，其中市区城市生活垃圾无害化处理率达到97％以上，农村生活垃圾集中收集基本实现行政村全覆盖；县以上城市污水处理厂污泥无害化处置率达到80％，重点企业污泥无害化处置率达到90％，工业固体废物综合利用率达到95%以上，危险废物、医疗废物基本实现无害化处置；重点工业污染源实现稳定达标排放；规模化畜禽养殖场排泄物综合利用率达到96%以上，农作物秸秆综合利用率达到80%以上；废旧放射源安全收贮率达到100%，确保辐射环境安全。

强烈的环保意识使衢州人认识到，环境恶化会造成人们生活质量的急速下降，但试图摆脱环境对人类的羁绊是不可能的，这种尝试也是徒劳无益的。实际上，人们越是远离大自然，人的本质失去越多，人的生活质量也会因此而下滑。人类在发展的同时，加强排污治理，树立爱护自然的生态责任意识，才能真正避免人类文明出现的悲剧，这也是生态环境发展过程中必须关注的一点。衢州人以其正确的生态环境理念和坚决的行为为我们建立和谐的生态环境文化作出了实际榜样。

（三）建设美丽乡村和生态城镇的生态家园理念

在衢州生态文明发展过程中，衢州人坚持以改善民生为导向、以环境承载能力为基础、以经济发展为支撑的战略观念，建设美丽的生态乡村和生态城镇，让全体农民共享现代文明，让城市更生态、更便捷、更安全，打造人居福地和幸福之城，实现"生态衢州、人居福地"。

1."美丽乡村"建设

"美丽乡村"建设是全面深化新农村建设的内在要求，是转变农村经济发展方式的客观需要，也是统筹城乡一体化发展的主要途径，因此，衢州在建设美丽乡村时因地制宜，各取所长，"美丽乡村"建设已经成为衢州生态文明建设的重要内容。

其一，坚持从实际出发，探索"小县大城、内聚外迁"之路，加快推进人口向县城、中心镇和中心村集聚。开化县以"六化促六美"为抓手，狠抓生态乡村建设，培育中心村（重点村）10个，完成 6 个整治村、62 个综合改造提升村、80 个垃圾处理重点村建设任务。以东城、华锋、星口、园区、后山等县五大脱贫小区为重点，建成 150 个生态移民小区（点），安置下山农户 9613 户 34437 人，既促进了人口集聚，又从根本上保护和恢复了高山远山地区生态功能。"美丽乡村"建设的做法，得到省委主要领导肯定。

其二，加快并形成"一村一品"的特色村。龙游县以特色文化为契机促进农民致富，引导农民宜工则工、宜旅则旅、宜农则农，建设特色农村，让农民在"美丽乡村"中经营山水、经营村庄，促进生态乡村建设。结合龙游特色文化，龙游县形成农村的"山、水、村、文、景、游"六位一体的"农家乐"乡村，打造出了富饶秀美、和谐安康的"山水龙游"乡村。在美丽的乡村，实施全民创业、"生态产业升级"、"农民安居"、"环境美化"的行动，达到"整治一个村，环境面貌彻底改变一个村；整治一条线，人居环境美化一大片"的目标。

其三，改善农村设施，保持原生态美丽乡村。在生态建设和"811"环保行动推动下，"十百"工程在"美丽乡村"建设上体现在"户用沼气、卫生改厕、测土配方施肥"等方面，改善农村卫生设施、环境卫生。开化县首创农村生活垃圾采用分类沤肥等无害化处理办法并在山区、海岛得到推广，在建设生态乡村时，以争创省级美丽乡村先进县为目标，按照"建生态乡村，享品质生活"的要求，实施"六大行动"，组织好"清洁乡村行动日"活动，开展乡镇、村、组、户的层级卫生检查活动；落实"门前三包"制度，建立卫生督导队，打造"真山真水真空气、原汁原味原风情"的原生态美丽乡村。江山市出台《关于建设"中国幸福乡村"的实施意见》，以"富裕乡村、满意乡村、文明乡村、美丽乡村、和谐乡村"等"五村联创"为载体，深入实施"十村示范、百村整治"工程，全面推进农村环境"五整治一提高"，扎实开展"312"新农村绿化、农村洁化运动和农民饮用水工程、万里清水河道建设等工作，集中收集和无害化处理生活垃圾，加强生产生活污水治理，大力创建生态文明村，初步构建了一个切合区域实际、顺应群众要求、富有江山特色的新农村建设新模式。

其四，发展现代农业，培育现代农民，打造生态家园。为建设美丽乡村，衢州市着力发展现代农业，力争在"十二五"期间建设100个粮食功能区、100个现代农业生态园，大力发展农村经济，做大做强现代农业；同时深入实施"万名农民素质工程"，培训新型农民，进而使农民致富；以农村清洁工程为抓手，打造生态家园。

衢州市按照"科学规划布局美、村容整洁环境美、创业增收生活美、乡风文明素质美"的要求，建设现代美丽乡村，让全体农民充分共享现代文明。

2. 推进新型城镇化，建设生态城镇

加快推进新型城镇化是衢州实现跨越式可持续发展的必由之路，新型工业化、生态化城镇建设和"美丽乡村"建设是一体推进的，以民生和生态改善为目标，以空间和要素保护为支撑，以体制和机制创新为动力，以文化和文明建设为灵魂，努力建设安居乐业、充满活力的创业型新型生态城镇。

首先，衢州生态城区建设融入水保理念，依托优越的自然山水、深厚的文化底蕴、独特的地质地貌等特点，衢州市在新城镇建设中融入生态文化理念，把水土保持观念融入城市建设之中。遵循"少扰乱、少占用、少破坏"的原则，新城区的建设规划和布设"顺势就坡"，依地形而建，住宅楼错落有致，同时遇到具有独特地质地貌（如红砂岩）的地方予以保留，让地质地貌成为新城区的一道独特的风景线。同时按照"集雨、引水、清淤、砌坎、建园"的方针，提高城市的绿地覆盖率，在水土保持等生态理念下，全力打造"山水相映、城在绿中、水在园中"的生态宜居的新城区。

其次，生态城镇建设围绕文化把生态旅游做美。开化县推进城市景观和绿化提升工程，把整个开化作为一个大景区、大公园，以发展文化旅游为导向，加快新型城镇化进程，建设"美丽开化"。牢固树立"旅游即城市、城市即旅游"的理念，以"三生、三宜"为方向，加快城关、华埠、马金等省级中心镇建设，打造山水园林城镇。把县城作为重点景区来建设，深化"创三城、破三难、建三网"工作，加强交通秩序、环境卫生等整治，确保城市干净、整洁、有序。以"六化促六美"为抓手，促进农村人口和产业向县城、中心镇、中心村集聚，使之成为文化旅游产业发展的集聚区。

最后，以生态城镇化为重要取向，建设生态文明，凸显城市文脉。作为衢州东区，衢江区站在建设四省边际中心城市的高度谋划城镇建设，在融合中找定位，在区域中找差距，以民生和生态改善为目标，强化空间和要素保障，按照"以文为魂、以水为脉、三区联动、轴线联系"的要求，加强城市总体设计、景观设计、特色街区设计，把经济城镇化作为动力源泉，合理布置生态景观、历史文化景观、现代文明景观，同时引进、建设一批"五好"工业项目，优化创业环境，保持工业强势增长，大力发展生态经济，着力优化生态环境，把生态文明理念融入城镇建设中，积极培育生态文化，使创业文化和生态文化有机融为一体。

以人为本，以环境为重要抓手，促进"美丽乡村"建设和城镇生态化建设成为衢州打造宜居城市的又一理念。

三　生态富民：循环、低碳发展的可持续性生态经济理念

生态经济是继原始文明、农业文明、工业文明之后人类进入生态文明阶段的一种新型的经济形式，是一种相对于农业经济和工业

经济而言的经济形态或经济发展模式。生态经济是立足于人类对经济和环境的辩证关系的深刻认识,将人类的经济思想从单纯地、一味地向自然索取物质利益转向对人与自然关系的深入关注的一种经济形式。生态经济追求一种人与自然共生共荣的友好型经济,其基本特征体现在:首先,人们认识到生态系统决定着人类经济发展的最大限度;其次,生态经济时代的所有产业都必须成为生态产业、环保产业或绿色产业,所有的产业都将被"环保"的理念所统率,即生态工业、生态农业、生态旅游、生态渔业、生态林业等,而且这些产业都必须在"环境保护"理念下协调发展。2004年底召开的浙江省经济工作会议就指出:"天育物有时,地生财有限,而人之欲无极,浙江必须凤凰涅槃,浴火重生。"浙江省政府认识到生态系统对经济发展的重要影响,"凤凰涅槃,浴火重生",其实质就是工业经济向生态经济转化过程中响亮的号角,要求经济发展过程中决不能再忽视自然环境要素在人类经济活动中的地位。在这种生态经济理念下,逐步产生了衢州市的"腾笼换鸟,加快经济转型"的若干建议。

(一) 调整产业结构、发展循环经济——生态工业之路

在生态经济的浪潮中,《中共衢州市委关于制定衢州市国民经济和社会发展第十二个五年规划的建议》提出,把衢州建设成为具有先进特色的制造业集聚区、现代农业发展先行区、现代服务业新兴区、人居环境优美生态区、和谐社会建设示范区"五个区",努力打造实力衢州、活力衢州、人文衢州、生态衢州、幸福衢州"五个衢州"。"五个区"和"五个衢州"是衢州市委对衢州市经济发展的展望,"生态优美区"和"生态衢州"体现了衢州经济发展的生态理念。

依据"生命和自然界有价值"的生态伦理观点,生态经济主张

社会物质生产对资源的利用需要付费并计入成本，即从经济学的观点要降低成本，从生态学角度应该节约资源。换言之，生态经济学的核心问题是如何降低生态成本。"所谓生态成本，是指人类在发展经济过程中付出的生态代价之和。生态成本不仅涉及生产过程对自然资源的消耗，对自然环境的破坏，而且包括自然环境因受到人类经济活动的干扰和破坏而不断恶化反过来给人类自身带来的各种灾害。"① 生态成本及环境恶化带来的"环境倒逼机制"促使了衢州经济转型。

首先，"腾笼换鸟"，探索产业高端化，实现产业结构调整。

《浙江省人民政府关于加快"腾笼换鸟"促进经济转型升级的若干意见》出台后，衢州市开始产业发展上的"凤凰涅槃，浴火重生"，坚持"高起点、跨越式、可持续发展"的理念。改变经济发展的高投入、高消耗、高排放、低成本、低价格、低效益增长方式，腾出产出的"低小散"，换来产出的"高大优"，腾出高耗能、强破坏、效益低的旧产业、旧体制，换来低耗能、低排放、高效益的新产业、新体制，最终实现经济与社会的协调发展，即所谓的"腾笼换鸟"。"腾笼换鸟"是在社会发展过程中资源与能源的刚性约束下，人们为解决因土地、用工、融资、环保等压力造成的多重问题时采用的一种生态经济策略。

自2002年确立"工业立市"战略以来，衢州市以新型工业化为主导，高起点推进现代产业集群化发展，主动对接国家和省级振兴规划，着力培育以太阳能光伏、氟硅为主导的新材料产业，培育了一系列全国的龙头产业，形成了氟硅新材料、太阳能光伏、空气动力机械、电子信息等新兴现代化战略产业体系。原衢州市委书记孙建国在讲话中指出："要紧盯国家确定的七大战略性新兴产业发展方向，重点扶持培育以氟硅和碳纤维为主的新材料，以光伏产业为主的新能

---

① 向玉乔：《经济·生态·道德》，湖南大学出版社，2012，第36页。

源，以 LED 为主的新光源，以矿山风动机械为主的装备制造以及电子信息等产业，努力在核心技术和产业化成果上取得突破。"[1] 以江山市和开化县为例。为了提高生态经济效益，江山市在主导产业培育上，从原有的 12 个特色产业中进行科学梳理筛选，最后确定把低污染、低消耗、低排放的 "4 + X"（机电、电光源、木业加工、消防器材和高新技术）产业作为重点培育产业，着力打造浙江西部、浙闽赣三省边际 "两都两城"（中国木门之都、照明电器之都、机电之城、消防之城）。在招商引资上，江山市改变了数量扩张型理念，转变为质量提升型理念，树立绿色招商理念，科学设定招商项目绿色标准，招商落实绿色环保节能 "一票否决制"，严格控制高消耗、高污染、低效益的项目落户。江山市经济产业结构体现了保护环境、节能高效的绿色生态经济理念。

开化县三次产业结构为 13.6∶50.5∶35.9，形成了一产核心、二产关键、三产方向性的产业结构。为调整产业结构，构建 "新型工业、现代农业和现代服务业" 生态产业体系，开化县以 "两硅两药" 为主，2011 年初步形成了以文化创意、光伏、有机硅等产业为主导的工业结构，其产值占工业产值的 65.4%，开化被确定为省硅产业基地、省硅材料高新技术产业基地，并被列入全省 26 个全国先进制造业基地。与此同时，开化县一手抓存量整合，推进光伏企业转产、合作、提升，尽快走出困境；发挥氟硅新材料企业研究院的科技优势，研发有机硅下游产品；鼓励文化创意产业创新商业模式、创意产品设计，做大做强；支持轻工纺织、精细化工、机械电子、电光源等传统行业改造提升，做大总量。一手抓增量引进，重点围绕动漫印刷、高端制造等产业，完善招商政策，努力吸引一批央企、国企、上

---

① 孙建国：《绿色发展，生态富民，科学跨越：努力在生态文明建设上走在前列》，载《生态文明之路——建设富裕生态屏障的衢州实践》，浙江人民出版社，2011，第 12 页。

市公司和浙商到开化投资，努力培育新增长点。出台企业扶持政策，促进企业做大做强。这正是在衢州市"腾笼换鸟"、调整工业结构，发展循环、高效、低碳、绿色经济的生态经济理念引领下的一种经济结构调整。

其次，发展循环经济，实现资源充分合理运用。

衢州经济产业结构转型升级是党的十七大和十八大报告精神的要求，是党的十七大强调的"加快转变经济发展方式，推动产业结构优化升级"，促使"循环经济形成较大规模"的具体实践。

循环经济是把自然的法则应用于社会物质生产中，模拟生物圈的物质运动过程，以闭路循环的形式实现资源充分合理的利用，使生产过程保持生态学上的节约和洁净，其生产模式是"原料—产品—剩余物—产品"。循环经济是一种以资源的高效利用和循环利用为核心，以"减量化、再利用、资源化"为原则，以低消耗、低排放、高效率为基本特征的新型经济增长模式。衢州市市委、市政府"十一五"期间提出"工业立市、借力发展、特色竞争"的发展战略，走一条"四节一综合"重点产业结构调整途径，万元 GDP 能耗累计下降近 20%，在发展工业循环经济和生态经济上取得了显著成绩。衢州经济开发区形成了以余热、余压、次小薪材利用和制革污泥生产生物有机肥产业链；高新园区整合上下游及产品的生态链，形成企业间互惠、互补、互利多赢的化工产业链；龙游县经济开发区则以特种纸制品、纺织服装、机械机电、生物医药食品为四大产业区块，建成衢州市首个生物质发电项目，促使园区企业完成生态化目标。龙游绿得农药化工大力推进"三废"综合利用节能、节水项目，年节水 3 万吨，减排废酸 1.8 万吨，回收利用氢气 540 万立方米，节水、节材效益非常显著。

"十二五"期间，衢州市继续加快工业结构调整，倡导绿色消费，加强对生产和消费过程中的各种废旧物资进行回收利用，形成资源循环综合利用的产业链。2011～2015年衢州市循环经济行动计划主要任务是推动循环型产业大发展：（1）"腾笼换鸟"，发展节能、环保、新能源、新材料等新兴产业，大力发展工业循环经济，构建具有衢州特色的循环经济产业链，推进衢州市工业经济的转型升级。（2）以产业精品化、资源利用循环化、功能拓展多样化为取向，大力发展生态循环农业。（3）要加快工业园区生态化改造，积极创建循环经济示范园区，引导化工、建材、金属冶炼、造纸四大行业的重点企业，积极创建循环经济示范企业。（4）鼓励培训、认证、投资、咨询等与循环经济相关的服务业发展，发展循环型服务业。同时，引导公民强化零排放或低排放的社会意识，自觉抵制"白色污染"和过度包装，鼓励使用再生产品、绿色产品、能效标识产品、节水认证产品和环境标志产品。

总之，衢州市培育大企业，调整产业结构，引导新能源、新材料、新光源企业战略合作、资产重组、资源整合，增强市场竞争力以及健全中小企业发展服务体系，引导中小企业向"精、专、特"方向发展，同时大力发展循环经济产业，推动衢州生态经济发展走在全省前列。

（二）文旅结合、低碳化产业——生态旅游业之路

衢州市位于钱塘江上游的衢江沿岸，首先有着优越的地理位置，衢州与安徽、福建、江西交界，"居浙右之上游，控鄱阳之肘腋，制闽越之喉吭，通宣歙之声势"，川陆所会，四省通衢，名扬神州。其次，衢州有着良好、美丽的自然生态环境，森林覆盖率71.5%，全市大气环境质量常年达到二级标准359天，全市负氧离子浓度平均达到827.3个/立方厘米，是一个巨大的天然氧吧。作为全国9个生态良好地区之一和全国12个具有国际意义的生物多样性分布中心之一，衢州拥有古田山国家级自然保护区、乌溪江国家级湿地公园以及钱

江源等 5 个国家森林公园，2010 年江山的江郎山正式成为世界自然遗产地。在工业化的今天，神奇的山、洁净的水、清新的空气使衢州成为难得的一块生态净土。最后，衢州是有着悠久的历史文化和深厚的人文底蕴的古城，自宋以来，儒风浩荡，人才辈出。独特的"两子"（孔子和棋子）文化滋养着衢州的发展，"东南阙里，南孔圣地"、"围棋仙地"、"江南毛氏发祥地"、伟人毛泽东的祖籍地，三衢大地，文化厚重；青山黛水掩映着众多原汁原味的古村落、古民居、农家山庄；根雕文化、茶文化、动漫文化等深化了衢州旅游的灵魂。优越的生态环境、厚重的历史文化、古朴的乡风民俗和特色文化和谐共融，呈现蓄势待发的生态旅游优势。

2012 年 8 月 3 日，衢州市六届二次会议提出"一个中心、两大战役"，把衢州旅游业发展提升到前所未有的战略高度。衢州市委书记陈新说："打好旅游业大发展战役，就是要按照'生态、生产、生活'融合的要求，充分发挥衢州的生态环境、人文资源和区位优势，坚持旅游与生态、文化、科技等融合发展，以加快旅游产品建设、培育旅游市场主体和加强旅游营销推广为重点，努力打造全国重要的生态休闲度假旅游目的地。""一业兴带动百业旺"，作为生态和富民产业，生态旅游成为衢州市委、市政府的"两大战役"之一，成为当今衢州生态社会绿色发展、低碳发展的另一产业导向。

1. 挖掘文化生态融合的旅游潜力，解决旅游"有灵魂"的问题

发展生态文化旅游，就是要充分发挥生态、文化、区位等因素的综合优势，努力构建特色的旅游产品体系，使自然生态、特色文化、旅游资源高度融合，促进生态经济社会转型发展，增强经济竞争力。生态文化旅游坚持利用文化资源，在保护中开发、在开发中保护的原则，提升旅游的文化内涵，把文化贯穿到旅游产业链条的各个环节和旅游业发展的全过程中去，凸显旅游的文化创意，突出旅游的文化特色，提升旅游服务的人文特质。素有"浙西林海""绿色明珠"之称的开化县地处黄山、三清山、千岛湖等著名景区的"金三角",虽然观光资源没有优势,但借助古田国家自然保护区和钱江源国家森林公园两个国家级品牌资源和森林"天然氧吧"的优势,又借助集茶文化、根雕文化于一体等特色文化,正在树立"钱江源头、根雕佛国、生态开化"旅游总体形象,打造"赏根探源品茗"的目的地、商务会议培训基地、休闲养生康体基地、浙皖赣边际旅游集散地。如今碧波如玉、群山掩映的开化南湖公园已经成为一个"山水客厅""城市会所",集五星级饭店、风情街、旅游精品商场、旅游集散服务为一体,"追根溯源到开化,怀红抱绿到开化,品茗养生到开化",开化已成为衢州市乃至浙江省生态旅游业发展的"桥头堡"。

在衢州生态旅游业的发展过程中,利用生态自然条件和文化资源,挖掘生态文化,提升旅游文化品位;借助根茶文化,营造文化浓厚氛围;开发红色文化,丰富旅游文化内涵;传承民俗文化,增强旅游地方特色;提炼历史文化,充实旅游文化含量。让文化增强衢州旅游的底蕴,成为旅游发展的灵魂,让景区和旅游火起来。

2. 发展低碳化旅游产业,推动生态旅游转型

在生态文明建设进程中,低碳经济响彻生活的角角落落,低碳旅游业不断升温。"低碳旅游是指在旅游发展过程中,通过运用低碳技术、推行碳汇机制和倡导低碳旅游消费方式,以获得更高的旅游体验质量和更大的旅游经济、社会、环境效益的一种可持续旅游发展新方式。"[1] 低碳旅游以开发低碳旅游产品为核心,以建设低碳旅游城市为载体,实现旅游业的低碳化发展,是对旅游产业一次能源经济的革命。

"十二五"期间,衢州旅游工作的主要措施首先就是延伸"吃、住、行、游、购、娱"一体的旅游产业链,促进旅游产业集群化发

---

[1] 蔡萌、汪宇明:《低碳旅游:一种新的旅游发展方式》,《旅游学刊》2010 年第 1 期。

展。这一产业链的建立，使得旅游产业发展主体成为低碳旅游经济发展的主力，宾馆饭店、商店购物、休闲、运动场所都有着极大的节能减排空间，运用新技术、新能源，建立绿色旅游产业，实现低碳化、可持续性发展。其次，开发有较强竞争实力的旅游低碳产品。衢州市开发出森林旅游、水上旅游、湿地旅游、农家乐旅游、文化民俗旅游、会展旅游、影视旅游、体育旅游、探险旅游、寻根探源旅游、养生旅游等特色旅游新产品，尤其是旅游养生、运动休闲等新兴产业要素具备发展低碳旅游的天然优势，这既提高了衢州旅游的竞争力，又融进了低碳化发展的理念。最后，衢州市旅游引导旅游者低碳旅游行为。衢州生态旅游产业链，对旅游的住宿、交通、娱乐、购物等行为具有很大的低碳化导向潜力。

衢州市着力培育壮大文化旅游产业，坚持高品位规划、大项目支撑、新体制保障、好环境吸引，解决了生态旅游"有灵魂"的问题；推进旅游产业链的延伸和旅游产业的集群化发展，树立并实践了低碳旅游发展的生态理念，既促进了衢州经济的发展，又保护了美丽衢州的生态环境，逐步实现衢州文化旅游产业"三年见成效、五年上台阶、十年大跨越"的目标。

（三）传统优势产业与高效生态产业——生态农林渔业之路

生态富民的理念表现在农业方面就是大力培育农业龙头企业、农民专业合作社，建设充满生机的生态农业，加快农业的规模化、标准化和生态化进程。

首先，大力发展绿色种植业。2011 年，衢州市开化县的有机、绿色及无公害的农业产品种植面积占到全县的 69%，开化的龙顶茶被定为中国驰名商标，开化被评为中国龙顶名茶之乡；开化的"钱江源""菇老爷"等 18 个农产品商标获省级著名商标称号；开化的黑木耳、金针菇种植被认定为浙江省农业特色优势产业。以特色农业产业强县，围绕农民增收把生态农业做优，以"一村一品"行动为抓手，充分发挥开化龙顶名茶、食用菌、清水鱼、山茶油等农业特色产业优势，发挥大宗林产品（如竹笋、油茶、板栗、猕猴桃等）优势，同时大力发展观光农业、休闲农业、设施农业，促进农业与文化旅游融合，减少农产品的销售环节，提高农业效益，升级农业产业。同时加强特色农产品的旅游功能、文化内涵等研究，推动农产品向旅游商品、保健产品、文化产品转变，促进增值增效。江山市以粮食生产功能区和现代农业园区为主平台，以粮食、蔬菜、食用菌、水果、茶叶等为重点，推进全国绿色食品标准化生产基地建设，大力发展无公害、绿色、有机农产品，到 2015 年有机、绿色及无公害农产品种植面积的比重达到 50% 以上。加强农业投入品管理，合理使用化肥、农药，禁止使用不符合绿色食品生产技术标准或规范的化肥、农药等投入品。积极推行测土配方施肥和农药减量增效技术，推广使用生物农药、高效低毒低残留农药，推广农作物秸秆还田、生物有机肥料，有效减少化肥、农药施用量，促进农业生产清洁化。到 2015 年推行测土配方施肥技术达到 40 万亩次以上，化肥、农药利用率均比 2010 年提高 5% 以上，商品有机肥使用量增加 30%。江山市的生态农业产业特色主要是体现在中国白菇之乡、中国蜜蜂之乡、中国猕猴桃之乡、中国白鹅之乡 4 个"中国之乡"的产业发展上，其中白菇年产值超 11 亿元，每年可为全市农民人均创收 2000 元，蜂产业规模和效益连续 18 年居全国县级之首。而龙游北部的"十里荷花、万亩富硒"农产品等特色产业和生态农业观光区，充分挖掘龙游特色的"竹、茶、荷、居"文化，成为龙游的生态农业特色。

加快生态农业的发展，成为衢州市推动生态富民的路径之一。

其次，大力发展绿色养殖业。对于生态化养殖，以满足土地容纳能力和水环境功能区达标为前提，调整优化畜禽养殖业区域布局，严格禁止"禁养区"建设畜禽养殖场，严格控制"限养区""适养区"

畜禽养殖总量，大力推广农牧结合等畜禽生态养殖技术，科学使用饲料添加剂和兽药，创建一批规模适度、管理规范、治理到位的生态型标准化畜禽养殖场（小区）。江山市作为全省养猪大县和全国生猪调出大县，生猪产业是农业的主导产业。为解决生猪排泄污染问题，江山市严格实行生猪养殖准入制度，强化污染源头控制，执行禁限养区制度，推进关、停、转、迁，加强污染治理设施建设，力争在三年内完成养殖污染整治和规范工作。柯城区的生猪养殖高度重视建立健全总量控制和区域控制的"双控"制度，把总量控制在一个合理范围之内，对禁养区养殖场实行关闭、搬迁，结合"三改一拆"，拆除违章养殖场，实行生态化养殖，加快生猪排泄物和病死畜禽的无害化处理，并转变生猪养殖方式，实行生态化养殖。江山市规划2015年全市生猪饲养总量控制在150万头以内，继续发展生态养蜂等特色生态养殖业。另外，衢州推广生态循环渔业模式，全面推行水产无公害养殖，禁止生活饮用水源地施肥养殖，限制投饵式网箱养殖，控制山塘水库养殖规模，建立绿色、有机水产养殖基地，提高水产品质量。计划2015年全市生态养殖比重达到50%以上。

最后，调整结构，建设高效生态林业资源。20世纪90年代以前，衢州的林业资源是单一用材林、单一杉松林，导致林地衰退、木材生产能力和林业经济效益下降的状况。90年代之后，按照"继续适度发展用材林，大力营造竹林经济"的思路全面实施林业生产结构调整。进入21世纪后大力建设生态公益林，发展阔叶林和混交林，进一步优化了林业资源结构。现在生态公益林、竹林经济林和用材林之间比例约为1∶1∶1，形成了高效生态林业资源结构。全市共完成造林更新20.9万亩，累计建成生态公益林面积达到115万亩，森林总蓄积量达到1528万立方米，森林覆盖率稳定在71.5%，受保护地区面积达到39.8%。建成花卉苗木基地6.52万亩，省市级绿化示范村64个，工业原料林基地4万亩，城市防护林带1000亩。加强生物多样性保护，建成各类自然保护小区 131 个，保护面积 143.4 平方公里，有国家级森林公园 4 个、省级森林公园 1 个。

衢州市产业转型升级和生态文明建设的实践表明，发展与保护并不是一对不可调和的矛盾。近几年既是衢州市历史上发展最快的时期，也是生态环保工作力度最大、成效最为明显的时期。因此，只有始终把握好环境保护与经济建设的关系，才能促进经济社会又好又快发展。

四　科学跨越：协调发展的生态社会理念

（一）绿色新政：抢占生态文明发展的制高点

工业经济背景下环境的破坏、全球气候的变化、能源短缺以及经济危机带来的压力，使各国非常重视经济发展与环境的保护。2008 年联合国秘书长潘基文在呼吁全球领导人在投资方面创造更多的环境项目，修复支撑全球经济的生态系统，促进绿色经济的增长，并提出一个新概念"绿色新政"（Green New Deal），其基本要义是提高政府的绿色领导能力，发展绿色经济，致力于绿色投资，保障实施绿色政策改革。这一理念的提出是为了解决环境保护、污染防治、节能减排、气候变化等人与自然关系的可持续性发展问题。

衢州市历任市委书记都强调绿色新政，"我们既要金山银山，更要绿水青山"。2007 年时任市委书记厉志海参加十届全国人大五届会议时说："人与环境的关系是我们必须要面对的问题。以环境为代价求得短暂经济快速发展，是最不可取的。"厉志海说，我们应对子孙后代负责，不能以一时之"利"毁一世之"本"。保护好生态环境对实现可持续发展尤为重要。2011 年任市委书记的孙建国指出，保护浙江省"生态屏障"是省政府和全省人民赋予衢州的特殊的政治责任，"绝不以牺牲生态环境为代价谋求一时的发展"，生态建设是衢州科学发展的"题中之义，分内之举"。"十二五"期间，衢州市委依然坚持"绿色发展、生态富民、科学跨越"的总体思路，进一步推进"一个中心、两大战役"，促使衢州产业转型升级和经济发展方式转变。

保护生态环境，实施绿色新政，抢占新一轮发展的制高点成为衢州发展的一大亮点。

1. 以人为本，生态富民——衢州绿色新政和生态文明的价值取向

衢州生态文明建设中强调人与自然的和谐相处，就是把人和自然的关系放在重要位置，重视人和社会的关系，也重视人与自然的关系。生态富民，就是把建设绿色家园、提高人民的生活水准作为绿色新政和绿色发展的出发点和落脚点；以人为本，就是重视人的发展。这种发展是一种双向关系的发展，即确保衢州人的发展不是以牺牲生态环境为代价的发展，而是衢州人的发展进一步促进生态环境的发展。也就是说，衢州发展注重对自然的尊重和保护，注重自然环境的保持和改善，注重自然再生能力的提高，进而为人的发展提供良好的生态空间，体现以人为本的生态理念。

衢州市"十二五"发展蓝图的核心是强调"两个崛起，三大目标"。"两个崛起"是在省内"后发崛起"和在四省边际"率先崛起"。"三大目标"就是全面建成惠及全市人民的小康社会，全面确立四省边际中心城市地位，全面建设富裕的绿色生态地区。按照中央和省委、省政府的要求和衢州人民的迫切愿望，衢州市在科学发展中走在前列，全面建成惠及全省人民的小康社会。按照国家统计局制定的指标体系测算，2009 年衢州市全面小康实现程度为 80.6%。从2005 年至 2009 年每年平均提高 2.2 个百分点的实际进度看，预计到2015 年能够全面建成小康社会。2012 年，市委书记陈新在开化县召开的全市生态文明建设现场会上强调，推进生态文明建设是政府的责任所在、社会发展所需、民心所向；陈新书记指出，推进生态文明建设是构建绿色生态屏障的政治责任，是发挥衢州竞争优势的关键举措，是提升人民生活品质的有效途径，努力把生态环境优势转化为发展优势，推动生态资源转变为富民资本，使"绿水青山"和"金山银山"有机统一，创造"三生三宜"的一流环境，增强广大群众的满意度、幸福感。2010 年，时任衢州市长尚清在省委党校第四期"市长论坛"作生态文明主题演讲和接受现场提问时指出，建设生态文明，核心是以人为本，宗旨是增进人的福祉，必须把追求"幸福、富裕、和谐"确定为目标，衢州市打造幸福之城，以"宜居、宜业、宜商、宜学、宜游"为目标，以"五城联创"为载体，着力提升市民的幸福感和满意度。

2. 绿色 GDP——衢州绿色新政中经济发展的新标尺

传统的 GDP 只反映经济增长的指标，仅以经济总量的增加为尺度而忽略其背后严重的"生态赤字"，最终是一种不可持续的增长；绿色 GDP 是建立在以人为本、协调统筹、可持续发展基础上的一种标准。环保部副部长潘岳说过，绿色 GDP 意味着观念的深刻转变，意味着全新的发展观与政绩观。衢州市在发展的过程中强调，经济的发展和生态建设是一体的，那种只讲发展而不要生态或者光强调生态而不讲发展的观点是片面的、不正确的，按照经济生态化和生态经济化的要求，变生态优势为经济优势，推动经济的绿色转型是衢州市基于在浙江全省的特殊位置应承担的义务，也是衢州谋求跨越发展的机遇所在。因此，"绿色发展、生态富民、科学跨越"成为衢州发展的总要求。为此，衢州市坚持人均 GDP 提高的同时，注重的是万元 GDP 能耗的降低。

"十一五"期间，衢州市加快构筑生态经济体系，积极推进产业结构调整和优化升级，着力培育以光伏产业为主的新能源、新材料、新光源和电子信息等高科技产业，加快以氟硅为主导的新型产业发展，全市工业产值增幅连续 6 年超过 30%，GDP 增幅连续 8 年高于全省平均水平，而全市区水环境和水质量达标率从 2004 年的 65% 提高到 100%，全年空气质量达二级以上优良水平天数从 2004 年的 339 天提高到 359 天，万元 GDP 能耗连续降低 17% 以上，这一时期成为衢州市历史上经济发展速度最快也是环境改善最大的时期之一。衢州市"十二五"规划纲要指出，统筹衢州山区经济社会发展与生态环境保护，加强产业集聚平台生态化改造，优先发展生态经济、循环经济，万元工业增加值用水量降到 75 立方米以下，推进开发利用太阳能、风能、生物质能等可再生能源，突出以绿色 GDP 和幸福民生考评为导向，实现万元 GDP 综合能耗降低 20% 以上。

衢州市柯城区区长徐延山在《钱塘江源头生态共建共享机制的思考与探索》的讲话中指出，建立"区际的生态价值评估机制和监督机制"，在钱塘江流域开展绿色 GDP 评估试点工作，认真开展资源环境实物量统计、资源耗减、环境损失估价方法等课题的研究攻关，加快建立可以定量化和货币化的自然资源和生态环境价值评价体系，建立"绿色 GDP"评价体系，把万元 GDP 能耗、万元 GDP 水耗、万元 GDP 排污强度等指标列入考核指标体系，全面评价经济发展的成果。

2013 年 11 月 15 日公布的《中共中央关于全面深化改革若干重大问题的决定》明确指出，"完善发展成果考核评价体系，纠正单纯以经济增长速度评定政绩的偏向"。G 20 与新兴国家发展战略研究中心主任、经济学家张其佐指出："在经济高速发展的同时，一些地方过度重视'GDP'数据，有的不惜以破坏环境为代价，甚至造假，这样的'GDP'毫无意义，也不可持续。"衢州市在生态经济发展中要发展，更要生态发展；要 GDP 增长，更要能耗低的 GDP 增长；要 GDP，更要绿色 GDP，要研究并开展绿色 GDP 评估工作。绿色 GDP 成为衡量衢州经济发展真正有效的指标，成为生态建设中衢州经济发展的新标尺，成为衢州绿色新政的闪光点，使衢州市抢占了新一轮生态文明发展中的制高点。

以人为本，生态富民，衢州市生态文明建设关注社会和人的全面发展，同时以绿色 GDP 作为衡量衢州市经济发展的新标尺，衢州生态文明建设和绿色新政走在全省甚至全国的前列。

（二）生态建市："五位一体"、协调发展的科学生态理念

党的十八大报告明确将生态建设与政治建设、经济建设、文化建设、社会建设并列，形成"五位一体"总布局，首次将生态文明纳入建设中国特色社会主义事业总体布局之中，向外界传递出中国未来发展将以更大力度加快转型升级的决心。在新时期的建设中，衢州市认识到经济的发展、物质的丰富并不是幸福生活的全部，经济越发达并不等于生活越幸福，清新空气、清洁水源、宜居环境、放心食品都是幸福生活的必备条件。那种无视生态建设与保护的发展，从本质上讲，是一种非人性的发展，背离了人的发展的根本需要。衢州市坚持走生态文明建设之路，使政治、经济、文化、社会、生态"五位一体"成为一种真正意义上的发展。

首先，政治、经济、文化、社会建设与生态建设协调统一的关系。

经济发展是硬道理，生态发展更是硬任务。前市委书记孙建国在《生态文明建设之路》一书的序言中指出，衢州坚定不移地走经济与生态互促互赢之路，"生态兴则文明兴。生态文明建设是一项惠及全市人民、惠及子孙后代的民心工程，德政工程，是党委、政府的责任所在"。衢州在现代化的建设中坚持绿色发展，绿色发展为了什么？为了天更蓝、山更青、水更绿，更为了民更富。孙建国的观点及衢州市委、市政府在衢州发展上的表态，既反映了衢州市领导班子的政绩观、发展观，也反映了衢州市发展注重生态、经济、民生等方面，体

现了"五位一体"协调发展的关系。一方面，社会主义经济、政治、文化、社会建设离不开生态文明建设。生态环境破坏了，我们就会陷于生存危机，也就谈不上其他领域的建设。另一方面，生态文明建设的要求和成果必将体现到经济、政治、文化、社会建设的各个领域，体现到思想意识、政策法规、生产生活方式等各个方面。这就是衢州发展中坚持的"生态化发展、发展生态化"的根本所在。衢州市生态文明建设的总体思路是建设"富裕生态屏障"，实现绿色发展、生态富民、科学跨越。由此，衢州市实行生态建市是落实科学发展观的具体实践，生态指标、环境指标是衡量人民生活水平和质量的重要标志，没有良好的生态环境就没有经济社会的持续发展，没有人民生活质量的根本提高，也没有广大人民的全面小康。"创建生态市，就是倡导绿色消费和健康文明的生活方式，不断加大生态保护力度，把生态资源转化为生态资本、生态优势转化为竞争优势，形成资源节约和环境友好型社会，不断提升人民幸福指数，这是落实科学发展观的具体实践。"

衢州的"五位一体"、协调发展的科学生态观确保了社会、政治、经济、文化发展以尊重自然、顺应自然、保护自然为前提，这种生态环境友好的发展，是一种人与自然和谐相处、共生共荣的发展，最终保障社会、经济、政治的良性运转，而那种要经济不要生态、先污染后治理的传统粗放式发展并不是真正意义上的发展。因此，衢州的"绿色发展、生态富民、科学跨越"发展观是社会、政治、经济、文化、生态"五位一体"、协调统一的发展观。

其次，"五位一体"、协调发展下的衢州生态观是一种全面的发展观。

多年以来，衢州市委、市政府历届领导班子坚持把生态资源作为衢州市最大的资源，把生态优势作为衢州最大的优势，始终致力于实现生态和经济互促互赢。因此，以"绿色发展、生态富民、科学跨越"为发展总思路的衢州生态建设是科学发展的题中之义、分内之举。同时，衢州的生态建设坚持以人为本，既对当代人的利益负责，又为子孙后代着想。衢州市领导班子对衢州的发展不仅看经济增长的指标，还看社会发展指标，包括人文指标、资源指标和环境指标。衢州坚持经济发展和生态建设是一体的，只讲发展而不要生态或只强调生态而不要发展的观点都是片面的。因此，衢州的发展是在党的十八大精神的指引下注重"五位一体"、协调统一的全面发展。

衢州召开市委工作会议，全面部署推进生态文明建设，提出今后五年的主要奋斗目标：到 2015 年生态环境质量继续保持全省领先，基本形成集约、高效、持续、健康的社会—经济—自然复合生态系统，实现经济社会发展与人口、资源、环境的良性循环，基本建成生态经济发达、人民生活富裕、生态文化繁荣、生态环境优美的生态市，争创国家环保模范城市和国家级生态市，努力把衢州打造成浙江的富裕生态屏障、长三角地区的生态名城和全国生态文明建设示范区。同时，衢州的生态教育和宣传注重从娃娃抓起，构建"学校、家庭、社会"三结合的生态文明教育体系，培养青少年良好的生态文明意识和行为；加强对领导干部、企业家、城市居民和农村群众的生态文明教育，提高社会各阶层的生态文明素养，逐步形成"人人参与"生态文明建设的氛围；开展多种形式的绿色消费教育活动，在全社会树立科学理性消费理念。力争到 2015 年，生态文明教育普及率达到 100%。由此，衢州的发展包括社会的全面发展和人的全面发展两个方面。其中，社会的全面发展即物质文明、政治文明、精神文明和社会文明并举；人的全面发展，指人民的物质生活、文化生活和健康水平全面提高，即在发展生产力的同时，必须着眼于人民思想道德和科学文化素质的提高，既为社会提供优质的人力资源，又为社会提供良好的社会物质条件。

最后，把生态建设纳入环境保护、经济发展、生活质量、政治业绩、文化传承、社会发展等不同领域中，有效保障了"五位一体"的科学生态观的实施。

衢州市在《衢州市"811"生态文明建设推进行动方案》中提出，2011～2015 年开展生态文明建设，健全综合考评制，由衢州市委组织部牵头，实行生态文明建设的工作目标制，将环境质量、节能降耗、污染物总量减排、重要环境基础设施建设等相关生态文明指标纳入各级党政领导班子、领导干部综合考评体系和离任审计范围，严格实施问责制度，依法追究相关责任或给予相应表扬。

现代学人张连国认为，生态文化理念的传播是一个生态"政治社会化"带动生态"社会政治化"的规律与战略的过程，其关键是观念性知识分子成为取得生命内在自由的生态文化的先进教育主体，在公共领域进行生态文化的政治社会化话语传播的实践，从而建构生态政治的合法性，使现代人确立"人以自然而存在、自然以人而存在"的"内在关系群"。

五 文化软实力：天人合一的生态文化理念

（一）衢州"天人合一"的生态文化底蕴

在衢州，伴随中国历史更迭近千年的孔氏南宗文化是儒家文化乃至中国文化在衢州生生不息的一个象征，它见证几千年来孔氏儒家文化的常道，按照中国社会科学院哲学所李存山研究员的看法，就是崇尚道德、以民为本、仁爱精神、忠恕之道、和谐社会，凝聚为《易经》中的两句话，即"天行健，君子以自强不息；地势坤，君子以厚德载物"。这种人的刚健有为和宽容万物的精神深刻影响着衢州乃至浙江人的观念及衢州的发展理念。"东南阙里，南孔圣地"，儒家的治世理念融入三衢大地的灵魂深处。

2004 年底召开的浙江省经济工作会议明确指出："天育物有时，地生财有限，而人之欲无极，浙江必须凤凰涅槃，浴火重生。"这是现代人在工业文明之后对天人关系的深刻认识。"天育万物，地生财富"，自然是一个有机的整体，具有连续性、整体性和规律性，正如《论语·阳货》说："天何言哉？四时行焉，百物生焉，天何言哉？"天体的规律及四季变化是自然创造万物、生命和财富的方式，因此顺应自然、保护自然才能更好地促使人与自然万物的相生相长。自然界并不是取之不尽、用之不竭的资源库，相反，它只是人类活动的一个依托。正如 2013 年 7 月杜维明教授在贵阳举办的《文明之旅——儒家文化与生态文明》大型节目中指出的非洲部落的人生智慧——"地球不是祖先留给我们的财富，而是无数子孙后代依托我们保存的资源"——一样，地球、大自然的资源是有限的，如果人的欲望无节制地扩大，最终的结果便是人类自我的毁灭。因此，对于我们借以生存的大自然，我们应该采取敬天爱天、用之有度、可持续发展的态度。《论语》中指出"子钓而不纲，弋不射宿"，这便是把人与人之间的仁爱思想推及自然万物，即尊重自然规律、爱护自然万物。在孔子仁爱思想的影响下，孟子提出了"数罟不入污池"，"斧斤以时入山林"，"五亩之宅树之以桑"等仁政思想。从生态文化的角度看就是人类活动应该有节欲意识，应该遵守自然规律，这种崇尚生态保护、崇尚绿色的意识对衢州的生态文明建设有着极大的影响。在衢州开化县境内，至今还可以看到保存完好的嘉庆二十三年（1818）竖立的风景林保护石碑，崇尚生态、保护自然。关于林木采伐，开化县从源头抓起，严格执行限额采伐管理和凭证采伐管理，公益林只允许进行抚育和更新性质的采伐，商品林按照合理经营、持续利用的原则进行，杜绝越权发证和超限额采伐行为。

《中庸》开篇叙述了一个原则，"天命之谓性，率性之谓道，修道之谓教"。孟子引用《尚书》的"天视自我民视，天听自我民听"更深入地解释了人与自然的密切相关性。虽然人道不同于天道、自然之道，人与自然分别具有不同的领域和功能，但如果我们不尊重自然，我们就陷入了一厢情愿的危机；如果我们不保护自然，不节制人类自身的活动，一味地盲目扩展自身的领域，那么，人类就会遭到自然界疯狂的报复。因为人与自然间是一种平等、合作、伴侣关系。北宋程颢指出"仁者以天地万物为一体"，张载在《西铭》中说"乾称父，坤称母；予兹藐焉，乃混然中处。……民，吾同胞；物，吾与也"，这些儒家观点极其深刻地体现在衢州的生态建设理念中。衢州市人大常委会主任居亚平2011年在全市关注森林工作会议上的讲话中指出，兴林富民是关注森林活动的根本宗旨，关注森林就是实践科学发展，关注森林就是关注民生，关注森林就是关注全球气候变化，关注森林是社会各界各部门共同的事业和责任。

衢州的斗潭河、南湖等护城河遗迹，也不断唤起三衢人民对碧水盈盈、诗意盎然的衢州古城的追忆，把生态环境作为可持续发展的最大优势，不以牺牲衢州生态环境为代价谋取一时的经济发展是衢州人的最大观念。衢州人深受儒家文化的熏陶，有着深厚的生态文化意识。如今，衢州市注重以精彩纷呈的活动载体传承、弘扬生态文化精髓，保障水安全、营造水景观、塑造水文化。在压力面前，衢州人秉承儒家敬畏自然、尊重自然的文化精神，以壮士断腕的勇气，改造提升传统产业，大力淘汰落后产业，强力推进水土保持的生态文明建设，确保一江清水出衢州，造福钱塘江下游的人民。

（二）教育与宣传，提高人民生态良知与生态意识

环境伦理学家余谋昌在《环境伦理学》一书中借美国环境伦理学家 J. B. 克里考特的描述形象地告知我们"生态意识"的含义："当我盯着褐色的淤泥堵塞的河水，看着一抹黑色的从孟菲斯来的工

业、市政污水，跟随在后的是不断从辛辛那提、路易斯维尔或圣路易斯漂来的一种不知名的混色线呢的碎片渣滓，我感到了一种明显的疼痛。它并不是清楚地局限在我四肢中的哪一肢上，也不像一阵头疼或恶心。但是，它却是非常真实的。我并不想在河中游泳，不需要喝这里的水，也不想在它的沿岸买不动产。我的狭隘的个人利益并未受到影响，但是，不知怎么地我个人还是受到了伤害。在自我发现的那一刹那间，我想到，这河是我的一部分。"这就是我们所说的生态意识。

J. B. 克里考特对自己感受的描述形象地告诉我们，具有强烈生态良知和生态意识的人往往把环境看成生命、生活中的重要一部分，人类不是自然万物的统治者，而是自然界的重要一部分，人类和自然界之间是一种休戚与共的关系，任何对自然的肆意破坏、无节制的掠夺带来的最终结果都是一种灾难和伤害。人类必须提高生态良知和生态意识才能使自己生活的家园和环境更加美丽，才能使人类在生活中不被伤害，才能使人类自身生活得更加美好。

首先，大力宣传，着力提高全民的生态意识。

以水土保持为例。衢州市水土保持生态建设坚持宣传"四个面向"，营造浓厚的水土保持工作氛围：面向机关干部，短信宣传，赠阅简报，取得干部的支持；面向项目业主，赠阅《水土保持法》，召开座谈会，赢得项目业主的理解；面向群众，电台开办《水保之声》，户外设置宣传牌、围墙标语、公益广告，增强社会各界的水保意识；面向中小学生，举办讲座、办板报、参观宣传展板、学唱水土保持歌曲，增强中小学生的国策意识。衢州市将水土保持理念融入城市建设和管理各个环节，始终坚持"少扰动、少损坏、少排弃，多绿化、多保留、多利用"的原则，近年来，衢州的生态环境到了空前保护，水土流失治理率达96.6%，市区森林覆盖率达到71.5%，绿化覆盖率提高到42.18%，人均公园绿地面积提高到

13.07 平方米，水土流失面积占土地面积的比例下降到了 5.22%，出境水水质达标率连续实现 100% 达标，空气质量达到二级以上优良水平的天数从 339 天提高到 359 天，生态环境质量连续多年保持全省领先水平。

如今走在衢州的大街小巷，水土保持的户外广告使国策意识逐渐深入人心，学校水土宣传和科普教育让生态意识从小在每一个孩子的心底扎根，电台的《水保之声》每天准时向公众普及水保知识，衢州市环保意识和生态理念进机关、进校园、进工地、进社区，有效地提高了衢州人的生态意识。来自衢州市创建国家水土保持生态文明城市办公室的问卷调查数据显示，衢州市民对水土保持重要性的知晓率达 89%，对本市开展创建"水土保持生态文明城市"的群众支持率达到 91.1%。① 有了良好生态意识和生态良知的衢州人，在生态文明建设中感觉到衢州是越来越美了。

其次，加强公民教育，提升生态文明素养。

（1）加强对青少年学生的生态文明教育。衢州市印发《水土保持科普读物》，要求各地学校将生态文明教育纳入德育考评之中，在教学活动中安排与学生年龄阶段相适应的实践内容，同时组织相关社会实践，开展课题研究和竞赛交流，努力建成生态文明教育网络体系，构建"学校、家庭、社会"三结合的生态文明教育体系，培养青少年的良好生态文明意识和行为。衢州市要求学校通过举办水土保持科普组讲座、知识竞赛、主题班会、社团活动，向广大学生宣传普及水土保持科普知识。

（2）加强对领导干部、企业家、城市居民的生态文明教育。开化县深入开展生态文明的宣传和科普教育活动，注重生态文化研究，

---

① 《一江清水向东流 绿色三衢满眼春——浙江省衢州市水土保持生态文明建设纪实》，《中国水利报》2013 年 2 月 22 日。

组织各领域有计划、有针对性地开展生态学、生态学原理、循环经济、生物工程等培训和应用，不断提高干部、群众的生态文明素养，在全社会牢固确立"保护是更好利用"的发展观，形成尊重自然、热爱自然、善待自然的良好氛围。

（3）加强农村农民的生态文明教育。在衢州市的广大农村进行"农村清洁村"的文化宣传，以村、乡镇为单位设立宣传栏、公开栏，宣传农村清洁工程。乡镇、村委会每年召开清洁工程会，宣传并动员部署生态环保活动，加强生态文明研究和生态文明教育，让生态文明的观念深入人心，提高广大群众的环保意识和生态意识。

（4）加强公民教育，形成"人人参与"生态文明建设的氛围，在全社会树立起科学理性消费理念。衢州市力争到2015年，生态文明教育普及率达到100%。衢州人生态意识的培养和生态文明素养的提高，极大地促进了衢州生态文明建设。

最后，环保管理窗口前置，加强监督机制，提高市民的生态良知。

为了更好地建设衢州，提高衢州人民的生态理念和意识，衢州市在生态环保工作中将环保管理窗口前移，提高市民的生态良知，防患于未然。以衢州市水土治理为例，衢州水土治理的生态创新之举便是管理关口前移。一方面，在水土治理项目动工之前，环保局、水利局等有关单位提前介入做好政策宣传，组织业务培训，发放资料，防患于未然；另一方面，衢州市将执法关口前移，建立水资源和水保执法大队，以执法促管理。在施工前，有关部门先介入，施工部门必须事先与水利部门沟通，以减少违规、破坏环境行为的发生。衢州市及各级政府在整治环境污染的同时还设立环保监督机制，设置"12369"环境投诉热线，各市区实行24小时值班制度，随时受理群众投诉。衢州市以群众反映的热点、难点问题为突破口，统筹推进生态环保工作，认真部署，积极开展专项执法检查和专项整治行动，积极为企业提供技术指导，组织环保专家协助企业制订整治方案，妥善处理群众环境信访，确保辖区内无因环境问题引发的群体性事件。这种防患于未然的做法和理念在一定程度上有效地保障了衢州良好的生态环境，也提高了衢州人的环保意识和生态良知。

"保护生态环境就是保护我们的饭碗"，"我们不仅要金山银山，更要绿水青山。有了绿水青山，才有永续利用的金山银山"。正是有了良好的生态意识、生态文明素养和生态良知，衢州人才有了如此先进的生态理念，衢州人在生态战中打赢了真正的发展之战。

六　政府责任：共建共享、生态补偿的生态政治理念

在一个呼唤生态文明建设的时代，环境危机意识使经济建设、社会发展和环境保护的关系成为最引人注目的根本问题。保护自然环境、调整产业结构、发挥文化优势、生态教育宣传成为生态文明建设的时代要求，个人、企业各自承担着重要的责任。作为一个特殊的主体，政府机构并不直接参与经济活动和生态建设，但其理念、管理、决策行为在很大程度上影响甚至决定着一个地区生态文明建设的成果和一个地区的生态发展。

（一）生态文明建设中明确的政府主体责任

衢州市各级政府领导干部作为衢州市社会公共事务的主要管理者，他们旗帜鲜明地将当代人类应有的生态意识、生态道德思想和生态经济理念纳入其政治责任意识之中，首先承担起了维护衢州市公共利益、长远利益和根本利益的责任，使政府的责任意识呈现生态化转变。主要表现在以下几个方面。

1. 衢州市委、市政府的生态责任意识：权为民所用，情为民所系，利为民所谋

坚持"绿色发展、生态富民、科学跨越"的总体思路，衢州市委、市政府在思想上始终坚持经济与生态"双赢"的核心理念，在导向上坚持环保为民的价值取向，切实维护环境安全和公民环境权益，增强公众生态文明理念，真正把群众的环境诉求作为第一信号，认真解决群众反映的问题并让群众真正满意，在全社会形成生态建设和环境保护的强大合力。有了环保为民的价值取向，衢州市政府已不再是"权力型"政府，而逐步转变为"责任型"政府。在衢州生态文明建设和生态环境保护活动中，从 2013 年 10 月 15 日起至 2016 年底，衢州市县两级 1480 名机关干部，奔赴 1480 个行政村担任生态指导员，开展以转变干部作风为目的、以服务基层"走亲连心"活动为载体、以水环境整治为重点的"共建生态家园"服务基层行动。这些政府生态指导员的任务就是走遍所在行政村或区域的生态污染区，了解污染及其治理情况，为行政村建立"生态档案"，在调研和分析的基础上提出解决问题的方法和实施方案，力争三年内完成治理污染的任务。衢州市这种为行政村派驻生态指导员给生态把脉的行为，为的是给衢州的生态发展谋路，并带动老百姓保护生态环境，树立生态意识，真正做到了生态环境保护活动中将政府的生态意识和生态精神转化为广大民众的环境生态意识和环境生态保护实践，体现的是科学发展观中以人为本的思想，体现了政府权为民所用、情为民所系、利为民所谋的生态责任意识。

开化县原县委书记方健忠在全县农村工作会议暨省级美丽乡村先进县创建动员会上的讲话要求县、乡、村级干部扎实开展"三走进"下基层集中行动，走进企业、走进项目、走进矛盾，真心实意为群众办实事、解难题。衢州市政府不仅致力于推进社会生活所需的基础性建设和经济发展，更致力于创造和维护整个社会发展所需要的环境利益，并将这种责任通过具体的行为体现出来，使衢州市政府变成用生态伦理思想和生态伦理精神武装起来的新政府。

2. "责任型"政府的生态问责制和绩效考核制

在衢州生态文明建设中，衢州市坚持"衡量一个地方的综合实力和竞争力，不仅要看经济增长指标，还得看生态环境等综合指标，环境是跨越式发展的支撑"。为了衢州的生态发展，衢州各项生态工作确立市、县、区、乡镇各级政府干部挂帅和参与的带动全市民众进行生态建设的体制，即衢州"责任型"政府的生态问责制，并将生态建设的成绩与领导干部的政绩相挂钩，真正体现衢州市政府工作为人民、衢州政治工作以生态发展为先的理念。

以平原绿化为例。平原绿化工作是一项跨区域、多部门的系统工程，为了充分发挥各个职能部门的作用，衢州市建立了市政府领导、市绿化委牵头、主管部门负责、其他部门配合、社会各界参与的平原绿化工作机制，成立以市长为组长、分管副书记和分管副市长为副组长、各有关部门主要负责人为成员的"国家园林城市"创建领导小组；江山市成立了以市委书记为组长，市长、分管书记为副组长，各部门主要负责人为成员的"森林城市"创建工作领导小组和"312农村绿化运动"领导小组；开化县、柯城区等地也都根据当地重点绿化工程实施的需要成立了相应的领导机构。通过细化分工，明确政府职能部门的职责，真正形成了各部门、乡镇（街道）齐抓共管的良好局面。江山市在生态产业项目推进上，"四大百亿工程"项目建立由一名市领导牵头挂帅、一个责任单位具体承办、一名干部现场负责的"三个一"推进机制；重大战略性项目和重大项目推进工作中建立专门班子、专人负责、专项推进的"三专"工作机制，每月一次督察通报，每月一次重点联席会办，每季度一次汇总点评，有效加快了项目推进速度。在水环境治理方面，2013年，江山市全面实施"河长"责任制加强水环境综合治理工作。按照"一河一长、条块结合、属地管理"原则,强化落实"河长"责任制,进一步加强河段会诊,落实"一河一策"方案,实行空间、总量、项目"三位一体"环境准入制度,细化环境准入要求,严格水资源管理与水环境监管。

衢州市在生态文明发展中,培育生态文明理念,制定推进生态文明建设的道德规范,倡导生态伦理道德,逐步培养以生态价值理念为核心的"生态优先的政绩观"、"科学理性的致富观"和"适度消费的生活观"。建立宣传生态文明、普及环保知识、弘扬生态文化的立体式大宣教格局,树立全民的生态文明观、道德观、价值观,并把生态建设的目标纳入各级党政领导干部的综合考核中,作为领导干部综合考核评价的一项内容,考评结果作为干部任免的重要依据。对生态环保工作中作出突出贡献的单位和个人,给予表彰奖励;对工作推进不力完不成目标任务的,严格问责;因决策失误导致严重生态影响和破坏的,严肃追究责任。

衢州市在生态文明建设中,构建完善的政府生态责任机制,引导政府树立科学的、正确的政绩观。社会的发展不是以单纯的 GDP 为依据,衢州市要 GDP,更要生态、高产出的绿色 GDP,并且将之与干部个人的政绩相挂钩,促进政府行为不断向科学发展方向转变。同时,加强环境问责制和环保实绩考核长效机制,既从制度上激发生态保护区政府及其居民对生态环境保护的内在积极性,又促进经济社会的可持续发展。"留住看好这青山绿水就是为政者最大的功劳",这是域外的开化籍人士对县领导的反复叮咛。"让这座城市变得更美更宜居,让这里的秀山丽水衍生出百姓创富的新动力",这是衢州百姓的热切期盼。衢州的为政者正是树立了"权为民所用,情为民所系,利为民所谋"的生态建设意识,以生态问责制和绩效考核制严格要求自己,使得衢州干部民众齐心协力共建衢州生态发展的美好明天。

（二）生态文明建设中完善生态体制机制

生态是生存之基，环境是发展之本。衢州市在发展中为了维护生态平衡、改善区域生态环境，坚持一系列的生态建设原则，不断完善政府生态体制机制，提出了共享共建、生态补偿制度，用来矫正、平衡生态环境的保护或破坏产生的环境利益或经济利益关系，使衢州的生态发展成为真正的可持续发展。

1. 坚持生态建设的原则

2004 年，时任浙江省省委书记的习近平就强调"绿水青山就是金山银山，通过绿水青山带来金山银山"。这种高度重视生态保护与经济发展的理念，就是生态经济化、经济生态化的写照。为了衢州生态化发展，衢州市政府坚持保护性开发、融合式发展、统筹中整合、借外力运作、可持续推进等一系列生态建设原则。一是保护好文化旅游资源和良好的生态环境、先规划后开发、杜绝破坏生态、防止浪费资源的保护性开发原则。二是融合式发展原则。促进文旅融合、促进生态旅游、促进三次产业融合，推进生态旅游、生态农业、生态工业在融合中升级进而促进省级融合、差异竞争，借省际文化旅游优势实现跨越发展。三是统筹中整合的原则。坚持文化为魂、创意为源、创新为本、无中生有，谋划文化旅游大项目，增强长远发展核心竞争力。四是坚持"党委领导、政府负责、部门协同、社会参与"，在激活内力的同时广借外力运作的原则。努力引进高品位、特色化、大体量的优质项目，不断增强文化旅游产业发展后劲。五是可持续推进原则。发展文化旅游产业，推进经济转型升级，成为衢州一项长期的战略任务。

衢州市政府和领导坚持生态发展的原则，优化生态空间格局，把生态环境功能区规划上升为空间管制规划，确立生态红线，形成硬约束，促进国土空间开发格局、城镇规划布局、生态环境功能相适应，从源头上保障经济社会发展与资源环境承载相协调。

2. 实行共建共享和生态补偿机制，不断完善政府生态体制机制

生态共建共享是衢州市在钱塘江源头生态建设过程中提出来的生态保护与建设机制，是环境可持续维护的必由之路，是促进钱塘江上下游地区协调发展的迫切需要，是构建和谐社会、实现和谐生态发展的重要保障。水环境破坏的结果是，上游水污染，下游水质量必下降，林业建设和水土保持共建共享也是山上破坏，山下也遭殃，因此，为避免此类情况出现，衢州市提出了共建共享和生态补偿机制，很好地解决了这一问题。首先，由省政府设立"省政府生态共建共享领导小组"，确保生态建设中管理机构在流域管理中的权威性；其次，由政府出面建立上下游对口支援、通过民主协商实现流域区级生态共建协调管理体制；再次，设立用于生态建设的生态效益补偿基金和建议议事制度，就流域内重大事项进行民主决策；最后，把建立健全共建共享和生态补偿机制与党政领导干部政绩考核体系结合起来，从制度上激发生态保护区政府及其居民对生态环境保护的内在积极性，促进经济社会的可持续发展。

关于生态补偿，衢州市采用了一系列有效方案。其一，在水资源共建共享的补偿上，实行谁受益、谁补偿原则，生态位势低的下游地区对位势较高的上游地区给予资金补偿；其二，通过民主协商，下游把一些低耗能、高产出的生态型产业转移到上游，进行项目上的支持和技术上的补偿；其三，通过财政税收方式调节生态财政补偿，对上缴的排污费、水资源费、采矿出让金等政府非税收收入，优先安排支持衢州的环保项目；其四，引导金融机构创新绿色信贷产品，银行的贷款优先贷给低耗能、低排放、高产出、高效能的生态产业。

衢州市共建共享和生态补偿等一系列机制，积极完善市场的生态配置机制，完善环境与发展的综合决策体制，努力形成政府主导、多元投入、市场推进、社会参与的生态文明体制机制。

3. 加强生态政治民主建设，激励社会公众深度参与生态文明建设

"能否以民主的方式赋予公民实现变革的力量，这就决定了我们能否把对地球的爱护转化为实际的行动。"为此，必须鼓励公民参与自治。"公民参与自治的过程被称为直接或参与型民主。因这一过程让广大民众介入日常生活，人们也称之为基层民主。"① 在生态文明政治民主建设的过程中，衢州市政府坚持环境信息公开化，利用电视、报刊、网络等媒体公开衢州市的生态破坏和环境污染情况，设立"12369"环境投诉热线，广泛依靠群众监督、检举、揭发破坏环境行为，及时排查并解决环境隐患问题，拓展社会公众参与环保的深度。在全社会广泛开展全民环境教育，提高全民保护环境的自觉性，使节约资源、保护环境、建设生态文明成为全社会共同的价值取向和自觉行动。

生态环境问题并不是独立的问题，是一个共同参与和协同解决的问题。衢州市领导班子认识到政治民主和公民政治参与行为生态化是政治环境生态化的必然要求。当生态环境问题从自然向社会领域转移并危及人类的生存发展时，生态环境问题就自觉转变为政治问题。政府是公民的政府，因此公民的政治参与将对政府决策具有极为重要的影响。一方面，生态环境问题及生态危机的出现不自觉地促进公众的政治参与，公众主要通过政治选举、投票、生态环境保护宣传活动等方式对政府环境政策和环境管理产生影响；另一方面，公众政治参与又对生态环境的保护起到促进作用。因此，政治生态化中公众政治参与意识的增强是解决生态环境问题的有效途径之一，进而改变"经济靠市场、环保靠政府"这一传统的消极观念。广泛的政治参与对解决生态环境问题的作用主要表现在以下几方面：政治参与有助于和平解决生态环境问题，避免政治动荡；政治参与有助于实

① 〔美〕丹尼尔·A. 科尔曼：《生态政治——建设一个绿色社会》，梅俊杰译，上海译文出版社，2002。

现对政府的监督，避免政府决策失灵；政治参与有助于政治决策的科学化、公开化；政治参与有助于实现公民的环境权这一基本环境生存权利。

衢州市市委书记陈新 2012 年在全市生态文明建设现场会上强调，推进生态文明建设是干部们的责任所在、发展所需、民心所向。各级各部门要充分认识推进生态文明建设的重大意义，齐心协力、持之以恒地把这项工作抓紧抓好，努力让衢州的山更青、水更绿、天更蓝，人民生活更美好。衢州市委、市政府坚持以科学发展观为指导，把"生态建设为全省多做贡献"作为特殊的政治责任，把生态环境资源作为最大的战略优势，在环境保护和经济发展协调共赢的道路上迈出坚实的步伐。

结　语

绿色衢州、生态衢州、美丽衢州，一脉相承、互为一体。"绿色衢州"代表衢州绿色发展的路径选择；"生态衢州"是衢州生态立市方略的目标和归宿；"美丽衢州"是衢州生态文明建设的外在表现。

在衢州发展的道路上，衢州人坚持保护自然、尊重自然、顺应自然，倡导人与自然的和谐相处，打造水清景美的人间福地；坚持不同群体、不同区域间在建设生态环境时利益的平等，同时认识到水土资源是人类生存的基础，我们居住、生活的地球只有一个，在当代人的建设发展中必须顾及后代人的利益，唯有如此，后世子孙才有路。这种人与自然、当代人与当代人、当代人与后代人之间平等的伦理关系使得衢州有可持续性发展的潜力。

环境是发展之本，在绿色引领发展的生态环境友好意识下，衢州人建立有效的环保制度，加强排污治理，树立爱护自然的生态责任意识，同时以改善民生为导向，以环境承载能力为基础，建设美丽乡村和生态城镇，实现"生态衢州、人居福地"，人与自然和谐相处的生态环境理念使衢州呈现富有生命力的绿色发展态势。

美丽的衢州在发展中始终坚持生态富民的生态经济理念。由于认识到"天育物有时，地生财有限"的自然资源的有限性和人的欲望的无限性之间的矛盾对立，衢州提出了"腾笼换鸟"等加快经济转型的若干建议，如：调整产业机构、发展循环经济，走生态工业之路；发展文旅结合、低碳化产业，树立生态旅游理念，走生态旅游业之路；大力发展绿色产业和种植业，发展高效生态林业，发展传统优势产业和高效生态产业，走生态农林产业之路，促进社会经济又好又快发展。

工业经济在促进经济发展的同时，为人类带来了环境、气候的变化和能源短缺的压力，重视经济发展与环境保护成为衢州人新的理念。在新一轮的发展中，衢州坚持GDP，更坚持单位GDP能耗的降低，以绿色GDP作为衡量经济发展的真正指标，使衢州的生态社会发展走在前列，抢占了生态文明社会发展中的制高点。坚持绿色GDP，更坚持生态建设与政治建设、经济建设、文化建设、社会建设"五位一体"的关系，在这种生态社会发展理念下，"生态立市"成为衢州生态社会发展的追求。

"东南阙里，南孔圣地"，儒家的治世理念融入三衢大地的灵魂深处，孔氏南宗文化源远流长，天人合一的文化底蕴增添了衢州生态发展的生态文化因素。借此，衢州加大生态教育和宣传的力度，不断提高人民的生态意识、生态文明素养和生态良知，在生态文化上打赢这场发展战争。

在生态发展中，生态环境、生态经济、生态社会、生态文化的理念和发展离不开生态政治的支持。作为社会公共事务的管理者，衢州市各级党委、政府领导和干部将生态意识和理念纳入其政治责任之中，树立"权为民所用，情为民所系，利为民所谋"的意识，建立政府的生态问责制和绩效考核制，使衢州市政府由权力型政府转变为责任型政府。坚持保护性开发、融合式发展、统筹中整合、借外力运作、可持续推进等一系列生态建设原则，实行共建共享和生态补偿机制，不断完善政府生态体制机制。加强生态政治民主建设，激励社会公众深度参与生态文明建设，把"生态建设为全省多做贡献"作为特殊的政治责任，把生态环境资源作为最大的战略优势，在环境保护和经济发展协调共赢的道路上迈出坚实的步伐。

建园林城市，建生态宜居城市、森林城市，绿化造林，大力推动生态建设，保持经济高速增长的同时保证环境的优美和人们身心舒畅健康的发展才是衢州人认可的真正发展。

（执笔人：王希慧）

报告四　衢州生态文明建设与环境保护

一　绿色衢州：生态文明之路

衢州市位于浙江省的最西部，钱塘江上游的衢江沿岸，与安徽、福建、江西三省相接，是闽浙赣皖四省边际中心城市，素有"四省通衢"之称。全市、县境域内植被保护良好，珍稀树种繁多，森林覆盖率高，生态多样性丰富，建立了多个自然保护区，在闽浙赣皖四省边际具有重要的生态区位，是浙江省的生态市。由于生态环境保持良好、管护高效、治污得当，衢州市 2007 年被国家环境保护总局评定为"国家级生态示范区"，其下设的龙游县、江山市、常山县、开化县则在 2002～2007 年分别被评为"国家级生态示范区"，这些称号是对衢州市、县各级政府和人民多年以来为生态环境保护所做工作的高度肯定和赞扬。衢州市委、市政府长期以来十分重视制定和实施相关的政策法规推进生态文明建设，多次组织专家学者进行实地考察调研，并且结合当地实际和调研情况提出了一系列关于环境保护的建议和对策。长期以来，衢州形成的各级领导单位、企业、市民、村民等广泛参与的生态保护行动团体，极大地促进了"生态文明之路"建设并取得了长足的发展。

衢州在经济发展过程中，找准自身定位，以"绿色衢州"的生态思想发展经济，大力促进生态经济转型，积极贯彻党的十八大

"生态文明"的路线，牢牢把握住自身的绿色生态优势，坚定不移地走绿色生态文明之路。生态文明是人类认识和遵循自然客观规律的体现，生态保护作为生态文明的具体实践，主要建立在人类对自然环境知识客观的认识和理性的考虑基础之上，旨在促进人与自然和谐共处，实现人类社会与自然生态系统之间的良性循环，寻求共同的发展。生态文明是继工业文明之后与人类发展相适应的一种新的文明形态，其理念也是伴随着人们对生态系统的不断认识和全球环境不断的变化而逐步形成的。衢州生态环境保护是深厚人文精神和关怀的体现，遵循了生态学的原理和发展规律，更重要的是，在这个特殊的历史时期，衢州加大对环境保护的力度，深刻展现着伟大的时代精神。

（一）衢州生态环境保护体现着深厚的人文精神和关怀

衢州"生态文明"建设对环境保护的高度重视和具体的实施措施体现了深厚的人文精神和关怀，是尊重自然、爱护自然的一种具体表现。这种对自然的人文关怀思想来源于人类对自身的关注扩展至自然界，关心自然界中的其他生物，不再把自然看作异于人之外的存在物、纯然外化的物质世界，而是把人自身置于自然当中，与其共生共荣，和自然融为一体。这种将自然与人统一起来的思想可以看作人的伦理精神的升华，因为它改变了人们看待自然的方式，将自然与人的地位平等起来并且能够对自然施与关怀，珍惜大自然对人类的馈赠，爱护人和其他生物共同栖息的美丽家园。

目前，人们了解到的有关环境保护方面的知识大多来自生态学以及相关学科，或来源于人自身最直观的环境体验，如气候变化、污染、生态破坏等现象。生态学作为系统科学知识出现的历史并不算长，但人类对于自然本身的看法古已有之。我国古代就有思想家提出过一些朴素的对自然的看法，表现出了他们对于自然环境的关心和敬畏。而实际上这些思想当中已经包含了许多类似当今生态系统整体论思想的雏形。例如，我国古代思想家老子就提出过人应当尊重自然、顺应自然、与自然融为一体的思想。老子认为事物应当"顺其自然"，对于自然要"无为而不为"。老子所讲的自然不仅仅指自然界的事物，更主要是指自然界所运行的规律和法则，即"自然之道"。他认为万事万物的发展和变化都离不开"道"，遵循事物潜在所蕴含的"道"才能发展事物。在《道德经》第二十五章中他这样写道："人法地，地法天，天法道，道法自然。"这说明"道"才是万事万物运行的规律，人应当顺应"道"，而不可违逆"道"来行事，违反"道"就会招致不好的结果。"道"统辖着自然界的万事万物的发展和变化，它不以人的意志为转移并且恒久存在。那么，人们究竟如何遵循"道"？老子认为，遵循"道"具体的做法就是"无为"，即不要对自然的事物施加过分的行为，要"自然而然""无为而不为"，即不对自然施加"自然"以外的行为，要顺应万事万物的自然发展规律，顺应其自然的天性。老子"自然之道"思想对于我们今天生态环境保护有一定的借鉴价值，主要体现在人类对于大自然应当持有敬畏的态度，不能够对大自然以及每一种生物滥用、破坏或无度地攫取，因为破坏大自然本性的同时，也会损害人的本性。

而做到这一切的最高境界就是老子所讲求的"天人合一"的思想。人与自然合而为一、协调共进，朝向共同的目的，追求"天道"与"人道"统一，万物顺畅通达共同发展。结合衢州的生态文明建设来看，"美丽乡村"的规划和建设就体现了"天人合一"的思想。首先，以保护生态环境为出发点，改善农村污水、垃圾处理方式，达到了维护生态和洁净人居环境的双重目标。其次，"美丽乡村"的规划结合当地特色，并非刻意的人工造景，而是符合自然的，充分考虑到每个村的实际情况，形成了"一村一景"的特色村庄，人居环境得到了美化和提升，人们生活在田园风光当中。最后，以休闲旅游为主的"农家乐"项目无污染，经营模式绿色环保，将农民的经济利益与自然的目的合二为一，实现了农村生态致富。干净、整洁、美丽的人居环境使人生活惬意自如，使人进入陶渊明"采菊东篱下，悠然见南山"诗句中所描绘的美好意境。除上述几点之外，"天人合一"的思想中还包含了生态平衡的看法，为当今的自然保护提供了一些重要的理论根据。《庄子·秋水》中讲"以道观之，物无贵贱"，这就是说，在"道"的统御下，万物皆平等，自然界的一草一木都具有平等的地位。从生态保护角度来讲，人不能危害自然，而应当竭力保护人类赖以生存的自然，自然应当得到重视和尊重。"美丽乡村"的规划和实施成功展现了人们在开发和利用自然的过程中已经越来越重视自然的价值和平等的地位，形成了人与自然互惠的文明形态。

除道家文化提过关于人顺应自然规律的观点之外，儒家也有类似的思想。其中，荀子就是具有代表性的一位，他直接把"天"解释为自然界，他提出自然界的起源是"天地合而万物生，阴阳接而变化起"（《礼论》），说明自然界的生成发展是天地阴阳变化的结果。另外，荀子认为自然界有它自己的规律，"天有常道矣，地有常数矣"（《天论》）。"常道""常数"正是表明自然界的运动变化有其客观必然性。荀子主张人们应当正确认识自然界的功用，使自然为人类服务。他说："圣人清其天君，正其天官，备其天养，顺其天政，养其天情，以全其天功，如是，则知其所为，知其所不为矣。"（《天论》）这就是说，人能够正确运用自然所赋予人的职能，正确对待自然规律，充分发挥自然的功用，就能够使天地万物为人服务，人就成为自然界的主人。[①] 在这里，荀子所提出的人要成为自然界的主人这一思想，如果用当代生态伦理学的一些观点来看，可能会被认为人与

①　任继愈主编《中国哲学史》（第一册），人民出版社，1964，第210~214页。

自然界的物存在层级关系，类似于当代西方的人类中心主义观点，即人类是整个自然界的主宰者，其他自然界的物都是为人服务的，并为人无偿提供资源。现代的很多环境保护观点对此持反对意见，普遍认为人与自然平等，具有同等价值。荀子所处年代和科技发展水平，使得他提出人是自然界的主人这一观点，但这并不为过，因为他最终所强调的还是自然界拥有自己的发展规律，只有对这些规律加以正确的认识和合理的运用，才能够使自然更好地服务于人。他的思想还是以珍惜保护自然为基础，从当时具体的社会发展状况来讲，荀子的思想具有时代进步性，因为他看到了自然界自行变化的运行规律，并提醒人们要尊重这种规律。

到了汉代，思想家王充也提出过一些对自然的看法。不同的是，他认为万事万物都由元气构成。自然界万物种类的多样性，是由于禀受元气的厚薄精粗而产生了不同。万物"因气而生，种类相产"（《论衡·物势》），这是说，由于自然界的万物都是元气构成的，元气生生不息，不断地变化发展，因此认识元气变化的规律是很重要的。因此，王充提出必须"达物气之理"（《论衡·变动》），物气之理实际上就是指自然界自身变化的规律。除此以外，王充还认为人也是自然界的一部分，人和万物一样，也是禀受天地元气而成。他说："……然则人生于天地也，犹鱼之于渊，虮虱之于人也，因气而生，种类相产。"①（《论衡·物势》）与老子、荀子一样，王充同样肯定了自然规律的重要性，不同的是他认为万事万物都由"气"构成。从以上的分析可以看出，儒家对于自然的认识大多都围绕自然所运行的法则来展开，提倡人与自然的平等共存。在追溯这些思想之后，不难发现儒家为自然保护所作出的论证在不同时期产生过不同程度的积极影响。让人不禁联想到的是衢州进行生态文明建设其绿色发

①　任继愈主编《中国哲学史》（第二册），人民出版社，1964，第116～118页。

展环保理念和儒家思想的联系，时代的变迁并未改变生活在这片土地上人们的共同追求。衢州乃南孔故乡，人们更加注重文化对于生态保护所奠定的深厚理论基础，以传承中国儒家传统文化为己任，将古代思想与现代理念完美结合，尊重自然、保护环境、热爱生命。

除道家和儒家之外，作为中国传统思想的另一个重要来源，佛教的思想中也蕴含了丰富的保护生命和生态的思想。首先，佛教教义中讲求众生平等，即具有生命的事物都应当被尊重，它们具有平等的权利。众生可以有"有情众生"和"无情众生"之分，但无论是哪一种，都应当一视同仁，因为佛教并不认为一草一木、山川河流没有像人一样的意识，就可以随意破坏，而是认为这些花草树木同人一样，共同属于大自然，具有平等的地位且应受到平等的对待，只要是有"生"的物都应当被珍惜和爱护。后来，作为佛教思想中的另一支禅宗更是强调"郁郁黄花无非般若，青青翠竹皆是法身"，说明了世间万物皆具有佛性。禅宗从具有佛性这个角度去说明平等地的生命个体，因为平等，所以不能够去破坏。值得一提的是，衢州生态保护就做到了对自然珍稀动植物的保护和水源的保护，平等地对待自然界的一草一木，保持了其境内珍稀树种的丰富、水质的优良、空气的洁净。其次，佛教教义中还有一些和保护自然有关的日常规范行为的戒律，诸如放生、素食、救济、爱护环境等，这些戒规也都为环境保护、尊重生命、爱护自然作出了一定的贡献。佛教思想对于自然生态的保护和生物多样性的维持提供了思想依据，具有积极进步的意义。除了上述这些思想以外，佛教思想中还有一些重要的观点说明了生态保护的重要性，如万事万物都有因果联系，所谓"缘起"就是说事物的存在和发生不是无缘无故，而是有因有果、相持相待。对于自然来说，如果人类合理利用大自然，与自然界和谐相处，人类必将获得好的报偿；而破坏自然，无节制地向自然索取，必将受到自然的惩罚，从而遭受一定的恶果。结合衢州生态保护实践来看，早些年由于对周围矿山无度地开发和利用，使其变得生产力低下或几乎无生产力而遭到废弃，植被破坏严重，生态循环严重受到干扰，自然界为人类的行为开出了罚单。为了挽救这种现状，这些年衢州在整治污染的行动中，特别加强了对矿山的治理，种植树木使其复绿，对开采矿山进行严格的管理。佛教用整体联系的眼光看待世间万事万物，即"天地与我同根，万物与我一体"的思想，这表明，佛教认为人与自然互相依持、共生共荣、协同发展，是有机而统一的整体。佛教教义中众生平等和生态整体论思想为生态环境保护提供了重要的思想源泉。

从以上的分析中不难看出，中国古人很早就已经认识到人与自然之间相互依持的关系，从而推导出人只有尊重自然界，顺应自然发展的规律，才能与自然和谐发展的规律和结论。其实，不论是道家的自然观，还是儒家抑或是佛教对于自然的总体看法，它们对自然都怀有一种敬畏之情，都讲求人对自然的尊重，追求与自然的和谐共存和共同发展。不仅中国思想家们注意到人与自然这种独特而微妙的关系，对自然与人的关系有着深刻的看法，而且在西方的思想理论中，一些思想家也特别关注到了自然与人的关系。例如，当代生态伦理学界一位重要的思想家，为环保运动提供丰富思想来源的阿尔贝特·史怀泽就是其中一位。他所持有的核心观点是，我们（人类）对大自然应当怀有一种敬畏之情，"敬畏生命"就是他的主要思想。他提出每个生命都是值得被尊重和保护的，从生命的意义来讲，生命与生命之间都平等，没有高低贵贱之分。他通过对"善"和"恶"内容的具体分析得出："善是保持生命、促进生命，使可发展的生命实现其最高的价值，恶则是毁灭生命、伤害生命，压制生命的发展。这是必然的、普遍的、绝对的伦理原则。"这说明，只有当人类认可其他生命价值的时候，才可能建立起具有完备意义的伦理体系，这种生命的伦理也才能够得以完整。不仅人的生命具有价值，对人的生命应当给予尊重，而且对其他一切生物的生命都应当敬畏，它们的生命一样具有价值，与人平等，具有同样生命的权利。对于这一点，史怀泽说："原始的伦理产生于人类与其前辈和后裔的天然关系。然而，只要人一旦成为有思想的生命，他的'亲属'范围就扩大了。"结合衢州生态保护的实例来看，对钱江源的保护就是本着热爱自然、珍惜自然、合理使用自然的思想，对森林中的树木、湿地、鸟类、各种珍稀动植物——人类的"亲属"都进行了保护，体现了敬畏生命的伦理原则。

除了史怀泽之外，美国生态中心论学者霍尔姆斯·罗尔斯顿也是众多倡导生态保护运动的思想家中的一位，他为生态环境的保护作出了重要的思想理论贡献。他对生态系统所具有的整体的价值作出了详细的论证。使他得到启发并为自然论证的原因有很多，但有一点是不可忽视的，就是思想家们在环境不断遭到破坏、污染日益严重过程中的时代责任感，罗尔斯顿就是其中一位。在他的重要著作《环境伦理学》的扉页上首先可以看到法国大文豪维克多·雨果的这样一段话，深情地表述了文人对于人与自然关系的文明的看法："在人与动物、花草及所有造物的关系中，存在着一种完整而伟大的伦理，这种伦理虽然尚未被人发现，但它最终将会被人们所认识，并成为人类伦理的延伸和补充……毫无疑问，使人与人的关系文明化是头等大事。一个人必须首先做到这一点，人类的精神护法为了确保这一点而暂时忽略了对其他存在物的关心，这是无可非议的。这项工作已取得了明显的进展，可以说是苟日新，日日新。但是，使人与自然的关系文明化也是必不可少的。在这方面，所有的工作都有待我们从头做起。"

从以上这番话中，不难看出的是文人对于自然关切的态度和深沉的情感，并且这种情感丝毫不逊于生态学家。雨果认为自然必将与人之间有一种文明关系，这种文明是人类社会发展进程中不可或缺的，也将作为人类伦理的完善而存在，高度肯定了自然界中万物对于人的重要意义和价值。后来的环境伦理就是本着这样一种精神发展起来的。环境伦理是与环境保护有关的各种行为规范、内心信念和价值取向的总和，是人们的价值观的一部分，这种价值观既体现在人的生活方式（特别是消费方式）和行为倾向之中，渗透在人们关于人与自然的关系的价值预设之中，也表现在人们关于如何处理人与自然的关系的集体决策之中。① 由此可见，环境保护实际上一直都是人类道德层面的问题。

同雨果一样，罗尔斯顿也感受到自己有责任去关注自然，他把这些思想都融入自己的著作中，去为自然作出论证，呼吁和提醒人们要爱护我们赖以生存的美好家园。罗尔斯顿在他的书中指出，人的生活依赖于自然生态系统，这个系统中的资源——土壤、空气、水、光合作用、气候——对人来说至关重要。正是在这个出发点上，他写道："我们所有和我们所是都是在自然环境中取得或发展起来的。文化的命运与自然的命运密不可分，恰如心灵与身体密不可分一样。因此，有必要把伦理学应用于环境。"② 罗尔斯顿已经深刻地感受到人和自然之间紧密的联系一直都是人类发展的必要条件。他认为，人对整个生态系统具有一种不可推卸的道德义务，这种义务建立在整个生态环境所具有的总体系统价值之上。一般而言，提倡保护生态环境的理论大多基于人对于自然有义务这样的信念，归纳起来主要有三种观点：第一种是大地伦理学，即认为人是自然界生态共同体中的一员，由此人对共同体负有直接的义务；第二种是深层生态学理论，即强调人与自然是生物学意义上的整体，二者都具有内在价值，而人关心自然是人的自我实现的重要组成部分；第三种是罗尔斯顿的自然价值

---

① 甘绍平、余涌主编《应用伦理学教程》，中国社会科学出版社，2008，第191页。

② 〔美〕霍尔姆斯·罗尔斯顿：《环境伦理学》，杨通进译，中国社会科学出版社，2000，第1页。

论，这种理论认为自然生态系统拥有内在价值，且这种内在价值是客观的，不能够还原为人的主观偏好。从这个出发点来看，罗尔斯顿认为，人应当保护生命、创造性、生物共同体这些价值，从价值中推导出人类的义务。但实际上无论从哪一种理论来看，不难发现的是，人们已经越来越清醒地认识到人对自然所负有的一种不可推卸的义务，不论这种义务的来源是人对自然负有义务，还是在人自我实现的意义上，或是自然具有其内在价值。

因此，罗尔斯顿就特别强调在生态系统层面上它所具有的价值不是工具价值，也不是内在价值，而是系统价值，并且这种价值充满整个生态系统。实际上，自 20 世纪以来，随着对自然演进变化关注的增多，人们越来越多地认识到人对自然有着不可推卸的义务。正是在这个时候，有关生态环境保护的观念也随着全球自然环境污染日益严重以及生态环境不断恶化的现实而建立起来，生态学理论的起步和发展伴随着现实的变化逐步开始了对生态系统概念的清晰认识。从以上分析来看，衢州对生态环境的保护同时符合了中国传统的和当代西方的生态伦理思想，体现了博大精深的人文关怀精神和衢州人民强烈的社会责任感。

（二）衢州生态环境保护符合生态学发展的基本规律

生态系统是一个较为广泛的概念，它主要强调自然环境中不同生物之间的相互关系。生态系统是一个复杂而有序的层级系统，它所具有的这些特点要求处在整体中的不同生物的种类、数量、存活状态应当和谐统一，它们之间相互依赖、相互作用，形成统一的整体，并且具有平衡的生存样态，能够在共同体发展的同时使个体也得到正常发展。生态系统概念的形成随着生态学学科的发展经历了不同时期。英国生态学家坦斯列（A. G. Tansley）于 1935 年最先提出生态系统的概念，他认为"只有我们从根本上认识有机体不能与它们的环境分开，而与它们的环境形成一个自然生态系统，它们才会引起我们的重视"。到了1800年代末，美国、欧洲、俄罗斯几乎同时出现了对生态系统相对一致肯定的定义，从而生态学家们对生态系统的保护渐渐达成了一定的共识。也就是说，在20世纪上半叶，人们已经开始认识到生态系统是一个复杂而多样的生物共同体结构，也意识到人类维护生态平衡的重要性。由于生态系统中各物种具有统一、平衡、协同发展等的特点，人类作为生态系统中的一个部分，绝不能够只顾自身的发展而忽略或是损害系统中其他部分的利益。对自然生态系统的破坏，必将阻滞人类自身的发展和进步。随后，大多数国家的环保意识随着生态环境遭到不同程度的破坏并给人类带来危机的现实有所增强，纷纷采取了一系列保护全球生态环境的措施并展开相关的生态学研究。

　　我国也十分重视生态环境的保护，近些年积极开展了一系列的生态保护行动并且取得了一定的成效。到了2012年，中共十八大报告正式将生态文明作为我国新时期发展的路线，指出了生态之路对我国长远发展的重要性。报告中指出："我们一定要更加自觉地珍爱自然，更加积极地保护生态，努力走向社会主义生态文明新时代。"报告中明确提出我国要走生态可持续路线，并且社会的发展要与生态环境相适应、相和谐。对此，衢州积极贯彻党的十八大提出的"生态文明"之路的精神，在近几年已有的生态保护项目实施的基础之上，分别对林业、农业、矿业等方面进行重点开发和保护，并对水污染、大气污染、固体废料污染物作出了综合治理，尽可能将污染控制在源头，防止进一步扩散和分流。在开展科学有效的环境监测评估系统建设的同时，还提升了对污染环境因素、自然灾害预警预测的能力，针对灾害的类型和特点制定了一系列应急处置措施，试图将破坏生态环境的威胁降低在可控范围之内，而对已经产生的污染则进行合理的整治和生态恢复。

在生态保护的理论中，特别强调生态多样性的重要性，生物物种的繁殖进化、基因传递有赖于生物物种的多样性，对于人而言，生态多样性除具有生态价值外，更具有经济价值，自然馈赠给人类的丰富资源就是生态多样性的体现。生态多样性是人类以及自然界生存所必需的，随着人们对生态环境认识的逐步加深，人们也愈来愈意识到对于物种本身的保护已经远远不够，还需要对珍稀野生动植物的栖息地进行重点保护。结合衢州对于森林资源的保护来讲，在整个保护过程中，涉及珍稀动植物、水源、湿地等，对野生动植物以及它们的栖息地施与了同样的保护。这是因为保持生物种类的多样，维持环境效力的生态系统在人类的生活中扮演着重要的角色，它为人们提供洁净的水源、防止洪涝灾害、满足人们的休闲娱乐的需求、防治病虫害以及对气候形成影响等。一言以蔽之，生态环境保护的目的就是保持生物物种多样性，使自然免受人为的破坏，进而影响到人类正常的生产生活，同时也使生态环境得到良性的发展，为人和其他生物的栖居提供和创造适宜的自然条件和物质环境。衢州除了对森林资源、水资源大力保护之外，也开展了生物物种资源调查和生物物种多样性评价，旨在做好转基因生物、外来物种和病原微生物的环境安全管理，将生态保护工作尽可能做到细致周密。

多年以来，衢州市致力于建设生态旅游城市，在旅游资源开发和利用的过程当中，特别重视生态环境的保护，这些努力和工作都是对自然界生态物种和生态系统自然规律的尊重。衢州各级领导、企事业单位对生态环境的保护实行的一系列保护措施，为保持生态多样性、维护自然和人文环境做出了巨大努力。

（三）衢州生态环境保护展现了伟大的时代精神

"生态文明"已经成为我们这个时代发展的主流趋势之一，世界各环境组织和部门都在不遗余力地实行拯救地球的计划，制定出了许多相关的法律法规，保护人类赖以生存的家园，为了使环境保护高效、整体性强、环境政策具备兼容性，世界各地不同国家之间逐步形成了相互监督、相互制约、相互合作的趋势，因为地球的保护需要全世界人民共同为之努力。在这个具有划时代意义的历史时期，我党十八大提出的生态文明的路线方针就是要求各地在发展经济的同时一定要考虑到对环境的保护和对污染的妥善治理。

衢州市政府和人民在治污和防污方面做了很多努力和工作，并且正在通过一些技术干预手段来防治污染。然而，生态环境保护不仅仅在于技术层面，这远远是不够的，还需要运用法律、道德、经济等手段来促进，以便取得更好的成效。自然环境保护更多地还需要人们拥有对自然的道德意识，自主自觉地去履行对自然的道德义务。衢州市在开发自然保护区的过程中，衢州市委宣传部非常重视并且做足了对生态环境保护的宣传工作，通过一系列的文化宣传活动，将文化生活和生态保护相结合，使每个人在为环境保护付出努力的同时共同传递十八大"生态文明"的伟大时代精神。道德思想活动的推进极大地调动了人们的积极性，如在普通群众当中评选"最美"群体，从普通人中发现"最美"典型，来激发人们的主人翁环保意识，让每一个衢州人感觉到维护衢州的自然生态环境是自己应尽的义务，并为自己所营造的生态家园而感到自豪。这一系列的活动旨在通过将"环境善"与"道德善"相结合，从而达到自然与生态的和谐之美。通过评选"最美衢州人"的公益活动，树立"真、善、美"相统一的价值体系，美丽的山水风光、美丽的乡村、美丽的衢州人，善寓于美、美彰显善，衢州的环境美与衢州的道德善相得益彰。

除了在基层广泛开展生态保护宣传之外，衢州还邀请专家学者广泛开展了多次高水平的研讨，为衢州的环保方案进行反复论证并且提供相关的理论指导。专家学者们纷纷从各个不同角度给予了环境保护方面的论证，大部分专家学者都认为环境保护始终是放在第一位的并作出了多方面、多角度的论述。例如，中国生态文明研究与促进会交流与合作部主任胡勘平在谈到开化打造国家东部公园时的建议中特别提出有两个重点：一是保护放在第一位，坚持"在保护中发展、在发展中保护"的理念；二是在保护中找准自己的特色和优势，找准定位，采取项目拉动的形式加快发展。这表明，专家们认为，开化在打造国家东部公园时，应以保护为前提，充分强调了开化发展过程中要重视对自然环境的尊重和爱护。而这一切都符合时代发展的主流价值观，贴近广大人民群众的利益。

总而言之，衢州走绿色生态文明之路，既结合了自身的生态区位特征，又符合了现代的发展观，充分客观地运用生态学理论进行规划建设，保护生态环境的同时还具备了丰富的人文情怀。

二 生态环境保护：生态衢州，人居福地

衢州 2008 年被建设部评为"国家园林城市"，其市、县域内自然环境优美、水质优良、空气质量好，适宜动植物栖息和人类居住，是"宜居、宜业、宜游"的理想城市。良好的生态环境促进着人们的利益，人们在这里安居乐业，已经有越来越多的企业入驻衢州，如年年红红木家具企业、旺旺集团等一批优秀的企业为衢州的发展事业增砖添瓦。衢州成为名副其实的生态人文城市，这与当地政府和人民的共同努力是分不开的。近年来，衢州市共创建了全国环境优美乡镇 25 个、省级生态乡镇 57 个、省级绿化示范村 46 个、市级绿化示范村 138 个和森林生态示范村 44 个，成功地为人民打造了绿色生态家园，转变了经济增长方式，切实提升了人民的生活质量；累计建成生态公益林 270.92 万亩，森林覆盖率达到 71.5%；创建合格饮用水源保护区 17 个；累计完成清水河道整治 1309.76 公里；累计完成水土流失治理面积 641.73 平方公里；除获得国家建设部"国家园林城

市"称号外，衢州市还被水利部命名为"全国水土保持生态环境建设示范城市"。毫无疑问，衢州在生态保护方面所做的努力是卓著的，也是具有时代前瞻性的，通过长期的努力和建设，衢州具有了一定的绿色竞争优势，并在绿色竞争优势的引领下获得了长足发展。这些都建立在对森林资源的保护利用、具有特色的美丽乡村建设以及对废旧矿山进行整治和复绿等一系列生态保护措施的基础之上，通过政策的实施，生态环境大大改善，衢州成为名副其实的"生态衢州，人居福地"。

（一）林业：森林衢州[①]　浙江绿源

钱江源位于开化县境内，是浙江母亲河钱塘江的源头，其优质的水源和得天独厚的自然植被给周围生活的人们提供了优质的生态生活保障。开化县境内地表水水质常年达Ⅰ、Ⅱ类水标准，出境断面水质280天以上保持在Ⅰ类水标准。衢州对钱塘江上游森林有效的保护最大程度上保证了优质的水源和湿地生态系统的良性发展。湿地生态系统在整个水循环中起着非常重要的作用，它是自然或人工形成的成片浅水沼泽区域，湿地草根层和泥炭层有很强的持水能力，相当于巨大的持水库，大大加强了对森林和水资源的循环保护。衢州为了建设生态保护屏障，除了对自然保护区和重要生态功能保护区进行建设管理外，更加强了对河流湿地、湖泊湿地等重要湿地的保护，有效遏制了湿地面积萎缩和功能退化趋势。

衢州地处亚热带季风气候区，境内山川河流密布，雨量丰沛，动植物种类繁多，生态系统保持良好。开化县境内有古田山国家级自然保护区、钱江源国家森林公园，全县森林覆盖率达81%，生物多样性十分丰富。由于其特殊的地理位置，衢州的生态区位非常重要，动

---

① 参见《中共衢州市委　衢州市人民政府关于加快林业改革发展全面推进"森林衢州"建设的意见》（衢委发〔2010〕15号）。

植物繁多，鸟类品种丰富，山川秀美，历史上未曾遭到大面积工业污染，生态保持良好，具有绿色生态潜力。衢州市植被属中亚热带东部常绿阔叶林带。境内可分两个植被区：北部山区属于浙皖山丘青冈、苦槠林植被区；南部山区系浙闽山丘甜青、木荷植被区。由于受人类活动的影响，部分天然原生的植被已被次生植被和人工培育植被所取代。目前主要有以松、杉为主的针叶林，以甜槠、青冈、白雪、木荷为主的常绿阔叶林，毛竹、薪炭林；域内珍贵树种有银杏、水杉、苏铁、南方红豆杉、白豆杉、金钱松、鹅掌楸、连香树、杜仲、香果树、长序榆、闽楠、野大豆花楸木、毛江椿、长柄双花木、香樟、浙江楠、榉树、秃杉、喜树、福建柏、厚朴、山豆根、七子花、野大豆等，已列入国家级自然保护区 1 处，省级自然保护小区 27 处。经济林有油茶、板栗、柑橘、茶叶、柿等。系浙江木材、毛竹、柑橘、油茶、茶叶主要产区。[①] 1990 年，衢州市委、市政府作出了"五年消灭荒山，十年绿化衢州"的决定，全市人民通过 10 年的努力，植树造林近 100 万亩，封山育林 50 多万亩，2000 年实现了衢州大地基本绿化的目标。1999 年与 1989 年比较，全市林地面积增加 170 万亩，达到 883 万亩；森林覆盖率提高了 12 个百分点，达到了 66%；森林蓄积量净增 220 万立方米，达到 1286 万立方米。进入 21 世纪后，植树绿化转向了零星荒山、低丘缓坡、荒滩荒地，10 年来全市人工更新造林、封育改造疏林面积 60 多万亩。[②] 衢州森林的树种繁多，生物多样性丰富，保护森林对整个生态系统有重要的意义，这是因为：从生态学角度来讲，森林是生物圈中最大的初级生产者，在整个陆地生态系统中具有强大的生态效应，它具有涵养水源、保持水土、调节气候、增加雨量、防风固沙、保护农田、净化空气、防治污染、降低噪

---

① 百度百科，http://baike.baidu.com/view/7760.htm。
② 孙建国主编《生态文明之路——建设富裕生态屏障的衢州实践》，浙江人民出版社，2011，第 163 页。

声、美化大地、提供燃料、增加肥源等多种生态作用。森林是养护生物最重要的基地和生态屏障，因而保护森林不论是对动植物的生存繁衍还是对人的生活来说都有着极为重要的意义。除此之外，森林里丰厚的地层接受并保持水分，对于减缓干旱和洪涝灾害发挥着极其重要的生态作用。

衢州在原有基础上保护了森林资源和湿地外，对林业进行了进一步的发展，主要实施了碳汇工程，加快了大径材、珍贵用材林和速生丰产林基地建设，建设阔叶化改造和生物防火林带，从而增强森林的固碳能力。同时，也鼓励全社会造林增汇，加强碳汇林业的科技研究，加快碳汇计量、监测体系建设。林业良性有序发展，有效地增强了固碳和防灾减灾的能力。森林覆盖率不断提高，有效过滤净化空气，起到了调节气候的作用，衢州常年一直保持较好的空气质量，空气含氧量高，极大地提高了人们的生活质量和健康指数。

衢州在林业发展中所取得的成效，与制定的政策和方针密不可分。《衢州市"811"生态文明建设推进行动方案》制定了具体的生态环保与修复目标：森林覆盖率稳定在71%以上，平原区域林木覆盖率达到18%以上，力争50%以上的城市林木覆盖率达到30%以上，林木蓄积量达到2818万立方米；省级以上自然保护区面积占全市国土总面积比例达到1%；重要水域、湿地生态环境和生物资源得到有效保护和修复。到2015年，重点生态公益林占林业用地面积比例达36%以上，其中生态公益林优质林面积比重达到90%以上；林木蓄积量净增476万立方米以上，森林吸收二氧化碳新增550万吨以上。

衢州保护和发展林业，对于钱塘江上游的生态保护立足于对生态系统合理的理解和把握之上，以森林系统整体功能作为依托点，遵循自然生态系统的和谐统一、相互联系、协同演变、持续发展的自然规律，尊重自然，尊重生命。另外，在保护和发展林业方面，衢州实行分类管理、分区施策的原则，改善了原有的森林采伐管理模式，有效妥善地管护公益林，并简化了森林采伐管理制度，为森林的保护提供了重要保障。经过实验证明，良好经营采伐作业后的森林能够很好地涵养水源，并且大大减少无辜采伐以及木材的浪费。除上述之外，为更好地促进林业的发展，衢州也正在进一步强化野生动植物野外监管来保护生物多样性，从管理方面进行突破，全方位地为生态保护提供保障。

总体而言，衢州对于钱塘江上游的保护为生态文明建设建立了良好的生态基础，充分利用了森林生态系统的优势，铸就了美丽的"森林衢州，浙江绿源"。

（二）新农村建设：美丽乡村　生态家园

近些年，各地各村都在抓紧新农村建设，对农村的"房舍、设施、环境、风尚"进行广泛的改造。建设主要针对农村基础设施不完善，农业生产生活垃圾处理粗放，人居环境未得到整体规划和建设等问题。为了有效地解决农村的生态环境问题，衢州在 2011～2015 年实施"美丽乡村"建设计划，计划实施的主要目的是改变农民以往传统的农村生产和生活模式。具体地讲，就是在生活上以创造良好的人居生态环境为目标，打造美丽的生态家园，提高农村的生活环境质量。在生产上，改进传统的运作模式，发展现代化农业。最终建设一批"宜居、宜业、宜游"的"美丽乡村"。"美丽乡村"的建立立足于对广大农民群众利益的考虑之上，帮助农民从传统产业向现代农业进行转变，并且通过规划合理的路网、水网、电网、环卫、防洪减灾等基础设施建设，为农民的生活提供便利。所有这一系列的规划和建设都建立在生态保护、绿色衢州的发展理念之上。

2012 年，为了加快社会主义新农村的建设，衢州以"四级联创"为载体，形成了市、县、乡、村、户为主要单位的政策层级，层层落实"美丽乡村"的建设工作。根据村庄不同的发展现状进行完善、修建，先将村庄的发展形式予以合理定位，如集聚发展村、规划保留村、搬迁撤并村、保护开发村等布局规划。开展了中心村建设和农村房屋改造，将农村土地综合整治与农村新社区建设相结合，整合闲置、废弃、私搭乱建住宅。2012 年，全市共完成农村住房改造建设29106 户，其中农村困难家庭危房改造 16480 户。形成了一批诸如龙游晨东小区、开化东城小区、衢江后山小区等生态优美、设施齐全、环境整洁、管理规范、特色鲜明的新型社区。为了进一步利用农村森林景观、田园风光和乡村文化等资源，柯城区还积极开展了"油菜花文化观光节""葡萄文化节"等农业观光活动。衢江区初步形成了黄坛口—药王山—天脊龙门的黄金旅游线、廿里—湖南—乌溪江的生态旅游线、云溪—莲花的现代农业观光线和樟潭—全旺—大洲的历史文化生态线。以旅游推动"美丽乡村"的发展，以"美丽乡村"吸引旅游。在人与自然的协调发展的基础之上，竭力完善村庄的建设，农村建造的住房、基础设施等与自然生态相结合，按照"一村一景"的要求，充分展示了村庄的个性和魅力，体现区域特色文化。

为了改善农村生活环境，创造"整洁、卫生、便捷"的生活条件，凸显"村容整洁环境美"，衢州对农村生产生活垃圾、污水的处理进行污染整治，已有 879 个行政村开展了"门前三包、集中分拣、综合利用、无害化处理"模式的农村垃圾处理工作，已经采用新处理模式的村占到了行政村总数的 1/3 以上，还通过到户收集、综合处理分拣的方式，明显改善了垃圾污染环境状况。农户的畜禽养殖方式也得到进一步改善，妥善处理畜禽养殖废水、病死畜禽。减少农田化肥、农药施用量，清理河道使其畅通，治理山塘水库养殖污染，在村庄发展乔木和乡土、珍贵树种，形成道路与河道旁乔木林带、村庄周围的护村林、房前屋后果木林、公园绿地休憩林。通过建设的推进，良好地保护了农村的植被、水源和环境，同时也体现出市民、村民日益增强的节能环保的意识，共同创造具有田园风光、生态宜居的

"美丽乡村"的愿望和所做的努力。衢州建设"生态人居"的重点在于科学合理的规划和布局，主要对于规划要发展的村进行重点培育，对精品村进行沿路、沿河、沿线、沿景区的景观带打造，发挥自身优势，确保农民住房有序建造，建设环保节能、设计风格协调有致、用地节约的新农村。

在建设特色上，各村结合自己的文化特点，建设出了别具一格的"美丽乡村"。例如，龙游县结合自身的特色，创建的北部"十里荷花、万亩富硒"生态农业观光线和南部灵山江流域浙江大竹海环现代农业综合区，体现出龙游"竹、茶、荷、居"的文化和山水特色，创建活动充分调动起了农民的参与积极性，农民通过在"美丽乡村"中经营村庄，实现了增收致富、安居乐业。而农民经营村庄的模式也日渐多样，致富模式也越来越多元化，农民可以从事"农家乐"、养殖业等多种行业增产创收。通过实施"美丽乡村"计划，对农村环境进行改造，农民生活环境整洁，公共设施也更加便利，农村生态产业得到了发展，在粮食生产和现代农业园区的基础之上，还实现了农业资源的节约和循环利用，在发展的基础上实现了农民的增产致富。

"美丽乡村"的开发和建设，在方便农户生活的同时，还体现着一种人文关怀的精神风貌，因为整个建设和实施过程都以农民日常生产生活为出发点，切实考虑到了农民自身的利益，打造美丽的生态家园，让农民真正安居乐业。值得一提的是，衢州在建设新农村的同时，还特别注意历史文化村落的保护，例如，江山市按产业化发展的思路，先后实施了清漾毛氏文化村、廿八都古镇、大陈特色文化村等历史文化村的保护和旅游开发建设，让新村建设项目尽量与古建筑保持协调统一。实现开发建设以民为本、尊重历史、继承传统，在保护的基础上进行开发和治理。

总的说来，通过衢州各地各部门积极制定发展规划、建设重点项目、财政扶持资金、文化部门大力宣传，"美丽乡村"的建设家喻户晓、深入人心，"美丽乡村"的建设在改善村民居住环境的基础之上，促进了农民增产致富，提升了农民的生活质量，形成了充满活力的农村新面貌，实现了人与自然的和谐相处。

（三）矿业：大力开发和修复矿山

矿产资源是重要的自然资源，它是社会生产发展重要的物质基础，但矿产具有不可再生性，使得其保护和开发利用显得尤为重要。矿产资源经过地质成矿作用而形成，往往需要数千年或是数亿年的变化才能够形成，所以矿产资源应当合理有序地开采，对于乱采滥挖的行为应当予以抵制，才能够有效保护矿区的生态环境，尽量降低开采过程中对矿山形成的破坏。

矿山作为自然环境的一部分，衢州在整个生态保护的过程中予以高度的重视，积极促进矿山的开发和整治。市辖域内矿山非金属矿产资源种类丰富，尤其是石灰岩、石煤、砖瓦用黏土（页岩）产量颇丰。但是，20世纪以来的无序开采遗留下来大批的废弃矿山，这些废弃矿山在不同程度上对自然生态环境、生态景观造成了一定的破坏，很多矿山的生态系统都遭到了不同程度的破坏，绿色植被数量大大减少，致使周围自然环境恶化，物种急剧减少。衢州为了改善矿山的生态环境，制订了《衢州市"811"生态文明建设推进行动方案》，目标指出：新增治理水土流失面积300平方公里，需治理与修复的废弃矿山治理率达到98%以上，农村生态葬法覆盖率达到85%以上。

衢州为保护矿山的自然生态环境，实施了"百矿示范　千矿整治"活动，根据目标要求，经过一段时间的治理，整治活动取得了一定的成效，"十五"期间，通过治理废弃矿山，新增建设用地307亩，林地、园地188亩。对仍然具备自然复绿功能的废矿山，采取塘底复土恢复植被的措施，对露天开采矿山边坡进行整治和复垦。经过几年的努力，已经有许多矿山绿色植被得到了恢复，这些被恢复的矿山目前都发展良好，如开化县金星石料场、桐村石煤矿、灰埠石煤矿，江山虎山北矿，衢江上方西山根石矿、失母湾石矿等都已基本恢复了矿山自然生态环境。到 2015 年全市符合创建条件的生产经营性矿山 60% 以上要建成绿色矿山。

衢州通过对矿山的生态恢复，增加绿色植被，有效地促进了矿山以及周围生态物质循环。通过对森林、湿地的保护和建设，增加了碳汇，净化了衢州的空气，保持了生物多样性，"美丽乡村"的建设深入挖掘了农村的潜在自然和人文双重价值，以农民实际利益为出发点，生态环境得到了平衡发展，具有历史文化特色的村落也得到了相应的保护，整合了乡村的各种优势资源。生态环境的保护是多方面的，除了对林业、人居环境、矿山等采取保护措施之外，对污染的防治也能够有效地保护环境。

三　衢州的环境污染防治

实践证明，在人类干预下对自然资源进行管理与重建是生态保护中关键的一环。例如，生态恢复和重建能够对已经受损害生态系统恢复作出努力以及对现有生态系统作出相应的改善。整治污染是减少生态破坏最直接的干预形式之一，因为无论在城市，还是在乡村，污染问题都是威胁生态环境的重要因素之一。

环境污染是当今不同国家共同面临的重大挑战，它所形成的危害已经辐射到了地球范围内的绝大多数区域，人们已经遭受了和正在遭受着不同程度的污染所带来的危害。对人类产生影响的污染主要有大气污染、水污染、固体废料污染等，环境的污染使人类的身体健康状况直接受到损害，珍稀物种濒临灭亡，动植物也遭受到生存环境恶化所带来的危害。追溯人类环境污染的历史，与人类自身漫长的发展历史相比，时间并不算长，但就在这短短的时间内，地球正在遭受着前所未有的环境破坏和污染。在全球范围内，人类先后经历了不同阶段的环境污染问题，在近 100 年的工业化发展过程当中，污染物也从最初的粪便（1900 年）转为分解降解难度大的化学污染物，污染问题已逐渐威胁到了全球生物生存生活环境。1940 年时，污染物以微生物、耗氧有机物为主。大约到了 1980 年时，污染物大致由二氧化硫、颗粒物、光化学烟雾、垃圾、酸雨、重金属组成。2000 年及以后，污染物主要为温室气体、黑碳、有机金属污染物、持久性有机物、核废料、工业危险废弃物等。由此可见，从 1900 年至 2000 年短短的 100 年当中，人类的污染物已经发生了质的变化，污染物的种类也变得越来越复杂，而且对人生存生活所构成的环境威胁也在日益加剧。基于这样的事实，生态环境保护和污染治理迫在眉睫。如果不对污染进行控制和处理，全球生态系统的破坏，在一定程度上会阻滞社会的正常运行和发展。

20 世纪 50 年代末 60 年代初，环境污染的问题在发达国家陆续出现，人们对各种各样的污染问题逐渐开始觉醒，人类需要解决一系列实际的生态环境问题。后来，随着工业化程度的不断增加，环境污染物对大气、土壤、生物的危害日益严重，进而危害到人的身体健康。因而生态环境的保护就显得日益重要。西方生态学理论通常认为，1962 年由卡逊出版的《寂静的春天》标志着人类对于生态保护意识的觉醒。1972 年第一次人类环境会议在斯德哥尔摩召开，并通过了《人类环境宣言》。人类社会逐渐意识到需要一种与自然环境和谐相处的可持续发展模式。宣言指出，"保护和改善人类环境是关系到全世界各国人民的幸福和经济发展的重要问题"。当今各种环境保护条约、论坛、会议在全世界范围内广泛召开，共同商讨环境污染的相关重要议题，跨区、跨国家共同探讨环境保护的问题。

环境污染有害于人的生命，会降低人们的生活质量，污染已经成为限制发展的重要因素。针对这些污染所带来的害处，衢州市环保部门对水污染、大气污染、固体废料污染实行了有效的防治，尤其是对重点区域、重点行业、重点企业的污染加大了整治力度。衢州对于污染的整治重点针对企业、城市、农村分块进行、分步实施，从而收到良好的效果。衢州由于其特殊的表现和清洁的市容市貌，2009年被全国爱卫会授予"国家卫生城市"称号。

（一）水污染治理：清洁水源①行动保护了生命之源

水是生命体存活所必备的条件之一，是地球表面分布最广和最重要的物质，也是自然界物质循环的重要推动者，没有水的循环，生态系统的养分循环就不可能进行。水是一切生命体的生命之源，长期参与生态系统的形成和发展过程，水分循环不仅能够调节气候，而且可以净化大气。从经济效用方面来看，淡水资源对生态系统有着非常重要的作用，表现在淡水资源是家庭和工业用水最便捷和廉价的来源，在人们的生活生产中起着重要的作用。淡水生态系统还能够提供廉价和方便的废物处理系统。

地球上的水资源，广义上是指水圈内水量的总体，水资源经人类的控制和利用可用于灌溉、发电、给水、航运、养殖等，它的来源主要有地下水、江河、湖泊、井、泉等。由于水资源分布不均和人们生活生产的需求不断增加，地球上许多地区都面临着水资源短缺或匮乏的困扰。水资源危机是人类面临的一项严重危机。我国淡水资源严重短缺，尤其是在西部干旱地区和一些人口密集的发达城市，人均需水量供给明显不足，加之一些化工企业和高污染行业将未经处理的污水直接排放到洁净的水体中致使其严重污染，从而使水资源的供

---

① 相关数据来源参见《衢州市人民政府办公室关于印发衢州市"清洁水源"等六个行动方案的通知》（衢政办发〔2011〕176号）以及《衢州市清洁水源行动方案》。

给更加紧张，矛盾更加突出。从全国整体的情况来看，水污染形势还是相对比较严峻，一些城市正在面临着"水荒"的危机。与其他同类城市相比，衢州地处我国南方，境内储水丰富，降雨丰沛，最大的优势是水质优良。衢州市河流大部分为钱塘江水系，市境属钱塘江水系的流域面积达 8332.6 平方公里，占市域面积的 94.2%，属长江水系的流域面积达 515.8 平方公里。钱塘江水系的常山港（上游称马金溪）与江山港汇合后称衢江，衢江干流长 81.5 公里，河道比降为0.47%。乌溪江是衢江的支流之一，境内流域面积 610 平方公里。全市有 40 多个饮水水源，分布于各大流域。全市多年平均水资源总量为 101.32 亿立方米，人均水资源量为 4039 立方米，是全省人均占有量的 2 倍。从数据上看，全市的水资源占有量具备一定的优势，发展潜力巨大。

衢州水资源储量丰富，饮用水质优良，水环境整体保持较好。为了继续保护好水资源生态系统，衢州环保及相关部门实施了清洁水源的行动方案，旨在防治水环境污染、改善水环境质量、保障群众饮水安全。首先，方案主要针对目前经济发展需水量不断增大和水资源相对短缺、分布不均、利用方式粗放形成的矛盾进行改造，对自然资源进行开发和利用的规划书中要求附有相应的环评报告，饮用水源保护区内已建的污染企业关停或搬迁，淘汰落后产能，鼓励清洁型、环境友好型产业项目发展。整治重点行业，涉及印染、造纸、化工、医药、制革、电镀、电池、食品八大水污染重点行业，以整治提升为主要手段，兼顾采用关、停、并、转、迁等综合措施。对企业全面实行排污许可制度，对排污量进行有力的控制。

其次，为消除工业、城镇生活、农业农村面源、河道内源、湖库富氧化、藻类异常增殖、工业排放等各类饮用水安全的污染威胁，也实行了一系列改善措施。

在治理城镇污水方面，全市所有建制镇基本实现污水处理设施全覆盖，新建、在建的城市污水处理厂要配套脱氮除磷设施，鼓励污水再生利用。城镇截污管网建设切实做到雨污分流，城镇污水处理设施及配套管网排放污水的排污单位，所排污水必须符合要求。发展生态农业，治理农村水环境，加强对畜禽养殖废水、病死畜禽的管理和处置，对养殖业进行标准化、规模化、生态化改造。积极推行生态养殖模式，保护水环境的生物多样性和水生态环境，例如，鼓励开展稻鱼共生、稻鱼轮作为主的生态种养模式。鼓励开发环保型、缓释型肥料，引导农民科学施肥，加强对化肥、农药污染的防治。对于农村生活污水，因地制宜，采取"纳入城镇管网"、"就地分片处理"和"湿地处理利用"等方式，建设农村生活污水处理设施。实施万里清水河道工程，在对主要湖泊、河道、平原河网进行清淤、疏浚、清障等综合治理的基础之上，不断向河道支流、池塘扩展，有效清除河道内源污染，通过治理，整治区域内的主要河道、沟塘基本功能得到有效恢复，河道黑臭现象基本消除，河沟池塘水面面积保持现有水平，基本恢复"水清、岸绿、流畅、景美"的自然景观。在码头配置船舶含油污水、垃圾的接收存储设施，健全接收、转运和处理机制，做到码头接收的船舶含有的污水、垃圾日收日清。对开发湖库旅游业进行了严格的控制，饮用水源一级保护区范围内，禁止从事旅游活动，已建的设施要限期拆除；二级保护区范围内，严格控制新上旅游开发项目，已建排放污染物的旅游设施要限期拆除或关闭。

最后，建设江河湖库源头水源涵养林和河道、湖滨、农田防护林等生态公益林，防止水土流失；严格控制河道采砂，保护河流、湖泊湿地，提高生物水陆交换能力；保护渔业资源和湖库环境，使野生鱼类自然繁衍；保护水生生物资源，促进水域生物群落组成稳定，恢复与保持水体自身净化调节功能。同时，加强对水源地的建设和保护，加强水质监测和污染事故防范预警，保障人民饮水安全。

（二）大气污染治理：清洁大气①保障了空气质量

大气污染是对大气物理状态产生的影响，大气物理状态的改变主要会引起气候的异常变化，这种变化有时很快就能够显现出来，有时则需要很长的时间才能够显现，而气候变化对人的影响是长期的，同样也是难以改变的。近些年，大气污染状况的加重已经严重危害到人的身体健康，尤其是在城市，大气污染已经成为城市发展的顽疾。

衢州市正处于工业化、城镇化推进时期，大气污染始终是较为严重和棘手的问题。随着人类工业化进程的加速，大气污染类型已从煤烟型污染转为复合型污染，酸雨仍然频发，各种有害化学污染物悬浮于空中极易形成灰霾天气，机动车尾气、城乡餐饮油烟、建筑工地扬尘、矿山开采都向大气排放污染物。这些都极大地降低了大气环境质量。例如，酸雨就已成为我国现阶段面临的严重的环境问题之一。在我国，酸雨面积大约占国土面积的40%，成为继欧洲和北美之后的第三大酸雨区。研究表明，仅在我国酸雨污染比较严重的地区，江苏、浙江、安徽等11个省（自治区），酸沉降引起的森林木材储蓄量减少和农作物减产所造成的直接经济损失每年分别高达44亿元和51亿元人民币，11个省（自治区）的年生态效益经济损失约为459亿元。②

根据以上这种现状，衢州市有针对性地推进了大气污染防治工作，对不同的行业进行了清洁治污改造，被改造的行业分别涉及钢铁、水泥、家具（玩具）制造、餐饮业、服装干洗业、清洁能源、集中供热、油气回收等多个行业，这些行业均属于大气污染的主要行业。在衢州整治大气污染的方案中，在城市，为了保证有洁净的空气

---

① 相关数据来源参见《衢州市人民政府办公室关于印发衢州市"清洁水源"等六个行动方案的通知》（衢政办发〔2011〕176号）以及《衢州市清洁空气行动方案》。

② 骆世明：《农业生态学》，中国农业出版社，2011，第169页。

和蓝天，设置了高污染燃料的禁燃区，实现尽量以清洁能源代替燃煤锅炉，预计 2015 年衢州市区使用清洁能源在 70% 以上，各县（市）城区清洁能源使用率达到 50% 以上。另外，采取对工程施工工地洒水、覆盖，对车辆出工地冲洗等一系列减少沙尘的措施；对餐饮业的油烟排放净化装置进行彻底清洗，从而降低污染；对服装干洗业则限制使用封闭式干洗机，增加压缩机制冷回收系统，强制回收干洗溶剂；对废水垃圾进行导排、处理、利用和除臭等降低污染的步骤；增加更多绿化面积，用高压冲洗车给路面洒水，从而减少地面和道路扬尘。

《衢州市 "811" 生态文明建设推进行动方案》提出了 2011 年至 2015 年节能减排的目标，单位生产总值能耗、单位生产总值二氧化碳排放量、化学需氧量、氨氮、二氧化硫、氮氧化物排放总量完成省下达指标，铅、汞、铬、砷 4 种主要重金属污染排放量比 2009 年降低 5%，铁矿石烧结、炼钢、再生有色金属生产、废弃物焚烧等重点行业单位产量（处理量）二噁英排放强度比 2008 年削减 10%。

与城市大气污染整治不同的是，农村的大气污染整治主要以节约、环保、增收等为目的，即鼓励农作物秸秆的综合利用，禁止露天焚烧农作物废弃物，对各类炉窑灶排放的烟尘、粉尘等进行控制。减少农田化肥使用量，尽量将大气污染降低到最低水平。《衢州市 "811" 生态文明建设推进行动方案》指出，县以上城市环境空气质量年均浓度值达到或优于二级标准，城市空气质量达到二级标准天数比例大于 95%。另外，控制农业氨污染；要求矿山开采过程中的粉尘排放需符合国家制定的标准，对废弃的矿山进行环境治理和修复；加快绿化造林，增强森林的碳汇功能。通过整治，衢州的大气环境质量明显得到提升，生态功能得到有效恢复，人们生活的空气质量得到了保证。

（三）固体废料污染治理：清洁土壤①恢复了大地生机

固体废料污染直接影响土壤理化指标，同时也影响大气和水环境的质量。固体废料绝大部分来自企业生产废料，尤其是化工行业，这些废弃的工业残料和垃圾如果处理不当将直接危害到生物的生命以及生活健康，因而清理固体废料对环境的保护有极其重要的意义。地球最表层覆盖在岩石以上的部分被称作土壤。土壤具有许多的生态功能，如土壤是生物赖以生存的生活空间，它在调节各种生态循环中扮演着重要角色，它可作为物质的储存、过滤、缓冲以及转化的场所。② 土壤也是农业生产环节中的必备条件之一，是人类赖以生存的物质基础之一，因此，保护土壤就是对人类以及动植物食物来源的保护，它是栖息在地球上生物的生命线。

在农业生产过程当中，工业源污染物对农业产生很多负面影响。从污染物的物质形态可分为废水污染、废气污染、废渣污染三种基本类型；从物质成分上看，工业污染和城市污染主要包括无机污染（如重金属污染、氮磷污染、酸性气体污染等）、有机污染（如 DDT、PCB、PCDD 等）、放射性污染（如某些电子垃圾）等几种类型。③ 这些污染对土壤能够产生不同程度的破坏，降低土壤生产能力。

为了提高土壤利用率，防止农业土壤环境进一步恶化，维持土壤系统的稳定性，衢州市开展了清洁土壤的行动方案。方案针对化工行业重金属和有机物污染对食品安全和人体健康所造成的威胁，具体采取了如下措施。

首先，对土壤污染源头进行综合整治，试图从源头切断污染，阻

---

① 相关数据来源参见《衢州市人民政府办公室关于印发衢州市"清洁水源"等六个行动方案的通知》（衢政办发〔2011〕176 号）以及《衢州市清洁土壤行动方案》。

② 〔德〕Konrad Martin，Joachim Sauerborn：《农业生态学》，高等教育出版社，马世铭、封克译，2011，第 73、74 页。

③ 骆世明：《农业生态学》，中国农业出版社，2011，第 179 页。

止污染的进一步扩散，从源头进行有力的监督和控制。尤其是对特殊污染行业进行治理，这些行业包括电镀、铅酸蓄电池、制革行业，对这些高污染行业进行同类整合。为了改善重金属排放企业的空间布局，对其进行强制性清洁生产审核与技术革新，实施再生有色金属生产、废弃物焚烧、铁矿石烧结、炼钢生产等重点行业二噁英[1]的减排，并且对二噁英污染实行专项审核，开展持久性有机污染物削减控制与无害化处置和环境修复工作，确定杀虫剂等持久性有机物污染源的优先治理目录。由于持久性有机污染物具有持久性、生物蓄积性、高毒性、半挥发性和长距离迁移性等特点，持久性有机污染物一旦通过各种途径进入生物体内就会在生物体内的脂肪组织、胚胎和肝脏等器官中积累下来，到一定程度后就会对生物体造成伤害。[2] 通过清洁治理，土壤污染指数明显下降。除此之外，为了更进一步降低工业废料对土壤的污染，还将医疗废物、化工、制药、印染、制革、造纸污泥进行无害化处理和相关处置，降低污染物的危害程度。在城市，尽量降低城市生活垃圾填埋比重。在农村，将垃圾处理和畜禽养殖方式进行生态化处理，施用一些高效低毒低残留农药，并对其进行推广使用，最大限度地降低固体废料对土壤所造成的污染。

其次，重金属污染能够对土壤造成严重危害，而且大多数重金属在土壤中都相对稳定，大量的重金属进入土壤后，会逐渐对土壤的理化性质、土壤生物特性和微生物群落结构产生不良影响，进而影响土壤生态结构和功能的稳定性。虽然某些重金属是植物生长的必需元素（如铜、锌），但无论是必需元素还是非必需元素，当重金属元素超过某一数值时，都会对植物产生一定的毒害作用，轻则使植物体的

---

① 二噁英属于持久性有机污染物，主要来源于石油化工工业与纸浆漂白工业中产生的副产物、汽车废气、医院废弃物和城市垃圾焚烧、香烟灰尘等。
② 骆世明：《农业生态学》，中国农业出版社，2011，第181页。

代谢过程发生紊乱，生长发育受阻，重则导致植物死亡。① 衢州市对土壤污染进行的监测和预警，降低了重金属对土壤的危害。尤其是对重金属防控企业实行的废水特征污染物日监测和月报制度，起到有力的监督作用。对重点行业二噁英排放进行监督性监测，实行建设项目土壤污染评价制度，在主要农产品产区、大中城市郊区、工矿企业周边、污水灌溉区等敏感区域新建农田土壤（重金属）污染长期定位监测点，对农产品和土壤环境质量进行双重监督，使环保、国土资源、农业等部门信息能够实现共享，从而有利于制定相应的土壤环境质量评价指标体系和污染检测技术规范来保证对重金属污染的监督。

另外，对污染场地进行治理修复。这主要是指对企业生产场地环境进行风险识别，对基本农田土地质量和农产品产地环境、全市丘陵农业实行地质调查，组织编制场地污染防治方案，推进重点流域生态修复，从而建立化工、制药、农药、涉重金属搬迁企业原址土地收储污染评估制度。另外，对主要污染物总量指标进行量化管理，推进排污权有偿使用和交易制度，建立企业刷卡排污总量控制制度，建立产业转型升级排污总量控制激励制度，完善建设项目主要污染物总量削减替代制度。

最后，通过制度建设、资金保障、技术支撑、宣传教育等多种方式保持土壤的良性利用。主要措施有制定污染场地环境管理、风险评估、修复技术规范，探索土壤绿色保险等环境经济政策，安排环保财政专项资金，积极争取中央各类环保补助资金，引导鼓励社会资金参与土壤污染防治。正确的农业土地利用能够提高土壤的运载能力，不良的土地利用则导致土壤的大量侵蚀，无视环境而造成的损失将难以弥补。通过一系列的保护政策和措施，衢州的土壤生态环境得到改善。

---

① 骆世明：《农业生态学》，中国农业出版社，2011，第179页。

四 环境监测：防患于未然

在生态保持和环境保护过程中，从一定程度上而言，预防比治理更为关键，合理而有效的预防能够大大降低污染的程度，将污染控制在源头，及时有效的环境监测数据有助于分析污染物的构成和走势，为制定防污治污策略提供数据技术手段支持。《衢州市"811"生态文明建设推进行动方案》中提出的目标是环境质量、引用水源、重点污染源在线监测监控系统有效运行，建成大气复合污染立体监测网络，形成省、市、县三级联网的现代化环境监测监控网络。

方案的实施，使环境监测、执法监察（环境应急）机构达到国家标准化建设要求，县（市、区）环保行政能力建设逐年得到加强，基层环保机构逐步健全。环境污染突发事故监测预警和应急处置能力明显提高。

（一）污染防治：智慧环保

《衢州市"811"生态文明建设推进行动方案》中指出，市区污水处理率达到85%，县以上城市污水处理率达到80%；农村生活污水处理行政村覆盖率达到70%以上；县以上城市生活垃圾无害化处理率达到95%以上，其中市区城市生活垃圾无害化处理率达到97%以上，农村生活垃圾集中收集基本实现行政村全覆盖；县以上城市污水处理厂污泥无害化处置率达到80%，重点企业污泥无害化处置率达到90%，工业固体废物综合利用率达到95%以上，危险废物、医疗废物基本实现无害化处置；重点工业污染源实现稳定达标排放；规模化畜禽养殖场排泄物综合利用率达到96%以上，农作物秸秆综合利用率达到80%以上；废旧放射源安全收贮率达到100%，确保辐射环境安全。

除此以外，在已有的环境监测手段的基础上，衢州还大力提高环境监测的效率，加强整合信息数据的工作，联网作业，实现资源共享。2012 年 5 月，衢州市开展了大型"智慧环保"项目建设，项目对改进环保监控监测方式意义重大，是一次环保监测方式的飞跃。"智慧环保"运用互联网最新技术手段，将环保的各项指标和测评通过强大的计算机软件系统进行测控和分析，高效和准确地反馈各项信息。"智慧环保"项目旨在促进用先进的互联网技术手段对环境实施实时监测监控，利用数据、地理信息、服务组件平台系统感知污染源与环境质量，用责任追溯、信息安全、运行管理系统作为保障，应用智能监管、决策支持、政务管理、公共服务四大系统使整个监测系统运行起来。其中，衢州以氟硅新材料高新区、巨化等区域监控以及危险废物全过程监控作为项目建设重点，通过对大量监测数据资源的开发利用，对大气环境和水环境排查危险废物管理不善带来的隐患，监控污染的实时情况，及时有效地进行处理，以"智慧环保"项目推进环境监测，极大地提高了生态环境保护的效率。

（二）灾害防治

灾害的发生对人类的影响由来已久，由于它的突发性，往往后果难以弥补，对人的生命、财产构成了巨大的威胁。灾害发生后，如果灾情没有得到及时处理或是处置不得当，则会使后果的严重程度增加。众所周知，对于灾害的处理最好的方式莫过于防患于未然，从而达到减灾的目的。近年来，衢州为了降低自然灾害对生态和人们生活造成的危害，加大力度建立健全防灾减灾体系去监测自然灾害的发生，对监测到的信息进行分析和预报，目前能够监测并预防的灾害主要涉及水文、气象、海洋、海事、国土、环保、建设、卫生等部门，涵盖面广，预测面积大，涉及人口数量增多。尤其是重点加强了暴雨、风暴、冰雹等灾害性天气的提升预报预警能力。另外，还对酸雨污染环境的情况、动植物疫病、地质灾害、森林灾害等加强了预警。

还增加了气象监测台网密度，对农业农村、城市和人居环境气象进行灾害监测和数据共享，进一步完善地震监测台网和防震减灾公共服务信息系统建设，并且将森林火险要素监测站、可燃物因子采集站、预警中心组合成有效的森林火险预警系统，防止森林大火的发生，带来不必要的损害。另外，对中小河流域、山洪灾害易发地区的生态进行建设和保护，主要包括对病险水库、水闸和山塘除险加固，从而提高城市、产业集聚区及低洼地区的防洪排涝能力；改造或搬迁一些有险情的危旧房屋；对山区中小型水库进行改造和建设，降低库区灾害风险，努力改善城乡饮用水源水质和条件。此外，对地质灾害也进行了一定的防治，主要集中在汛期加紧监测和防治，使不同的部门之间相互配合、相互协调，形成有力的预防系统，最大程度上减少灾害以及灾害所带来的损失，还对地质灾害易发区进行隐患排查，做到防患于未然。对已经发生灾害的地质灾害点，抓紧落实工程治理或搬迁避让，保证人民的生命财产安全。

加强生物灾害防控，防治林业有害生物，保证林业健康有序发展。监测动植物疫情疫病，收集野生动物携带人兽共患病基础数据，监测检疫有害生物，对口蹄疫、禽流感等重大疫情疫病及时预警。建设核应急与有害气体泄漏应急气象保障系统，对核与辐射污染源进行监测管理和防治，强化核与辐射口岸安全。

通过以上灾害防治措施，灾害所产生的损失得到了大幅度降低，灾害对自然的破坏和影响降低到最低水平，保证了人民的生命财产安全。

（三）灾害的应急处置

对于灾害的应急处置的一系列措施最终也是以环境保护为目的的，它实际上属于对已经发生的灾害的救护和补偿，将生态破坏降到尽可能小的程度。对于灾害疫情迅速的反应主要在于尽量抓住控制疫情并予以抢救的最佳时间，科学合理的应急手段能够大大降低灾害所带来的损失。应急方案的实施主要针对已经发生灾害的地区，即以将损失降到最低程度为目标。合理和切实有效的应急处置方案对人力、物力、财力都是巨大的考验，同时也考察相关部门面对灾害时的反应能力和救助系统的完善情况。衢州在这些方面做了许多工作，建立健全强有力的应急方案，对森林火灾、地质灾害、动植物疫情这些突发情形预先制订好突发情况应急方案，从而保证各部门紧急处理负责到位，人力、财力供给迅速。

应急处置方案以基层防灾减灾为工作重点。首先，形成市、县、乡镇、村四级预案体系，预案的制订兼顾系统性、可操作性、实用性。灾害未发生时，加强预案的操作演练，规范预案的工作流程。其次，建立专业的救灾应急队伍，例如，地质灾害应急队伍、矿山危险化学品应急救援队伍、森林防火应急队伍等，分类、分专业，细化灾害分类属性，配备减灾救灾的专业技术装备，提升各类灾害的应急救援能力。另外，建立气象部门与政府应急管理、各相关部门和行业、公共媒体之间相互连通的自然灾害信息系统，保证系统发布信息及时、准确、权威、畅通、有效。再次，建立灾前应急准备、临灾应急防范和灾后应急救援反应迅速的应急处置与救援系统，利用城市绿地公园和学校空地作为地震避难场所，建设疏散通道、指引标识等。最后，加强抢险救灾物资的仓储建设，进一步加强基层救灾队伍，培养一批专业的救灾人员，如山洪灾害预警员、山塘水库巡查员和动物疫病防控信息员等，重点提高基层灾害应急处置能力。

（四）生态基础设施建设切实做到了服务于民，提升了环境质量

城市和乡村是主要的人口聚集区，合理的功能分区，人性化的基础设施建设，能够为人们的生活提供便利的同时提升环境质量。衢州

在生态建设设计中对城市和乡村进行了功能区的规划，科学谋划编制一批"十二五"生态项目，保证了土地合理高效用地，在规划建造中将不同需求进行功能区分类，尽可能多地满足人们生活、工作的各种需要，最大程度地方便群众生活。与此同时，建设城市绿地系统，规划建设城市及环城防护林带、城市森林公园、湿地公园和森林风景区等生态功能区，提升环境质量。

城市基础设施建设在方便市民生活的同时，还保障了环境整洁卫生。如果城市的污水和垃圾处理不当，就会严重威胁到环境卫生和居民的生活质量，尤其是对于有害垃圾的无害化处理更为关键，如废弃的电池、不易降解的废弃物等，不仅污染环境，而且会产生有毒的气体，危害人类的健康。生态基础设施建设为城市生态环境保护提供了重要的保障。衢州针对城市垃圾和污水可能造成的危害，建设城乡污水处理一体化、垃圾无害化处置系统。同时也建造了高效率、生态化、无害化的城市公厕、生活垃圾、污水处理网。

几年来，衢州市投入 20 多亿元，先后完成了城镇（工业区）污水处理、收集管网、垃圾处理、危险废弃物和医疗废弃物处置、集中供气、环境监控等一大批环保基础设施建设。生态功能区的规划和城市生态设施的建设有力地服务了人民，提升了环境卫生质量，为生态保护提供了有力保障，也切实做到了服务于民。

五 建议和对策

（一）对于建设开化"国家东部公园"的一些想法和建议

开化的目标是将"国家东部公园"建设成为浙江省乃至全国的休闲旅游公园。公园以生态旅游为主要特色。从总体规模上来看，"国家东部公园"属于大型公园，大型公园的建设是一个相对复杂的系统，需要特殊的建设依据和审慎考虑，尤其是大型公园建设要实现长期的可持续发展，而这一切的挑战又体现在了具体的对公园的设计、计划、管理和维护等各个环节当中，因为在这些环节中需要考虑众多的生态因素。实际上，大型生态公园的设计和规划由公园内实际的和潜在的生物多样性所决定。

基于生态系统所具有的内在性和复杂性，开化"国家东部公园"的建设具有很大的挑战性。实际上，大型公园规模上的"大"仅仅是一个单一的重要标准，在实际操作中，还需要考虑不同的设计方法、计划、管理和维护。比如说，人们休闲的需求与富有创新的设计目的之间有可能会与保护生态的目的相冲突。这就要求在大型公园的计划和设计阶段，应当充分考虑到可能出现的相冲突的环节，对可能出现的人的活动与生态相冲突的问题要有充分的考虑，从而设计出复杂的、有层次的、灵活可变的以及适应性强的方案去满足休闲和生态的双重目标。因此，开化"国家东部公园"的规划设计应顾及生态的、文化的和经济等各个方面的可行性，尽力处理好休闲与生态之间的关系，以下是一些建议。

第一，"国家东部公园"这样的区域需要做好生态管护，实践证明，恰当合理的自然保护区的设计和建立是保护森林生态系统的有效手段，生态管护对于生态良性的发展具有重要的意义。尤其应当对珍稀树种和野生动物加大保护力度，使其生存生态指标维持在稳定状态。休闲生态旅游基本设施的设计应当合理，增强旅游者的环保意识，文明旅游，使人与自然和谐共处，对自然实行有效的管护。

第二，在大型公园的整个建造过程当中，设计环节在整个筹备和建设过程中占有重要的地位，它需要周到而全面的考虑，这种考虑不仅来自生态方面，也来自人文方面，这对设计者来说是非常具有挑战性的。也就是说，"国家东部公园"设计的是"生态"，而不仅仅是对景观的设计。对于"生态设计"来说，生态学理论是非常重要的基础，要考虑到生态系统自身的循环规律和不同物种的特性，随意的未经审慎考虑的设计可能会留下许多隐患。另外，以生态考虑为基础，在设计的过程当中，如果加入一些美学或是其他相关学科的考虑，开化"国家东部公园"建设的效果可能会更为理想。休闲公园最终还是要给人一种美的感受，这种美的体验也会成为日后吸引更多游客前来旅游的重要原因。

第三，小型公园的建设，如市区的街心公园、江边的公园、湖心公园等休闲公园与大型公园的建设有很大的区别，这种区别主要表现在这些公园的建设很少会有生态目标的冲突，从可选择的生态角度而言，小型公园的建设不需要太多考虑可持续的弹性的生态系统。因而，在设计、计划、管理小型公园的过程当中，建设依赖于一定的确定性和可控制性，并不需要与复杂的生态系统相联系。从这个意义上来说，大型公园和小型公园的建设完全是两个概念。因为大型公园是多样性与复杂性相结合，所以它的设计就需要是弹性的、灵活可变的，长时期可持续发展，去适应不同状况所带来的改变。这就是说，可持续发展不一定局限于物种和种群的"生存"的简单目标，在生态的语境下，而是"繁荣"这个更高的目标，能够使不同的生物数量、种类、生命力可持续发展，从而达到共生共荣的状态；从另一个角度来讲，同时也包括了"健康的经济"和"文化的活力"，这实际上也正是现代大型公园所应具备的两个特点。

基于以上一些对大型公园的生态考虑和建议，期望将开化"国家东部公园"打造成为生态标本库和大型休闲旅游区。

（二）对于污染的监控建议能够进一步细致量化

很多污染物的排放是由于没有量化而造成的。我国很多污染物的排放量有大致的标准，也会有一个大致的排放范围，但是量化的程度远远不够。如果对不同污染物进行量化，对环境资源也能够做到量化，将会更加有效地防止污染。尤其对重点排污企业的排放物和排放量进行严格细致的量化处置，有助于预算出全市的总排放量，做到合理分配，对于量化不达标的企业及时予以调整治理。对于超出排放量的应当给予一定惩罚。制定详细的污染物排放标准也有助于企业自身作出调整，确保符合排放标准，尽早淘汰落后产能。

实际上，国家环保部已经着手建立"国家环境台账"，实现环保部与各地在环境保护方面更好的衔接。国家环境台账在河南省进行了试点，被称为环境资源账本，主要是指对化学需氧量、二氧化硫、氨氮和氮氧化物等实行总量控制。通过预算，将每种污染物的全省控制排放量、总减排量和预支增量三项指标分解到各级政府、有关部门和重点排污企业，从而将无形的环境资源进行量化管理。建议衢州结合自身经济发展特点、环境容量、不同产业特色和产业结构等多种因素，设计出合理的量化标准，促进生态环境保护顺利进行。

（三）对生态建设的不同层次予以更多的关注

生态系统是一个层级系统，首先需要一定宏观的顶层设计，其次再进行其他不同层级的设计，最后将这些不同的层次中的各个部分统筹起来。大致上，生态建设最少有三个大的分层。第一层是在景观水平上的设计，属于生态景观规划。例如，在开化"国家东部公园"的设计中，需要考虑到资源利用、生态安全、生物保护以及景观美学等因素，这个考虑基于宏观层面。第二层是在生态系统水平上的设计，也就是循环系统设计，对大系统内的各个生态系统要考虑到各级生态系统的能流循环，即生态系统中的物质循环。例如，衢州生态环境保护中对林业生态系统、水资源生态系统和大气生态系统分别给予的考虑和规划。第三层主要是在群落、种群、个体、基因水平上的设计，也就是对生物关系的重建。这种重建是利用物种多样性和遗传多样性重建生态系统的多样性格局。以农田生态系统为例，以作物为核心的农业生产过程可以重建的关系就包括多种复杂的关系：首先考虑作物与作物的关系，即利用不同植物之间光、温、养分、水分、抗病、抗虫、抗草等方面的差异；其次应当考虑作物与昆虫的关系，不同作物或者不同作物品种对昆虫分别有吸引、驱赶、回避、抗性、耐性等特性，利用昆虫之间的捕食关系，可以建立控制害虫的天敌体系；再次，还应当考虑到作物与微生物的关系，微生物能够分解土壤钾和磷化合物，改善作物营养状况；复次，作物与大型动物的关系也非常重要，比如，蚯蚓在消化和转化秸秆、粪便和改善土壤状况中有特殊作用；最后，作物与草的关系也需重视，田基（埂）草可以成为害虫天敌的集散地和避难所，梯田周边的草被可以减少水土流失；除此之外，还有作物与树的关系，农林业系统就是作物与木本植物良好关系的一些模式的总称。[①] 单一的治理肯定不能够达到生物多样性的要求。因此，无论是衢州总体的生态环境保护计划，还是具体的生态建设项目，充分考虑到不同层级生态系统建设的需要，将有助于生态系统最大程度上发挥效应。重点加强顶层设计，而不是每个系统独自发挥效应，这样不利于发挥整体效应。要处理好生态系统建设的宏观、中观和微观格局，因地制宜，吸纳现代先进技术和规模化的现代管理方式，使生态保护更具特色、科学、合理、高效。

（四）总结

在党的十八大精神的指引下，衢州坚定不移地走上了生态文明之路，努力打造了"宜居、宜业、宜游"的绿色衢州，为人民的安居乐业不懈奋斗着。衢州的发展具有时代前瞻性，主要表现在以下方面。

首先，衢州发展绿色生态，符合中国传统文化的精髓，也符合当代的生态伦理学、敬畏自然的看法，对中国传统文化是一种良好的传承和延续，中国传统伦理思想自古就有兼爱万物、尊重自然的思想，

---

① 骆世明：《农业生态学》，中国农业出版社，2011，第255页。

并且认为自然界中的万物都是平等的，都应当得到尊重。衢州发展绿色生态，同时又是对当今新形势挑战的勇敢接受，符合当代生态发展的主流思想，尊重现实，寻求创新发展，既惠及当代，又造福子孙。除此以外，从道德层面来讲，生态文明同时也是代际正义的体现。人类社会能够发展绵延不断，有赖于自然资源的可持续利用，资源的循环再生可以保证每一代人都有平等的生存权和对自然资源的合理使用权。当代人对后代人有保护资源使其可持续的义务，不能够无节制地滥用资源、破坏资源。这样，生态保护无疑便是当代人对后代人正义的体现。

其次，衢州的发展符合自然生态学规律，它在发展经济的同时，合理利用自然资源，对森林资源、水资源进行保护和治理，将对自然生态环境的破坏程度降到最低。生态系统是动态能流层级循环系统，需要管护和修复，可持续生态系统的管理，使生态系统健康有序地发展。从而，生态系统把生命凝结成一个个分离的个体，并通过它们的环境给它们铸就了一种充满智慧的生存方式。衢州的生态环境符合自然的生态学规律，取得了良好的环保效果。

再次，衢州的生态保护符合伟大的时代精神。环境美好是人类共同的心愿，人们都渴望造就美丽的家园。衢州具有人文情怀的美丽乡村使人们在享受到田园风光的同时，生活水平还得以提高。通过传统农业转型、建设美丽的生态家园、加强基础设施建设为农民的生活创造便捷的生活条件，治理污染、美化环境、排除安全隐患并帮助农民做起了"农家乐"等多种致富项目，开通了致富渠道，这一切大大增加了农民的收入，使农民的生活质量得到明显提升，生产生活环境更是得到了彻底改善，真正在保护的基础上实现了致富的目标。

最后，衢州结合自身的生态优势发展经济，以保护自然、造福人民为首要前提，通过衢州市委、市政府和全体人民长期不懈的努力，衢州的生态文明之路实现了生态可持续发展，环境质量真正得到提升，实现了经济发展与环境保护的协调发展，具备了绿色竞争实力。在实现绿色衢州的过程当中，生态保护也是充满了很多的挑战和困难，衢州从政策上、技术上都一一予以克服。例如，衢州周围有非常多的优质景区，如黄山、千岛湖、井冈山等，因而在旅游的定位和发展上与这些景区需要有一定的区分。衢州找准自身的优势，合理定位，最后确立方向为打造宜居城市，这与旅游城市存在一些差别，打造"宜居、宜业、宜游"的城市，主要定位在休闲生态游方面。经过优美人居环境的打造和发展，与周边景区旅游城市恰恰能够形成互补。衢州的目标是打造"国家休闲区"，开化的目标是打造"国家东部公园"，充分利用自身的生态优势进行全域的旅游发展。尽管对自然资源进行了旅游开发，但这种开发都建立在保护性开发的基础之上，最大程度地遵循了自然生态的发展规律。除了具有"宜居、宜业、宜游"等特点外，衢州文化、自然、人完美结合，天人合一，成为名副其实的幸福之城，体现了"绿色、宜居、便捷、智慧"等特点。

总而言之，可以肯定的是，无论是中国传统朴素的自然思想，还是西方的文明理论，都是生态保护丰富深厚的思想来源和理论基础。在历史发展的长河中，过去、现在、未来的一切事物，相互关涉、相互渗透。生态文明建设所秉承的可持续性理念是将人类历史的过去、现在和未来联系在一起，用联系的方式看待发展。生态文明之路是具有时代前瞻性的，它在最大程度上实现了人类发展的可持续性，带领人们应对当前面临的生态危机，衢州在发展的过程中坚持走生态文明之路，符合伟大的时代精神。生态保护传承了中华文化对自然的博大情怀，尊重自然，认真扎实有效地贯彻实施十八大"生态文明"精神，实现了与自然的和谐发展，衢州为生态文明建设作出了努力和贡献，为生态文明实践开辟了新的道路和样本。

（执笔人：赵芙苏）

报告五 衢州生态旅游：绿水青山与金山银山的完美统一

一 生态旅游与衢州

党的十八大报告首次单篇论述生态文明，特别强调"建设生态文明，是关系人民福祉、关乎民族未来的长远大计"。将生态文明建设的意义提升到关系国计民生、关系国家民族前途命运的高度，这在党的历史上和文件中是第一次，这一方面表明了我们党和政府越来越清醒地意识到生态文明建设在整个国民经济和社会发展中所占有的重要战略地位，另一方面亦是对我国社会主义现代化建设经验教训的总结和反思。

其实，生态一直与人类文明息息相关、相伴相随，并影响着人类文明的发展进程。所以说，在一定意义上，生态文明的提出及其被赋予如此重要的地位，可被视为对整个人类历史发展事实的高度觉醒和价值提升。对于人类来说，生态本身就是一种文明形态，"生态兴则文明兴，生态衰则文明衰"。尤其是在中国30多年的经济持续快速增长之后，建设美丽中国，实现人与自然和谐发展、经济与生态共赢，显然已成为经济持续健康发展、社会全面进步的必然要求。

（一）生态良好与生活幸福

党的十八大报告关于经济建设、政治建设、文化建设、社会建设、生态文明建设五位一体的总体布局，可谓高屋建瓴、高瞻远瞩。现代经济社会的发展，对生态环境的依赖程度越来越高。对一个地方来说，生态环境越好，对生产要素的吸引力、凝聚力就越强，发展潜力和发展空间就越大。这就促使我们一定要摒弃那些只重建设、开发，轻视甚至忽视保护、治理，只追求眼前的增长、局部的利益，而置长远的发展、整体的利益于不顾的错误做法。应坚持走出一条生产发展、生活富裕、生态良好的文明发展之路。因为显而易见，没有良好的生态，生产发展、生活富裕的实际意义无疑将大打折扣，同时，生态的良好可以为生产的不断发展和生活的持续富裕提供坚实的基础和有力的保障。可以毫不夸张地说，生态良好是通往幸福生活的一座桥梁。

的确，生活幸福才是我们的最终目的。看着不能游泳的河过富日子，或守着绿水青山过苦日子，肯定都不是幸福的生活，也肯定不是我们想要的生活。这就是说，即使生产发展了、生活富裕了，但如果生态被污染了，看着流淌的河水却不能畅游其中，这样的生活应该不能算作幸福。同样，即使生态被保护得再好，若生产得不到发展，人民的生活艰苦贫困，这样的状况也肯定称不上幸福。由此可见，幸福生活应是集生产发展与生态良好于一身的，也就是说，幸福生活意味着经济与生态的良性互动、人与自然的和谐相处。这在经济社会发展取得长足进步之后，往往成为普遍现象，而非特例或个案。但因种种原因在经济社会发展方面相对滞后的欠发达地区，如何实现生产与生态的和谐与共荣，做到既能保护生态环境又能提高人民生活水平，实现过上幸福生活的愿望，则是一个值得深思且亟待回答和解决的问题。

（二）生态旅游：欠发达地区的优势产业

随着生活水平的逐步提高，人们对生态环境质量的要求也越来越高，生态旅游作为一种新型旅游活动模式遂应运而生。"生态旅游是在生态保护的前提下，以自然生态为主、社会文化生态为辅作为主要吸引物，为游客提供认识自然、享受自然的旅游经历，并做到生态效益、社会效益、经济效益和谐统一的一种新型旅游活动模式。"① 在生态旅游中，生态效益、社会效益、经济效益的和谐统一，实际上就是生产发展、生活富裕、生态良好的和谐统一。因此，对于欠发达地区而言，生态旅游不能不说是协调生态保护与生产发展，达致生活幸福的上佳选择。

欠发达地区主要是从经济方面而言的，但从另一方面来看，欠发达地区经济上的劣势往往造就了其生态上的优势，从而使这些地区具有发展生态旅游的丰富资源和得天独厚的自然条件。"原先的经济'劣势'就成为生态旅游的发展优势，成为回归大自然的生态旅游的热点区域。"② 既然成为生态旅游的热点区域，就有可能导致过热开发，从而给本来良好的生态带来负面影响。因此，要在保护好文化旅游资源和良好的生态环境的前提下，进行合理而有节制的开发。不能因旅游开发而造成对生态的破坏，因为那样，生态旅游就失去了根基，欠发达地区也就失去了优势。

可以说，欠发达地区的最大"资本"或最大财富就是生态。或者说，生态就是欠发达地区的本钱，也是其生产力、竞争力和最好的品牌。生态旅游则是运作生态这一"资本"，挖掘这一生产力，发挥这一竞争力，打响这一品牌的有效方式。生态旅游为欠发达地区带来的益处绝不能简单地用经济指标进行衡量，经济上的收益仅仅是其中的一个方面，甚至是极小的一部分。生态得到有效保护，在生态旅游中人们生态环保意识的普遍增强，社会文明程度的普遍提升，人们越来越强烈的幸福感，这些才应该是生态旅游收获的更为重要的方

---

① 王兆峰：《民族地区旅游扶贫研究》，中国社会科学出版社，2011，第156页。
② 王兆峰：《民族地区旅游扶贫研究》，中国社会科学出版社，2011，第157页。

面。对于欠发达地区来说，生态旅游确实是一条绿色发展、生态富民、科学跨越之路，是充满智慧的生态文明之路。而这条道路正是浙江衢州不悔亦是不移不易的选择。

（三）发展生态旅游：衢州的智慧选择

衢州位于浙江省母亲河钱塘江的源头，所处的浙皖闽赣交界山地是《全国生态环境保护纲要》所确定的 9 个全国生态良好地区之一，旅游资源较为丰富，历来是浙江的重要生态屏障。保护好钱塘江源头生态屏障，保护青山绿水，保障钱塘江流域经济社会的可持续发展，既是政治责任，又是历史使命，亦是衢州的自觉担当。

如何将生态优势转化为资源优势和竞争优势，从而在区域竞争中异军突起，抢占区域竞争制高点，是衢州首先要考虑和解答的问题。因为当今区域竞争的重点已逐步从政策优惠、区位条件转向资源环境优势。尤其随着生活水平的提高、需求层次的提升，人们对生态的向往日益增长，良好的生态已成为一种稀缺资源、一个聚宝盆，是人们获取幸福感的不可或缺的基本要素。良好的生态是衢州最大的优势、最大的财富，也是解决民生问题最大的依靠。衢州所应做的就是充分利用生态这一优势资源，并将其转化为富民资本。

实现这一转化的突破口是发展旅游业。我们通常说"靠山吃山、靠水吃水"，具体到衢州，就是要利用其天然的生态优势，大力推进绿色产业，加快发展生态旅游。衢州具有"功成不必在我"的长远眼光和敢为人先的胆略与勇气，于 2003 年在全省率先提出生态市建设的目标。对于欠发达地区来说，这种精神着实难能可贵，当然这也是在分析形势和权衡利弊之后作出的明智而理性的选择。生态旅游就是衢州生态市建设的重要组成部分。

衢州自然条件优越，生态资源富集，发展生态旅游得天独厚。全市拥有古田山国家级自然保护区和钱江源、紫微山、仙霞山、三衢山、浙江大竹海 5 个国家级森林公园。全市森林覆盖率 71.5%，已知植物 2300 多种，被称为"浙西植物宝库"。若得到较好保护，这一"宝库"可以实现取之不尽、用之不竭，是看得见、摸得着的，可以给人们源源不断的实实在在的丰厚回报的"无价之宝"。物种的多样性是生态系统健康和谐的标志，也是其可持续运行的保障。如此丰饶的生态资源不仅属于衢州，也属于整个浙江，因为从区位来看，衢州正处于浙江的西南，且处于钱塘江的源头，是整个浙江的生态屏障，具有不言而喻的重要战略地位。

然而，衢州作为浙江的生态屏障并不是坚不可摧的，生态的脆弱性和环境的承载力的有限性都要求对生态环境的开发和利用应保持一定限度，稍有不慎，就可能造成不堪设想和不可挽回的后果。因为众所周知，生态的发育和成长遵循一定的自然规律，对生态的破坏即意味着对自然规律的扰乱和违背，结果将受到"大自然的报复"已不是什么新鲜的教训了。违反自然规律从而招致"大自然的报复"可以说也是一个自然规律，所以，对受到大自然如此厚爱和赏赐的衢州而言，自觉遵循并积极利用自然自身的运行规律应是一个明智的选择。这一提醒对衢州来说显得尤其必要。因为衢州生态良好的背后是经济发展的相对滞后以及人们生活水平的相对落后。为此，摆在衢州面前的问题自然而然地就是如何处理和协调经济发展与生态保护之间的关系，如何做好生态这一"大块文章"。

衢州已经给出了回答。在浙江提出建设生态省的目标之后，衢州率先提出了生态市的建设目标。这一目标的提出可谓高瞻远瞩，深具战略眼光。毫无疑问，通过开展生态市建设，可以立足衢州的生态资源优势，创造良好的机制和环境，在全市范围内整合所需的相关资源，着力培养新的经济增长点，从而使衢州以生态市建设为动力，推动其整体实现跨越式发展。而生态旅游正是生态市建设的一项重要内容、一个重要组成部分。生态旅游也是处理和协调衢州经济发展与生态保护之间关系，并将二者统一起来的"无缝对接"的结合点。

二 衢州生态旅游现状

由于将发展生态旅游作为提高经济收入和生活水平的重要手段和途径，衢州生态旅游实际上已经超出旅游本身所应拥有的范围（虽然旅游常常兼有经济的属性），甚至是作为一项民生工程来对待和实施的，因此表现出更多的人本意识和人文关怀。从中也可以看出政府改变经济落后现状和提高人们生活水平的迫切愿望与坚定决心，以及保护生态、兼顾眼前利益和长远利益的开明与睿智。政府在衢州生态旅游中起着主导作用。

（一）政府高度重视 突出旅游地位

为充分发挥好旅游业在推进区域经济转型升级、发展方式转变中的重要作用，2010年1月8日，衢州市委、市政府高规格地召开了全市旅游发展工作会议。会议明确提出"把旅游业培育成为衢州市服务业的龙头产业和国民经济发展的战略性支柱产业"的全新定位。这一全新定位具有重要意义。

首先，突出了旅游业在衢州市服务业中的龙头地位。随着人们生活水平的不断提高，人们对服务的需求日益增长，由此促进了服务业日新月异的发展，并使其在整个产业结构中扮演着越来越重要的角色。服务业所占比例大小在某种意义上是整个产业结构是否优化的主要标志。衢州作为经济欠发达地区，面临着经济加速发展和产业结构调整优化的双重压力。在这种情况下，衢州选择了将旅游业作为减轻压力和实现平衡的砝码。这样，不仅经济可借助旅游获得动力和活力，而且旅游本身是实现经济发展的有效模式，或者说，旅游本身就是一种产业，只不过是一种服务型特点突出的产业。通过旅游业这一服务业，可以带动与旅游业相关的其他服务业共同发展、共同获益。

其次，突出了旅游业在衢州市国民经济发展中的战略性支柱地位。这也反映了在衢州国民经济发展中，旅游业不是可有可无的，而是需要特别加强。这种战略性支柱地位决定了，如果旅游业得不到健康有序的发展，衢州市国民经济的发展将会受到显著的消极影响。由于衢州市经济基础薄弱，生产力水平相对较低，传统第一、第二产业与其他地区相比几无优势可言，而旅游业恰恰可以弥补这一"先天不足"，能够支撑起衢州市国民经济的"肌体"，并赋予其勃勃生机，从而使衢州市国民经济的"大厦"坚挺有力！

对旅游业的这一全新定位说明了衢州市委、市政府对旅游业发展的高度重视。这一思想上的重视反映到行动上，就是建立全市旅游业发展工作领导小组，加强旅游工作领导和协调。不仅如此，衢州市政府还将旅游工作列入对县（市、区）的考核内容，使旅游工作成为县（市、区）的一项基本内容和常态工作，这也可以被看成对政府政绩观的大胆改革。

为使旅游业发展战略落到实处，2010年2月26日，衢州市委、市政府正式出台《关于促进旅游业转型升级加快发展的意见》，提出了推动衢州旅游业发展的一系列具体政策举措，进一步完善了《衢州市旅游发展总体规划》，市区启动以信安湖为重点的旅游开发利用工作，编制完成"市区一日游"规划。在衢州旅游总体规划指导下，各县（市、区）也都制定完善了各类旅游发展规划，编制完成了《龙游县旅游产业总体规划》、《江山市旅游发展总体规划》（修编）、《龙游石窟省级自助游营地规划》、《衢江区节理石柱景群规划》、《常山三衢石林省级风景名胜区总体规划》等一批规划。

政府的高度重视，规划的制定完善，使衢州市旅游业不仅获得了精神动力和智力支持，而且获得了制度保障。如果说衢州是浙江的生态屏障，那么，衢州市委、市政府为发展旅游业所做的种种努力，则为衢州提供了"生态"屏障，是为使衢州成为真正的生态屏障而筑起的一道无形却有力的"生态屏障"。这一"生态屏障"由衢州政治、经济、文化、社会合力构建，共同为衢州自然生态环境的良性运行与循环提供支撑和保障。由此，前四者便与后者一起构成了一个"五位一体"的完整系统。而生态旅游正是这五位一体的完整系统完美结合的集中体现。

（二）生态旅游蓬勃发展　顺势而为，风光无限

就旅游目的地而言，独具特色的景区景点无疑是旅游者的首选。为此，衢州全市各地根据本土资源优势，全力开发旅游吸引物，努力打造旅游品牌，力争在旅游市场占据一席之地。而生态是衢州的天然优势，所以衢州选择大力发展生态旅游自然也就顺理成章了。

1. 乡村生态旅游

乡村是一个广阔的旅游市场，是衢州生态旅游的重要目的地。衢州乡村生态旅游资源丰富，得到了各级政府的高度重视，并将其作为"以旅助农、以旅富农、以旅兴农"的有效途径，以实现生态旅游与"三农"建设的良性互动。

（1）规划先行　力促发展　凸显特色。发展乡村生态旅游，规划是必不可少的前提性工作。衢州市在编制完善乡村休闲旅游规划的工作中，注重将生态保护、布局合理与特色发展三者有机结合起来，着力提升乡村休闲旅游品位。对乡村旅游点在规划、服务、经营管理上加大指导力度，促其健康有序发展。加强乡村旅游经营户与旅行社、旅游景区的对接，帮助拓展客源市场。认真开展"多彩乡村、休闲农家"体验游活动，利用各类重大旅游活动和衢州旅游网，积极宣传衢州乡村旅游，提高衢州乡村旅游知名度，吸引越来越多的游客到衢州乡村旅游观光，使他们通过在衢州乡村的旅游活动，得到一种愉悦的体验和难忘的经历，并通过他们让更多的人了解衢州乡村

旅游，扩大衢州乡村旅游的影响力。

同时，衢州在全市积极营造发展乡村旅游的社会氛围，强化发展乡村旅游意识，并结合美丽乡村建设，努力把乡村建设成旅游景点，促进乡村旅游不断发展，初见成效。龙游县、柯城区七里乡等6个镇（乡）和柯城区九华乡寺坞村等17个村分别被命名为"浙江省旅游经济强县"、"浙江省旅游强镇（乡）"和"浙江省特色旅游村"。这对荣获命名的县、镇（乡）、村本身来说是一种荣誉，是对他们发展乡村旅游所取得成绩的认可和褒奖，而且对其他县、镇（乡）、村也起到很大的激励和鞭策作用，使他们更加努力地工作，认真深入分析研究本县、本镇（乡）、本村的旅游特色和优势，从而推动全市乡村旅游全面发展和进步。

特色即优势。结合新农村建设和美丽乡村建设，各地按照"生态环境优美、文化底蕴深厚、主题特色鲜明"的要求，从自然、人文、产业、建筑、风俗乃至饮食、特产等方面，多角度、全方位地发掘乡镇、村的个性和特色，突出"一村一品"、"一村一景"和"一村一韵"建设，力求做到一村有一村的品格、一村有一村的景致、一村有一村的韵味，各具风采又独领风骚，村村各异又美美与共，努力打造支撑美丽乡村地域品牌的示范乡镇、精品村，尽力避免雷同，尽量减少旅游产品的可替代性，使村与村之间形成市场合力，优势互补，从而达到乡村旅游效益最大化和最优化。2012年全市已有12个乡镇和40个行政村分别通过衢州市第一批美丽乡村示范乡镇和精品村的验收。如衢江区以"环境美、经济强、生活优、民风好"为目标，建成了"畲乡风情"洋坑村、"绿色神奇"茶坪村、"精致华丽"华家村、"三江集汇"乌溪桥村等一批具有个性魅力的特色精品村，目标定位与美丽乡村建设、村民生活优化、经济发展进步及民风保持淳朴紧密相连，可谓见人见景。每到一村，移步换景，让游客始终保持新奇的感受和旺盛的游兴。

此外，打造了各具特色的沿线景观带。各地以沿景区、沿产业带、沿山水线、沿人文古迹等为区域重点，以沿线绿化、干净整洁、小品塑造、立面改造等为建设重点，加大资金扶持力度，打造了若干条各具特色的景观带，并以此来示范带动美丽乡村建设。如龙游县突出抓好"一线一环"风情旅游线，即"北部十里荷花、万亩富硒生态农业观光线，南部环灵山生态经济圈"，使之成为该县美丽乡村建设中产业布局最具特色、生态环境最为优美、农民增收最具潜力、历史文化最为深厚的示范区。赏荷花美景，感文化风情，享富硒生态，促农民增收，如此，生态经济得到发展，农民生活得到改善，生态环境得到保护，历史文化得到传扬。这条"一线一环"风情旅游线，是一条风情盈溢的生态旅游线，是一条充满希望的绿色发展线。常山县以"中国观赏石艺术长廊、乡村休闲旅游长廊、花卉苗木博览大道"三条美丽乡村风景线建设为抓手，继续深入推进国省道等交通要道沿线的洁化、绿化、美化工作。毋庸置疑，这对乡村生态旅游发展将起到一定推动作用。

（2）注重挖掘文化内涵。各地在坚持对具有浓厚乡村特色的生态环境和风物景观进行规划、建设、管理、经营的同时，亦注重加强对乡村旅游文化底蕴的挖掘，使优美的、原汁原味的乡村自然风景与源于生活的浓郁的乡村人文风情完美有机地融合为一体。因此，对历史文化村落的保护利用工作就成为乡村旅游的题中应有之义和一项重要内容。2013 年度，衢州市共启动了 25 个历史文化村落保护利用工作，其中重点村 6 个、一般村 19 个。在进行古建筑等具体项目施工的过程中，各地均十分注重文化内涵的挖掘。

可见，衢州在开发和开展乡村生态旅游的过程中，非常重视对文化内涵的挖掘和运用，有意识地将衢州乡村优美的自然风光与丰厚的文化底蕴有机结合，可以说是对旅游本质的真正领悟。所谓旅游，归根到底是一种文化活动，离开文化来谈旅游，来开发和发展旅游，甚至将旅游看成一种纯粹的经济活动、一种市场交易，实际上是一种舍本逐末、缘木求鱼的做法，是不可取的，其结果势必使旅游成为无本之木、无源之水。文化是旅游的灵魂，无论生态条件多么优越，如果离开文化的浸润，生态旅游将难以为继。文化犹如那点睛之笔，能赋予生态旅游之"龙"以无限生机与活力。

于是，各地充分利用农村森林景观、田园风光和乡村文化等优势，发展各具特色的乡村休闲旅游业，加快形成以重点景区为龙头、骨干景点为支撑、古村落文化游和农家乐体验游为基础的乡村休闲旅游业发展格局。例如，柯城区积极开展"油菜花文化观光节""葡萄文化节"等农业观光活动，使游客在赏油菜花、醉心于大自然的美景的同时，心灵得到净化，灵魂得到提升；使游客在参加农事活动、品尝丰收果实的同时，感受文化的无穷魅力。游客亦可沿着樟潭—全旺—大洲的历史文化生态线，一边欣赏自然生态之美，一边追寻历史的足迹，聆听历史的足音，与古人相会，与文化对话。古今的交汇、人与自然的和谐，在此时此地得以完美呈现和实现。龙游县开发了社阳乡大公村"清明祭祖灯会"、溪口镇寺下村"状元文化节"、横山镇天池村"草龙文化节"等项目，将历史拉进当下，将风景向历史延伸，使风景具有了历史感，使文化与风景水乳交融，风景因文化而愈显有物，文化则因风景而愈益丰满。

（3）产业化助力乡村生态旅游。产业化是整合乡村生态旅游资源，促进乡村生态旅游发展的有效途径。江山市按产业化发展的思路，先后实施了清漾毛氏文化村、廿八都古镇、大陈特色文化村等历史文化村的保护和旅游开发建设，让新村建设项目尽量与古建筑以及周围生态环境保持协调统一，形成乡村观光旅游新亮点。柯城借助"老百姓文化"，充分挖掘人文、生态内涵，进一步加强对农村优秀民间文化资源的整理、挖掘和保护。乡村生态条件良好，民间文化资源丰富，是将生态与文化有机结合，发展生态旅游的理想场所。柯城深入开展了石梁—七里、花园—石室、万田—九华三条生态文化产业带建设，对乡村生态文化进行保护性开发，使生态效益、经济效益和社会效益相生相长、互促互动，实现良性发展。在建设过程中，逐步形成了以沟溪乡余东村为示范点的农民书画村、航埠严村为代表的保护传承西安高腔的传统文化村、七里乡黄土岭村为代表的生态旅游村、石室乡荆溪村为代表的围棋文化村等一批特色文化村。文化在乡村生态旅游中扮演着重要角色，是乡村生态旅游不可或缺的组成部分，其价值绝非经济标准可以衡量，也是乡村生态旅游产业化不得不考虑的因素。

2. 景区生态旅游

景区是生态旅游的重要载体。目前，江郎山作为浙江省首个世界自然遗产所在地，已建成省级生态旅游区。衢州市将江郎山游客中心及配套设施项目建设作为重点工程，加大项目投入，加快项目攻坚，主要包括停车场、游客中心、换乘中心、道路接线、东干渠及小溪改造、景观绿化、市政排污、给水及三线管网等基础配套设施建设，总投资 9000 万元。在项目建设的同时，始终秉承"速度为先、生态为重"的理念，注重世界自然遗产保护。①

江郎山之所以能够成为世界自然遗产，之所以能够建成省级生态旅游区，均与其独特的地质地貌及优越的生态条件直接相关。所以，无论就保护世界自然遗产本身来说，还是就发展生态旅游而言，对生态的保护都是重中之重，丝毫没有商量的余地，这也是一个基本的要求。对于这一点，衢州市有着清醒的认识，并没有因江郎山生态优势所获美"名"而忘乎所以只顾取"利"，更没有利令智昏，而是有自己理性的判断，秉承"生态为重"的理念。但既然是生态旅游区，就应具有速度意识和效率观念，有投入与产出的计算，这种计算

---

① http：//tour. qz. gov. cn/NewsDetail. aspx？ id = 1774&menu = 13.

绝不是单纯经济效益的考量，而是包含经济效益、生态效益和社会效益在内的一种综合效益的通盘考虑。所以，"速度为先、生态为重"并不矛盾，"速度为先"追求综合效益，"生态为重"体现责任为怀。

　　尤其值得一提的是开化县，它将整个县域作为景区进行开发，欲将生态旅游发挥到极致，努力追求生态旅游的至高境界。2013 年 11 月 3 日，由国际文化旅游促进会、中国旅游品牌协会、中国生态旅游发展协会、中国旅游经济网联合举办的"首届中国热点旅游胜地宣传推广盛会"在海南三亚开幕。鉴于开化县具有独特的生态旅游资源，良好的生态环境，深厚的历史文化底蕴，在生态文明建设中取得的重大成就，专家团认为，开化县建设"国家东部公园"是创新发展、转型升级的重要载体，更是生态旅游发展的至高境界，在我国旅游业有着重要的影响力并起着示范作用，大会组委会一致同意特别授予浙江开化"国家东部公园"荣誉称号。① 以此为契机，开化提出要把全县打造成生态产业化、县域景区化、景观公园化的"国家东部公园"。

　　"国家东部公园"在国内既独一无二，又前所未有，因此，这一荣誉的获得既是机遇，更是挑战，需要勇气，更需要智慧。将整个县域作为景区发展生态旅游，这是大文章、大手笔、大气魄。自然生态条件已经具备，如何打造"国家东部公园"，发展生态旅游，令人心驰神往和充满期待。令人欣喜的是，在开化，社会共识已经达成。广大干部群众自发禁林、禁渔等，保护生态环境的自觉性已经形成，对发挥生态优势大兴旅游产业充满信心。开化县"国家东部公园"荣誉的获得，独特的生态旅游资源固然是首要的条件，但从某种程度上可以说，这种社会共识中所蕴含的先进的生态理念及付诸行动的生态热情，也是一个重要的因素。

---

① http：//tour. qz. gov. cn/NewsDetail. aspx？ id = 1763&menu = 13。

其实，在获得"国家东部公园"这一殊荣之前，开化一直通过自己的实际行动努力去圆源头人民的"生态梦"，紧紧围绕文化生态旅游富民强县、全面建成惠及全县人民小康社会的目标，把环保做成产业，把生态建成业态，加快山区科学发展试验区和钱江源旅游度假区建设，使生态保护与经济发展高度融合、相辅相成，努力建成自然、休闲、养生、幸福开化，实现生态的就是经济的、自然的就是幸福的，改变传统发展模式，打破生态保护与经济发展的二律背反，用生态旅游证明经济发展并不必然以牺牲环境为代价。

随着旅游的深入发展和不断推进，开化旅游在悄然发生转型，正在实现从以往走马观花式的匆匆到此一游向生态休闲深度体验度假游的华丽转身。"住下来，慢生活。醉一次氧，给心灵放个假……"现代生活节奏的加快，环境问题的日益突出，人们对高质量生活的追求，环保意识的不断增强，是开化旅游所推崇的转型方向的大背景，也是推动实现这一转型的客观社会需求。其实这种转型不仅发生在开化，也是中国乃至整个世界旅游业转身的大势所趋。

开化县开始探索和加强旅游信息化建设，打造"智慧旅游""数字开化"，建设"网上旅游景区"。通过开通新浪、腾讯两个"开化旅游"认证微博，建立开化旅游微信官方公众账号和开通根宫佛国导游"二维码"，三管齐下加快开化县"智慧旅游"发展。① 开展网上旅游宣传推介活动的策划，发挥微博等新媒体的作用，争取最佳营销效果。生态旅游本身就是开化县发展道路选择的智慧体现，是一种可持续发展的智慧型旅游，当然这主要是从价值理念方面来说的。不仅如此，开化县还将这一价值理念付诸实践，走出了一条生态美好与生活幸福和谐共生的发展道路。而通过当代先进的网络技术手段实现数字化的网上"智慧旅游"，则是运用科学技术服务于人们美好生

---

① http：//tour. qz. gov. cn/NewsDetail. aspx？id＝1775&menu＝13.

活的生动而充分的体现。因此可以说，开化县生态旅游实现了价值理性与工具理性的和谐统一。

3. 农家乐生态旅游

农家乐生态旅游是一种以乡村为依托的独特的休闲旅游形式，在很多乡村方兴未艾。"农家乐的概念有狭义与广义之分，我们通常所指的农家乐即狭义的农家乐，从购买者的角度来讲，它是指游客在农家田园寻求乐趣，体验与城市生活不同的乡村趣味方式；从经营者的角度来讲，它是指农民利用自家院落所依傍的田园风光、自然景点，以低廉的价格吸引市民前来吃、住、玩、游、娱、购的旅游形式。广义的农家乐源于农业的概念，即广义的农业，它包括：农、林、牧、副、渔。所以，广义的农家乐概念不仅包括狭义的农家乐，还包括林家乐、渔家乐等形式。这种旅游形式可以定位于休闲类，其旅游主题既是民俗旅游又是生态旅游，是农业经济与旅游经济的结合。"① 广义的农家乐所包括的农家乐、林家乐、渔家乐等旅游形式，均可以从狭义的农家乐那里得到理解。它们的共同特点都是游客通过农家乐获得与城市迥异的生活体验，并能以相对景区较为低廉的价格享受到各种服务，包括吃、住、娱等。而且，农家乐迷人的田园风光和不加矫饰的自然景观足以令游客沉醉其中，流连忘返。所以，农家乐不仅是"农家"乐，更重要的是农家乐的服务对象——游客在农家获得价值远超其价格甚至根本无法用价格进行衡量的快乐。下面以黄坛口乡为例来管窥衢州市的农家乐生态旅游。

黄坛口乡凭借着青山绿水，大力发展生态农业和旅游项目，努力打造"浙西生态旅游第一乡"。制定出台优惠政策，引导山农大力发展农家乐，大力开发以"吃农家菜、住农家楼、干农家活"为特色的农家乐旅游。目前，景区周边以餐饮、住宿为主的景区依托型农家

---

① 王兆峰：《民族地区旅游扶贫研究》，中国社会科学出版社，2011，第 165 ~ 166 页。

乐，环库区域以垂钓、休闲为主的渔家乐，其他区域的休闲避暑、拓展训练、会务接待等形式的农家乐，都已逐渐形成规模，基本上做到"一村一品"，各具特色。同时，着重在规范经营、提升服务上下功夫，通过组织农家乐经营户到外地参观取经，开展家庭厨艺培训，抓好农家乐协会和服务中心建设等，提升农家乐经营、服务水平，打造生态、自然、特色、安全的农家乐经营环境。坚持生态旅游开发与生态农业发展并重，鼓励一部分农户经营农家乐，另一部分农户则发展加工业和种养业，为农家乐提供配套服务，形成新型产业分工，使生态农业与生态旅游开发成为相互融合、相互包含、相互促进的有机整体。如今的黄坛口是休闲旅游乡、度假养生乡、生态优美乡。依靠保护生态环境，发展生态产业，有效促进了山区经济社会发展的转型，山农变成了"商农"，山村变成了"赏村"，广大山农从砍树变成"看树"，坐享"生态红利"。

黄坛口乡发展农家乐生态旅游客观自然条件优越，靠山吃山、靠水吃水，宜农则农、宜林则林、宜渔则渔，经营方式灵活。同时有政策法规提供制度保障，政府积极引导、加强服务并规范组织，这些都保证了黄坛口乡农家乐生态旅游的有序发展和健康运行。村民思想观念、生活方式的改变，环保意识的增强，是黄坛口乡农家乐生态旅游得以不断推进并取得实效的主观因素。从山农到"商农"，从山村到"赏村"，从砍树到"看树"，从卖树到卖农产品再到卖生态，这一系列的改变，是自内而外的，是思想意识的深刻变革。当这种内在的改变作用于外在的自然条件时，奇妙的变化也就随之自然发生。借助农家乐这一形式，黄坛口乡生态旅游如火如荼，村民的生活是芝麻开花——节节高。

黄坛口乡农家乐生态旅游的实践可以给我们带来一些启示。在客观自然条件给定的情况下，人的改变和主观能动性的发挥至关重要。这里的人既包括村民，也包括当地政府人员。二者的有机结合和协调配合是事情发生改变的契机。不怕落后，只怕不思进取，故步自封。转变思维模式，发挥生态优势，积极运筹谋事，结果必能成事。回眸昨天，黄坛口乡党委、政府依托优势，抢抓机遇，精心打造，生态保护和经济发展实现了两轮并驱、齐头并进，取得了显著成绩；展望明天，黄坛口乡将以"浙西生态旅游第一乡"建设为目标，坚持持续突破，奋力追赶跨越，深入实施"生态立乡、旅游兴乡、特色强乡"发展战略，一个生态更加优美、人民生活更加幸福的黄坛口乡将展现在世人面前。

衢州生态旅游景区众多。以景区带动周边农村通过开展农家乐获得双赢的景区依托型农家乐生态旅游，是衢州生态旅游发展中的一种现实选择，也是实现"以旅助农、以旅富农、以旅兴农"的有效方式。如黄坛口乡目前拥有紫微山国家森林公园，国家级 4A 景区天脊龙门和药王山，以及乌溪江风景区、九龙湖风景区、关公山等省级大小景点几十处。目前，景区周边以餐饮、住宿为主的景区依托型农家乐已渐成规模，基本上做到"一村一品"，各具特色。而齐溪镇则在"生态立镇、旅游兴镇"的工作思路的指引下，以钱江源生态旅游景区为依托，以点带面，大力发展农家乐，编制了钱江源农家乐旅游总体规划，实施钱江源农家乐建设。以政府引导、社会参与、自主经营的模式发展农家乐生态旅游。政府在大型停车场、村庄道路、景区规划等基础设施方面投入大量资金，做好农家乐发展的外部环境建设。位于钱塘江源头的里秧田村过去村民收入的 80% 来源于木材砍伐，如今他们封山育林，美化环境，从事农家乐旅游服务业和特色农产品销售，取得良好的经济效益，2011 年 12 户农家乐示范户平均增收 26000 元，全村农产品销售达 30 余万元。

景区依托型农家乐生态旅游充分发挥了两个优势：一是景区的生态旅游资源优势，这些优美的景区景点能够吸引众多游客前来旅游观光；二是景区周边乡村的农家乐生态旅游资源优势，通过对农家乐的开发和别具特色的经营，可以吸引游客在经历景区"传统"旅游方式之后，就近到农家乐再经历一种不同于景区的别样感受，从而形成一种鲜明的对比，以此留下不虚此行的难忘而深刻的多彩印象。

游客外出旅游的目的一是放松身心，从日常的工作压力中暂时解脱出来，缓解紧张的城市生活节奏；二是通过旅游寻求和增加一种新鲜的经历和体验。但由于景区的旅游通常难免给人一种"为旅游而旅游，为放松而放松"的感觉，其结果往往有可能达不到预期的效果。所以，游客选择在景区附近的农家乐进行一种"驿站式"的调整就是自然而然、顺理成章的事了，并借此观赏乡村自然生态美景，品尝乡村生态美味，领略乡村生态文化，感受乡村风俗人情。如有可能或愿意，也可参与一些农事活动，体会劳作的艰辛和不易，品味收获的喜悦和甜蜜。晚上住在农家乐的房舍里，夜深人静，泥土和植物散发着阵阵清香，耳边传来合奏曲般的蛙鸣虫叫，偶尔还可听到犬吠的声音。农家乐生态旅游的这种体验，让游客油然产生"想多住几日、想多留几天"的愿望。

景区中的生态美景往往以"名"取胜，而农家乐的生态美景可能恰因"无名"而另有一番风味，同时也因其"无名"而可"消隐于乡间"，"化人于无形"。这种景区依托型农家乐生态旅游使景区与农家乐相辅相成、相得益彰，相互支撑、互利双赢。

4. 城市生态旅游

衢州生态市的建设目标是全方位的整体目标，除了景区和乡村可以依凭其天然的生态优势大力发展生态旅游外，城市的生态建设，包括城市生态旅游规划和发展也在整体目标之内。经过努力，2006年衢州市成功获得中国优秀旅游城市称号，2007年江山市也进入中国优秀旅游城市行列。

为了做好城市生态旅游这篇文章，衢州市围绕打造秀水绿城，在信安湖水系改造提升方案编制之初，就坚持高起点，积极引进市外高

素质的设计单位和设计团队，在具体规划设计上，做到统筹谋划，整
体规划设计，分项实施建设。设计方案充分借鉴和学习省内名城河湖
水系景观建设理念，按照建设现代田园城市和打造衢州的"西湖"
的要求，将生态、景观、休闲、文化的元素融入信安湖水系改造提升
工程建设之中，重点突出"烂漫春景，绚丽秋季"主题，致力于将
信安湖打造成为一条"春季樱花浪漫、秋季黄金水岸"特色滨水长
廊，把信安湖滨水区域打造成衢州亮丽的风景线、文化新坐标、休闲
产业带。信安湖蓄水形成 5.5 平方公里的城中湖面，为推进市区开发
水上游、一日游旅游项目打下了更好的基础。

　　城市有水就有了灵性，有了活力。衢州市以信安湖水系改造提升
为切入点，可以说是把准了衢州生态市建设的"脉搏"。通过信安湖
改造提升工程建设，将生态、景观、休闲、文化等元素一并激活。信
安湖蓄水形成 5.5 平方公里的城中湖面，使湖在城中，也使衢州成为
一座湖城。同时按照建设现代田园城市和打造衢州的"西湖"的要
求，假以时日，衢州信安湖当可与杭州西湖遥相呼应、交相辉映。杭
州西湖作为著名的生态旅游目的地，使杭州成为城市生态旅游的典
范。所谓"上有天堂，下有苏杭"，所指应该就是苏杭天堂般的美景
吧。为保证信安湖水生态质量，衢州市重点以创建国家水土保持生态
文明城市和清理河道、采砂集中整治以及涉河"三改一拆"三大攻
坚行动为抓手，有力推进信安湖水生态治理，如期通过了水利部评
审，并被命名成为全国第二个、浙江省第一个国家水土保持生态文明
城市。信安湖水生态的治理以及水系改造提升工程，为使信安湖成为
衢州的"西湖"，使衢州成为像苏杭一样的城市生态旅游目的地创造
了条件。

　　众所周知，城市污染问题是一个普遍性问题，但若下定决心，加
大整治和改善力度，城市也能成为生态旅游的目的地。"近些年，美
国加大了环境整治和改善旅游大环境的力度，明确提出：'重新设计

城市，把城市变为旅游胜地。'汽车、工厂的烟囱必须安装过滤器；改造地下污水系统，减少注入城市河流的污水；净化市容，保持闹市区的整洁和有序；修饰滨水区，使河边和海边的荒原成为绿色的风景区等。"① 看来，衢州要想成为生态旅游的目的地，对城市污染的治理以及城市环境的改善就是一个绕不开的问题。当然，有必要指出的是，自然环境，包括人工自然环境，还只是城市成为生态旅游目的地的前提和因素之一。要使城市成为人们向往的生态旅游胜地，文化是不可缺少的元素。因为无论怎样强调自然条件对生态旅游的重要意义，文化归根结底都是生态旅游的灵魂。只有文化才可在一定程度上降低和避免生态旅游目的地的可替代性。这一点对城市生态旅游尤其重要，因为当代城市的发展似乎有"千城一面"的趋势，不论是建筑的设计，还是道路的铺设，抑或城市的绿化。要想在城市生态旅游方面有所突破、有所作为，文化所起的作用是一个不可或缺的考量因素，文化在城市生态旅游中具有自然生态条件所不可替代的作用。苏杭作为旅游者向往的"天堂"，作为闻名遐迩的城市生态旅游目的地，其优美的自然风景之"形"固然是重要的旅游吸引物，但系于其城市之中的文化之"神"也是使旅游者前往旅游的更具吸引力的因素。

衢州发展城市生态旅游基础良好，要水有水，要绿有绿。高覆盖率的森林植被，为衢州市积极推进森林城市建设提供了前提。衢州市将森林城市建设与城市建设管理、旅游业紧密结合，将丰富的森林生态资源就地转化为生态旅游的现成资源，这样不仅使衢州市居民享受宜居的生活环境，而且使城市成为森林公园，也使森林城市本身成为旅游者向往的生态旅游胜地。衢州历史悠久，文化底蕴深厚，因此，完全有理由相信，丰富的生态资源与文化资源，必将成为推动衢

---

① 李包相、沈济黄、王竹：《可持续发展的生态旅游——美国发展生态旅游的经验及其对浙江的启示》，《规划师》2005 年第 7 期。

州城市生态旅游不断向前发展的"源头活水"和不竭动力，并将使其不断进入新的发展境界。

三　衢州生态旅游问题

衢州利用其生态优势发展旅游业在提高当地人民生活水平方面已取得显著效果，但由于衢州经济发展水平在整个浙江省中处于相对落后的地位，所以在生态省建设中只能走跨越式发展道路，衢州市委与市政府亦有决心、有信心带领全市人民响应和配合生态省建设工作，并且以非凡的气魄率先提出生态市建设目标。而这些在令人感动和激动的同时，也不得不让人感到心有余而力不足，因为毕竟经济的发展，生态的保护，人民生活水平的提高，不是仅凭热情、决心和信心就能实现的，而是要遵循经济发展规律的，否则这一跨越式发展就有可能出问题。衢州经济基础薄弱，在这一薄弱基础上既要完成经济发展和生态保护的双重任务，又要实现跨越，赶上并与其他地区同步甚至超越其他地区（当然这也不是不可能的），其难度可想而知。

为此，发展生态旅游成为衢州解决上述问题和实现上述目标的理想结合点。但由于种种原因，衢州生态旅游还是存在种种问题。

（一）经济色彩浓，不利于生态保护

衢州生态旅游整体上给人一种遍地开花、一哄而上的感觉。不错，衢州生态条件良好，但并不意味着任何一个地方都可以搞生态旅游。虽然在乡村可以极尽挖掘"一村一品""一村一景""一村一韵"之能事，却难免有急功近利之嫌。当然，我们也知道，文化是生态旅游的灵魂，在乡村也有"十里不同风，百里不同俗"的说法，这说法确有一定道理。而在某一特定的共同区域，虽然风俗会存在差异，也只可能是大同小异，而不可能迥然有别。而被挖掘的一村之

"品"、之"景"、之"韵"本来是应蕴含于村之中的，但若为从发展生态旅游中获取经济利益而牵强附会，那么这挖掘出来的"一品""一景""一韵"的品位、景观和韵味就会大打折扣，也使生态旅游本身走了形、变了样。

"把旅游业培育成为衢州市服务业的龙头产业和国民经济发展的战略性支柱产业"的全新定位以及衢州市政府将旅游工作列入对县（市、区）的考核内容也许是造成整个衢州生态旅游遍地开花、一哄而上的重要原因。对旅游业的这一全新定位是否准确和恰当值得商榷。对衢州来说，发展旅游业尤其是生态旅游业确实有着天然的优势，但若作为衢州整个国民经济发展的战略性支柱产业，旅游业能否担此重任则需要认真分析和论证。毕竟，这关系到衢州未来国民经济发展的走向以及国民经济结构的调整。这是涉及衢州国计民生的大事。

同时还应看到，重视旅游工作，利用当地优越的自然条件发展生态旅游本来是件好事，但若作为一项考核内容，就使生态旅游有可能成为县（市、区）的一项"政绩工程"，这样，县（市、区）以至乡、镇政府为了所谓政绩，是一定要制造出特色"旅游县""旅游乡""旅游镇""旅游村"的。这样的话，生态旅游就成了地方政府"邀功领赏"的重要筹码。因此，对地方政府来说，生态旅游虽然是另一个政绩评估指标，却是一种变相的经济 GDP 指标，与经济 GDP 指标并无二致。因为很清楚，衢州市政府仅仅说明将旅游工作列入对县（市、区）的考核内容，并未说明旅游工作的生态指标，更何况生态指标的量化有一定难度。而所谓考核，是要量化并落实到"政绩簿"上去的，而经济指标恰好可以满足这一要求，而且以前一直也是这样做的。于是，借着衢州市政府对旅游工作的考核，各地都非常重视并加大对生态旅游的投入力度，希望从中获得丰厚的回报，以作为考核的一个有说服力的依据，从而使得生态旅游具有了更多的经济色彩。

实际上，无论是乡村生态旅游，还是景区生态旅游，以及农家乐，都在以生态作为旅游吸引物的同时，渗入太多经济利益的因素。这很容易使生态旅游成为不利于生态的旅游，也就有可能走向生态旅游的反面，而这是我们不愿看到的。事实上，在开发或经营生态旅游的过程中，已经发生了对生态环境的不利影响，如随着九龙湖旅游开发强度的逐年增大，一些投资者假借农业综合开发等其他名义，在一级水源和二级水源保护区内建设娱乐、餐饮、会议接待等旅游设施，这种现象已有愈演愈烈的趋势。因旅游业发展而造成的库区生活污染加重、植被破坏日益严重等问题，使饮用水水源水质受到威胁程度加大，如不加以有效控制，九龙湖水质堪忧。这种为了个人私利，不惜以牺牲公共利益为代价的行为是极其不负责任的，在道德上应受谴责，在法律上应受惩处。对一级水源和二级水源的保护有严格的标准，不管假借任何名义，都不可在其保护区内建设任何旅游设施。这种现象之所以发生，除了这些投资者本身的逐利动机之外，与保护区的管理恐怕也脱不了干系。重要的是，这不仅造成库区生活污染加重，增加了库区的环境负担，而且植被破坏会使库区的生态越来越脆弱，如果超出其承载能力，后果不堪设想。更为严重的是，饮用水水源水质受到威胁程度加大，居民的身体健康、生活乃至生命质量将受到直接的消极影响。这也反映了在以库区为依托的生态旅游区，饮用水源的保护工作尚未得到应有的重视，各项管理规定、保护措施也未得到很好的落实。

毫无疑问，生态旅游会带来经济收益，但若将眼光仅仅停留在经济利益上，生态旅游就有被异化的危险。在一定意义上，生态旅游是一种负责任的旅游方式，是保护生态的旅游，需进行保护性的开发，绝不允许假借生态旅游之名而行单纯追求经济利益之实。因为如果那样做，生态旅游就成为获取经济利益的工具，从而失去其本身蕴含的诸多价值，这些价值包括人与自然之间的和谐、人对幸福生活的理解以及人对精神境界的追求等。甚至可以说，经济上的获益在生态旅游中只居于从属地位，而这诸多价值的实现则是生态旅游主要的甚至是首要的目标。

（二） 财政支持力度不足，生态保护压力较大

衢州发展生态旅游，一是出于对优势生态资源的合理而充分的利用，使生态优势转化为经济优势，以实现经济效益、生态效益和社会效益的综合效应；二是为实现跨越式发展而作出的战略性选择。衢州经济发展水平相对落后，但若为了尽快赶超经济发达地区而对如此丰富但同时也是非常脆弱的自然生态资源进行掠夺式的开发，其结果必然适得其反。生态的破坏和环境的污染损害的将不仅仅是衢州人民的利益，生态屏障的"失守"对受这一屏障保护的整个区域无疑将意味着一场无法预估的生态灾难。所以，生态旅游是避免急躁冒进的明智而负责任的理性选择，既可实现可持续发展，又可实现跨越式赶超。

但无论采取怎样的发展模式，走什么样的发展道路，财政的支撑都是一个重要的条件。对于衢州来说，为了更好地保护生态和环境，不得不限制对工业的发展，但也因此造成财政增收后劲明显不足。完全可以想象，放手大力发展工业将在短期内促进衢州经济快速增长，人民的经济收入水平也会快速提高，还能为 GDP 作出贡献。但衢州之所以对工业采取限制性发展的策略，就是为了防止工业的过快发展可能对生态环境造成的压力。众所周知，工业的发展需要能源和原材料，而这些均来自厚赐人类的大自然。大自然的运行遵循一定的规律，其自身是一个相对平衡的动态系统。如果对自然系统施加太多干扰，进行无节制的开发和索取，就可能导致自然生态系统的失衡，从而招致"大自然的报复"。

　　对经济利益的追求具有无限膨胀的倾向，而工业在经济增长方面所具有的优势使其可以与欲望不断膨胀的利益追求者结成关系稳固的联盟，这对自然生态将构成巨大的潜在威胁。在生态保护与经济发展的矛盾处理上，对利益的追求通常使后者占据上风，从而为工业项目的准入大开绿灯，而不会考虑或较少考虑工业项目是否对生态环境存在负面影响，以及存在多大程度的负面影响。即使衢州能够从思想上正确处理眼前利益与长远利益以及局部利益与整体利益的关系，以大局为重，对未来负责，不局限于当下一时的发展，但落后的经济状况，薄弱的经济基础，水平相对较低的科学技术，企业竞争的压力，人民短期内改善生活的愿望，这一系列的现实却可能使高污染、高能耗、高投入、低产出的工业企业有生存的空间。而只要存在这种工业，哪怕一家，都会造成恶性循环，对生态旅游带来消极影响。要知道，生态旅游是以生态为本的，而自然生态又是一个自然各要素相互依存、相互影响的系统，工业的污染及其对生态的影响会通过各种方式和途径或迟或早、或急或缓、或隐或显地表现出来。

　　而对经济欠发达地区治污工程的支持力度尚显不足。如果要在衢州这样的经济相对落后的地区完全实现工业的低污染、低能耗、高产出（当然这只是一种假设，因为要达到这一目标，别说衢州，即使在相对发达的地区，也是有一定难度的），在技术、设备方面势必需要高投入，同样是对衢州的挑战。情况通常是这两者同时存在：既有工业污染，也有对发展生态工业所需资金、技术和设备的投入。对工业污染当然不可能听之任之，在加强管理的同时，加大治污资金的投入是必不可少的。

　　其实，除了工业污染可能对生态旅游造成负面影响，因此需加大对治污的支持外，生态旅游本身也存在保护与污染的矛盾问题。生态旅游并非没有污染，也就是说，生态旅游和没有污染的旅游不能画等号。相反，生态旅游正因其强大的吸引力而使污染的可能性增加。大量游客的到来，部分游客素质的低下，生态意识的淡薄，不良的行为习惯，特别是旅游旺季，都会给生态旅游地造成污染。而省里对治污工程的支持未体现出对经济欠发达、生态环境质量好的源头地区的倾斜，未体现出经济发达地区与经济欠发达地区之间的差别原则，也未体现出生态环境质量好的源头地区为全省生态安全和生态省建设所作出贡献的不可估量的价值。同时生态旅游规划、开发、经营等各个环节都需要财政的大力支持，只有这样才能保证生态旅游的生态不因旅游而受到消极影响。所有这些涉及生态旅游的方方面面的支出仅靠衢州地方财政很难支撑。

总而言之，由于财政支持力度不够，工业发展对生态旅游造成的消极影响很难消除，而生态旅游本身亦需要财政的大力支持，因此，衢州生态旅游在生态保护方面面临较大压力。

（三）专业人才缺乏，制约生态旅游发展

生态旅游是一种全新的旅游方式，这也决定了生态旅游业是旅游业中的一支新生力量，其健康持续稳定发展尤其需要生态旅游专业人才来提供保障。目前随着衢州旅游业整体发展的快速推进，旅游人才缺乏的矛盾正日益凸显。而衢州生态旅游最为缺乏的则是生态旅游产品设计、开发和管理方面的专业人才，由于对生态旅游人才培养重视不够，培养体系不健全，真正的生态旅游难以普遍开展。[①]

应该看到，在旅游业的人才培养方面，近几年衢州市的确还是做了不少努力。目前，衢州职业技术学院等多家院校都开设了与旅游相关的专业或课程。此外，还不断开展旅游人才岗位资格培训、轮岗培训等，使人才培养逐步走向规范化。同时邀请旅游行业内专家、学者及上级主管部门负责人来衢州授课，提升各级旅游管理部门和旅游

---

① 参见浙江省发展生态旅游产业课题组《生态旅游：可持续发展的旅游产业》，《浙江经济》2004 年第 14 期。

企业管理人员的经营和服务理念。但这些专业或课程及各种形式的培训多是以在旅游中获得经济利益最大化为目标进行的知识传授和技能培训，内容主要涉及旅游经济学、旅游管理学、旅游心理学等学科，这与对旅游的本质理解和要求存在较大差距。因此，衢州旅游"十二五"规划在提及旅游业发展面临的挑战时敏锐地指出："衢州旅游行业队伍素质还不能适应旅游事业的发展需要，整体素质和服务水平还有待进一步提高，缺乏留住优秀导游人才的机制和环境。"衢州旅游行业队伍整体素质尚且如此，生态旅游专业人才的匮乏程度就可想而知了。更何况目前在衢州的旅游从业人员中有很多是非旅游专业的，甚至还有一些兼职导游在从事带团和讲解工作。

据某旅游公司的负责人反映，衢州旅游真正需要的人才的缺口很大，以他的公司为例，许多在其公司上过班的人到外面找工作，不管有没有导游证，都能在其他旅游公司找到工作。这些都导致了旅游人才的缺乏和行业队伍的不稳定。而这样一支队伍是很难适应日新月异的旅游业发展的需要的。究其原因，他指出，作为服务行业，旅游业是相对弱势的，绝大部分导游工作很认真也很辛苦，但近年来由于少部分缺乏素质的导游和无序竞争的旅行社所造成的影响，很多人对这个行业不理解甚至产生误解。这少部分的旅游从业人员和无序竞争的旅行社就成了害群之马，影响了旅游业的整体形象。①

实际上，对于生态旅游来说，并非任何普通旅游从业人员都可担当生态旅游专业人才这一角色，何况衢州旅游整体人才缺乏，这无疑是对衢州生态旅游的一大挑战。生态旅游从业人员需要经过专业的训练，不仅拥有旅游学的一般知识基础，也要具备生态学、系统论等方面的专业知识，还要具有将二者结合起来并运用于生态旅游产品的设计、开发和管理的能力。显然，衢州严重缺乏这方面的专业人

---

① http://news.qz828.com/system/2012/08/14/010516465.shtml.

才。专业人才的紧缺成为制约衢州生态旅游可持续发展的一大瓶颈。

生态旅游作为保护生态的环保型旅游，除了需要生态旅游专业人才的支撑外，环保部门和环保人员的参与也是不可或缺的，因为他们拥有生态保护的相关专业知识和专业优势，能够在保护生态旅游地的生态环境方面为生态旅游的发展提供专业指导。所以，从一定程度上可以说，生态旅游也是一项环保事业，只不过是一项特殊形式的环保事业。在这样一项特殊形式的环保事业中，不仅可以借助生态旅游这一窗口在全社会广泛宣传环保理念，而且可以促使生态旅游的参与各方，包括旅游者、旅游开发者和经营者、旅游目的地的居民，积极践行环保理念。生态旅游者在旅游过程中不破坏旅游地的生态环境是理所当然的，否则就不能称为生态旅游者；虽然生态旅游的开发者和经营者不进行掠夺式的开发和在经营中注意保全生态环境也是顺理成章的，因为不这样也不能被称为生态旅游的开发者和经营者。然而，如前所述，旅游被太多地赋予经济的意味（其中包括在旅游专业人才的教育培训方面也是如此），这样，生态旅游者就成了生态旅游的消费者，他们消费的正是生态旅游的开发者和经营者所提供的生态旅游产品和服务。

不难看出，这样的生态旅游，已经少了些许生态旅游的内在精神和文化气质，对作为生态旅游对象的生态环境的保护似乎也不在生态旅游各方的主要关注之列。但必须看到和指出的是，环保这项光荣伟大、影响深远、复杂艰巨的系统工程确实不是环保部门和环保人员一力所能担当的，它需要全社会的共同积极参与并在日常的生产和生活的点点滴滴的细节中切实践行环保理念，养成环保行为习惯，包括我们这里所说的生态旅游的所涉各方。当然，无论环保理念的宣传，还是切实的环保行动，抑或环保行为习惯的养成，都离不开专业环保知识和理论的指导，离不开环保部门的规划、设计、管理，离不开环保人员的专业技能、敬业精神和辛劳付出。由此决定了环保部门和环保人员在环保事业中的重要地位和作用以及肩负的重要职责和使命。但从目前来看，衢州的环保部门机构和人员编制十分欠缺，很难满足生态文明建设的推进、工作领域的不断拓展、工作任务的不断加重对环保队伍力量的需求。衢州环保专业人才的缺乏，已成为衢州发展生态旅游的一个制约因素。

四　衢州生态旅游建议

随着人类经济的发展，现代化步伐的加快，人们的生活水平也随之得以不断提高。于是，人们逐渐把关注的重心从物质生活的满足转移到精神生活的满足上来。旅游作为陶冶情操、娱悦身心，把人们从日常繁杂的事务中解脱出来放松自我的一种精神调节的方式，开始为越来越多的人在思想上接受，在行为上实践。[①] 可以说，"旅游，完全应该成为促使人全面发展和社会发展的'助推器'"。[②] 事实上，旅游的确为人的全面发展和社会的各项进步作出了有目共睹的贡献。

我国旅游业是在改革开放中发展壮大和迅速崛起的一个新兴产业。丰富多彩的自然生态环境是旅游业生存和发展的基础，然而，在发展旅游业的同时，由于对生态资源的无节制破坏性开发利用，以及生态意识的淡薄，随之产生的生态危机和环境污染问题也日益突出，成为制约旅游可持续发展的瓶颈，阻碍旅游可持续发展的羁绊。"旅游的可持续发展旨在增进人们的旅游生态意识和社会责任，保持未来旅游发展赖以生存的环境质量，促使人们致力于提高旅游开发与经营管理水平，从而使旅游业发展有着永不衰竭的后劲。"[③] 基于此，

---

①　冯庆旭：《生态旅游的伦理意蕴》，《思想战线》2003 年第 4 期。
②　曹诗图：《旅游哲学引论》，南开大学出版社，2008，第 136 页。
③　曹诗图：《旅游哲学引论》，南开大学出版社，2008，第 135 页。

生态旅游作为一种全新理念一经提出，便引起人们广泛关注和强烈反响。

生态是生态旅游的前提或条件，旅游是生态旅游的目的。为了保护生态而遏制旅游，或为了发展旅游而破坏生态的做法都是不科学也不可取的。而旅游的大潮是不可阻挡的，生态旅游的兴起亦是大势所趋，它代表着旅游发展的方向，所以应将生态和旅游二者结合起来，既要保护生态，又要发展旅游，同时为具有生态旅游资源优势的当地人民提供就业机会，这对维系当地人民生活，促进经济发展，也会起到积极的作用。

衢州在充分发挥生态旅游资源优势方面做了种种努力，并取得了一定成效。但作为经济欠发达地区，在发展生态旅游的过程中出现这样那样的问题亦在所难免，关键是要正视这些问题，并积极应对。从某种意义上来说，生态旅游是一项系统工程，所以，衢州生态旅游要想取得长足进步和可持续发展，必然需要政府、企业和旅游地社区共同努力，各尽其责、相互配合、协同共进、共同谋划，借鉴先进经验，积极探索实践，共同谱写衢州生态旅游的绚丽篇章。

（一） 对政府关于生态旅游发展的建议

综合各方面的经验教训，政府在生态旅游的发展实践中，主要应在建立健全相关法律法规及提供公共服务上有所作为。[①] 具体来说，为促进生态旅游持续稳步健康发展，政府应加快立法，完善相关制度建设，同时利用自身拥有的各种资源优势，对生态旅游进行科学规划并严格管理。人才是生态旅游发展的重要保障，因此政府也应在人才培训教育方面加大力度，培养出更多更优秀的生态旅游人才，以适应生态旅游发展的需要。

---

① 参见曹诗图《旅游哲学引论》，南开大学出版社，2008，第140页。

1. 加快立法　完善制度

"由于生态旅游区有时涉及生态系统脆弱敏感地区，因此要加强立法。"① 衢州生态旅游之所以能够得到良好的发展，首先得益于其优越的自然生态条件。但同时我们也应看到，以优越的自然条件为基础的生态旅游区往往是生态系统脆弱敏感地区，其承受人类活动的压力的能力及容纳污染的容量都是有限的。因此，必须加强立法以规范生态旅游所涉及的可能对脆弱敏感的生态系统造成消极影响的各种行为。

衢州作为钱塘江源头地区，多年来为确保一江清水出衢州作出了很大的牺牲，当然省里也为此对衢州等欠发达地区给予了一定的生态补偿。但从某种程度上来说，补偿额度与衢州为全省生态保护及生态省建设所做出的贡献很不对称。所以，一方面建议省里加快生态补偿机制立法进程，提高补偿标准，增强钱塘江源头地区群众生态保护的积极性，包括产业结构调整方面的补偿、环境污染治理方面的补偿、环保基础设施建设运营方面的补偿。如出台有关支持钱塘江源头地区进行产业结构调整方面的优惠政策，因为作为源头地区，衢州本可以利用自身的资源优势大力发展工业等经济效益更好的产业，但为顾全大局，衢州主动调整产业结构，重点发展生态旅游等绿色产业。发展生态旅游在环境污染治理方面、环保基础设施建设运营方面需要大量投入，而衢州经济基础薄弱，很难满足这样的需要。所以，建议省里在加快生态补偿机制立法进程的同时向衢州等经济欠发达但生态贡献大的地区做适当倾斜，这样就能在某种程度上体现出有差别的正义原则，为衢州发展生态旅游提供制度保障。

同时，要探索实行受益地区对保护地区的生态补偿制度，健全资源有偿使用制度，建立生态环境恢复治理保证金制度，努力建立稳定

---

① 王兆峰：《民族地区旅游扶贫研究》，中国社会科学出版社，2011，第161页。

的资金渠道，加大环境保护资金投入，确保环保投入占 GDP 的比例
逐年增加。自然生态的系统性使得保护地区与受益地区之间的界限
变得越来越模糊，清晰明确的行政区划并不会影响到二者在生态利
益上的整体性和一致性。也就是说，从衢州对生态的保护中受益的并
不仅仅是衢州本地，在衢州所在和所能影响到的最大范围内的所有
生态区域及生活于其中的人们都是受益者。毫无疑问，每个人都享有
不可剥夺的环境权，但同时也应为这项权利的获得尽到相应的环境
义务。在享有环境权利和履行环境义务方面同样应体现正义原则。环
境保护，加大环保资金投入，确保环保投入占 GDP 比例逐年增加，
不光是保护地区的义务，受益地区也应义不容辞。因此，探索实行受
益地区对保护地区的生态补偿制度，不仅完全必要，而且是生态得到
持续保护，受益地区与保护地区持续受益、均衡发展的重要条件。

2. 科学规划　严格管理

在生态旅游的科学规划方面，美国可以为衢州发展生态旅游提
供一些有益的借鉴。他们"在联邦和州层面上制定可持续发展的旅
游规划。如美国夏威夷制定的可持续发展旅游规划项目包括 3 个主要
部分：基础设施和环境概要研究、生态经济和环境模式研究、公共收
益和社会文化研究"。① 从联邦和州层面制定可持续发展旅游规划，
说明美国政府非常重视生态旅游的科学规划，并对规划项目内容有
一个具体的设计，主要涉及环境基础设施建设、生态保护、生态经济
发展、公共收益以及文化因素，做到了对生态效益、经济效益和社会
效益三者的统筹兼顾。与此同时，他们还注意加强生态旅游景区、景
点的规划设计，如对老景区、景点进行设计、包装，使其达到生态旅
游的要求。对新景区、景点利用生态学原理进行设计；综合考虑文
化、人文、历史、地理、气候、环境等因素，尽可能利用当地的建筑

---

① 李包相、沈济黄、王竹：《可持续发展的生态旅游——美国发展生态旅游的经验及其
对浙江的启示》，《规划师》2005 年第 7 期。

材料，体现当地风貌，强调人与自然、人与建筑、人与动植物的协调。①

对于衢州来说，在对新景区、景点利用生态学原理进行规划设计的同时，对老景区、景点也要同样重视，进行设计和包装，使其达到生态旅游的要求，从而使其焕发新的生机和活力。而这都需要科技的支撑和专家的鼎力相助。"而目前，一方面我国多数旅游企业难改小、弱、散、差的局面，要企业负担大量的研发人员是不现实的；另一方面，生态旅游科研机构作为研究机构，也不可能长期长驻留景区进行研究。因此，建立生态旅游专家规划和指导的辅助系统就显得十分必要。"② 将生态旅游企业的需求与专家规划和指导的辅助系统结合起来，政府可以而且应当起到桥梁纽带的作用，使生态旅游规划在专家的指导下进行，而不是企业根据自己的主观愿望和意志片面地追求短期经济利益的最大化。

也就是说，"在生态旅游规划方面，要有专业水准的生态旅游规划队伍作为保障，在规划前进行可行性研究，对旅游资源价值和市场潜力以及旅游开发将会造成的环境影响等方面进行调查和评估，制定符合生态旅游目标的土地利用规划、景观规划、水资源和能源规划、环境保护规划等各种专项规划。在规划过程中要注意听取各利益主体的声音，并在规划中进行协调"。③ 生态旅游规划是否科学，将在一定程度上决定生态旅游能否实现可持续发展。在规划中尤其应充分考虑生态旅游的开发和经营将对环境造成的影响以及各利益主体特别是旅游地居民的利益诉求。这就要求各地政府及有关部门在组织编制生态旅游规划时，应同步编制环境影响报告书，严格执行环

① 李包相、沈济黄、王竹：《可持续发展的生态旅游——美国发展生态旅游的经验及其对浙江的启示》，《规划师》2005 年第 7 期。
② 李包相、沈济黄、王竹：《可持续发展的生态旅游——美国发展生态旅游的经验及其对浙江的启示》，《规划师》2005 年第 7 期。
③ 王兆峰：《民族地区旅游扶贫研究》，中国社会科学出版社，2011，第 161 页。

境影响评价制度。同时进一步完善生态旅游区的环境信息公开、环保听证、公示等制度，鼓励公众参与环保决策和监督，以促进衢州生态旅游良性发展。

在生态旅游管理方面，美国所采取的举措同样可以为衢州带来一些启示。首先，运用多种技术手段加强管理。美国联邦部门对进入生态旅游区的游客数量、旅游状况进行严格的控制，并不断监测和评估人类行为对自然生态、资源和环境的影响，一旦一个区域的超负荷旅游活动对旅游资源造成破坏，就关闭这个区域，并提供资金予以修复。对废弃物进行处理的专业技术、对水资源的节约利用等手段也被用来达到加强生态旅游区管理的目的。其次，提出多种环境影响模型。例如，美国国家环境保护署提出了美国娱乐、旅游业经济和环境影响模型。该模型能增进人们对环境影响的了解，便于进行经济和环境的可持续发展规划和管理，以避免旅游业危及基础设施、支撑资源和生态系统的承载能力，① 从而为生态旅游的发展提供一个坚实的基础。

对于衢州来说，生态旅游是实现生态保护与经济发展和谐统一的有效途径，在保证旅游活动对生态资源环境造成的影响保持在其承载能力以内的前提下，追求经济利益的最大化，实现人们脱贫致富的愿望。但这个前提条件应被严格遵循，否则，即使一时实现了经济利益的最大化，也将付出巨大的代价，甚至这一代价有可能是无法弥补的。所以，为了使这一美好的愿望得到切实实现，政府的严格管理是不可或缺的。这也同时意味着政府不得与企业形成一个利益共同体，而应以公共利益为重。政府必须对生态旅游管理高标准、严要求。生态旅游区要推行绿色环境管理，保证旅游景区环境管理工作规范化、程序化、持久化。完善生态旅游区的长效监管机制，推进生态

---

① 李包相、沈济黄、王竹：《可持续发展的生态旅游——美国发展生态旅游的经验及其对浙江的启示》，《规划师》2005 年第 7 期。

旅游政策、法规、标准、制度建设。如在制定湖库生态旅游规划时，就应统筹规划，根据水环境承载能力，科学评估生态旅游资源，防止超环境容量过度发展；湖库集水区内所有宾馆、旅游度假村以及"农家乐"必须配备污水处理设施，废水经过处理达标后排放；在饮用水源湖库内，严格控制旅游开发活动；在饮用水源一级保护区范围内，禁止从事旅游活动，已建的旅游设施要限期拆除；在二级保护区范围内，严格控制新上旅游开发项目，已建排放污染物的旅游设施要限期拆除或关闭。另外，在旅游码头船舶集中停泊区域，要依据相应的设计规范，配置船舶含油污水、垃圾的接收存储设施；建立健全接收、转运和处理机制，做到码头接收的船舶含油污水、垃圾日收日清。经过政府这样科学的规划和严格的管理，衢州的生态旅游定将在当今中国乃至世界的旅游大潮中独树一帜，不断取得新的更大进步，也必将为人们生活水平的提高作出更大贡献。

3. 构建生态旅游培训教育体系

衢州发展生态旅游的客观条件已经具备，也不乏精神动力的支持，但仅有这些还远远不够，智力支持显得尤为重要。离开人才的支撑，即使衢州的自然生态条件再好也无济于事。着力构建生态旅游人才培训体系已提上日程。院校无疑是培养生态旅游人才的主力军，在人才开发中发挥着基础性作用。政府应积极引导本地院校更多地立足于衢州本地去培养企业需要的生态旅游人才，可以通过校企合作的形式来共同营造学习氛围，通过更多导游技能的培训教育和导游工作实践的磨炼，通过各类评优比赛，强化学生的服务意识、服务能力和服务素质，挖掘和培养不同层次、不同服务方向的旅游人才，更好地帮助学生将来就业和帮助企业解决人才需求问题。政府还可通过相关职能部门完善生态旅游人才信息库建设，让企业能有人才可用，且能用到更好的人才。

政府除了通过院校为生态旅游企业培训和输送其所需人才外，

还可通过"走出去、请进来"的方式，有计划地分级分类对生态旅游行政领导人员进行培训，有目的地选送生态旅游人才到旅游发达城市学习，培养更多专业化生态旅游管理人才。积极创造条件，吸引外地高素质旅游人才特别是新兴的旅游服务业所需紧缺人才来衢州从事生态旅游业。强化对生态旅游从业人员特别是导游、旅游饭店从业人员的在岗培训，切实提高从业人员素质。给予企业更多的政策和资金的扶持，让衢州的生态旅游企业更多地参与更多国内旅游市场竞争和对国际旅游市场的开拓。① 如此通过多措并举构建人才教育培训体系，必将切实提高衢州生态旅游在竞争日趋激烈的国内外旅游市场中的软实力，并以此为突破口和切入点，努力将生态旅游人才无形的软实力转化为有形的经济上的硬实力，为衢州生态旅游的发展插上腾飞的翅膀。

毕竟，"由于生态旅游开发和经营对专业化的要求较高，这就使得建立生态旅游从业人员的培训体系显得尤为重要。教育培训成为当地劳动力就地转化的重要桥梁和当地社区真正参与的重要环节。生态旅游区培训体系要考虑三个层次的培训，即管理人员的培训、一般工作人员的培训和当地社区普通群众的环保知识教育"。② 这三个层次的培训都需要政府的有效组织和积极引导。尤其应重视对当地社区普通群众进行环保知识教育，在乡村旅游中积极向社区居民和旅游从业人员宣传和推广生态旅游的环保理念。这对于转变普通群众的思想观念，增强他们的环保意识，促进当地劳动力就地转化，实现旅游扶贫以及生态保护、旅游发展与经济发展的统一，将具有不可低估的重要作用，而这些也正是衢州当地政府想要实现的目标。

通过广泛宣传在全社会营造生态旅游的浓厚氛围，注重细节对公众的影响，通过耳濡目染，将生态旅游的理念渗透到公众的头脑之

① http://news.qz828.com/system/2012/08/14/010516465.shtml.
② 王兆峰：《民族地区旅游扶贫研究》，中国社会科学出版社，2011，第161页。

中，收到潜移默化的效果。美国在这方面所采取的具体做法同样值得衢州学习和借鉴。他们认为，"生态旅游业的发展还依靠开展良好的生态旅游宣传、促销与公众教育。当地、州和区域旅游部门在互联网上进行生态旅游宣传，在公路边设置生态旅游宣传广告，在机场、宾馆和游客中心发放生态旅游宣传小册子。在具有广阔的旅游市场的基础上，许多州已经制定了生态旅游指南，并为生态旅游企业进行培训"。[①] 从而将对生态旅游企业的专业培训与对广大公众的教育宣传结合在一起，使生态旅游业的发展拥有了广泛的群众基础。衢州当地政府在发展生态旅游的过程中，可结合本地实际情况，在充分发挥生态旅游扶贫功能的同时，通过各种形式和渠道对广大公众积极进行环保理念的宣传和教育，而不可只注重生态旅游的经济功能，更不能将生态旅游等同于生态旅游经济，因为急功近利反而可能欲速而不达。如果只一心栽种"经济之花"，无心插"生态之柳"，就有可能"有心栽花花不开，无心插柳柳无荫"，即使经济花怒放一时，但终将因生态被破坏而难以持续，从而导致生态与经济的"两败俱伤"。强调对公众进行环保教育和宣传，让人们意识到保护生态环境对于发展生态旅游的重要意义，看似"无心"于经济的发展，但应看到，只要生态良好，生态旅游得到良性发展，经济必能得到长足的可持续发展，良好的生态本身就成了"聚宝盆""摇钱树"，人们的生活质量和经济收入才能得到根本的保障。结果是，有心栽的"生态之花"盛开，看似无心插的"经济之柳"也因有了生态的根基和土壤而枝繁叶茂，绿树成荫，从而实现生态保护与经济发展的双赢。

（二）对生态旅游企业的建议

生态旅游企业是发展生态旅游的主体，其经营理念、经营模式和

---

① 李包相、沈济黄、王竹：《可持续发展的生态旅游——美国发展生态旅游的经验及其对浙江的启示》，《规划师》2005 年第 7 期。

经营状况对生态旅游的未来发展趋势以及生态旅游本身的命运将产生直接的影响。鉴于衢州生态旅游企业目前在经营中存在的种种问题，提出以下参考建议。

1. 关于生态旅游企业自身管理的建议

生态旅游是一种专业化程度很强、专业化要求很高的旅游形式，因此，相关领域专家加入生态旅游企业的管理队伍显得非常重要和必要。"具体做法为，加强产学研合作，建立生态旅游区与生态旅游研究机构之间的良好联系，聘请这些机构和专家担任生态旅游区的顾问或者组建智囊团，提供指导和咨询服务，从生态旅游区的规划开发前期考察开始就不断地为生态旅游的发展提供建议，定期为生态旅游区的管理部门提供必要的环境情况报告，并不断对现实发展中的偏差提出纠正意见等。"① 这就要求生态旅游企业本着一种学习的态度和精神，加强与生态旅游专业研究机构的合作，虚心地向专家求教，以尽可能地避免和减少企业在开发和经营过程中的一些不必要的错误和损失。应该指出，专家为生态旅游企业的规划、开发、经营所提供的建议、必要的环境情况报告以及对企业现实发展中的偏差提出的纠正意见等是全程的、动态的，而不是一次性的、静态的。专家的这种参与不是一种形式，不是为了让人知道某生态旅游企业如何专业而作的秀、走的过场，而是实实在在地参与其中并对生态旅游企业的运行提出切实的合理建议。专家的这种智囊作用对专业性要求很高的生态旅游企业来说绝非可有可无。

衢州生态旅游企业要立足当前，放眼长远，在开发和经营中研发推广和运用低碳技术至关重要。虽然衢州经济基础相对薄弱，但对生态旅游企业来说，从刚一开始就应该高起点，走高端路线。或者说，正因为衢州相对薄弱的经济基础，才使这一发展思路更有必要和更

---

① 王兆峰：《民族地区旅游扶贫研究》，中国社会科学出版社，2011，第162页。

有意义，否则就谈不上跨越式发展。低碳技术是衢州发展生态旅游，实现跨越式发展的关键因素。但"由于低碳技术需要大量资金，有条件的地区可以利用旅游业带来的经济增长，从中抽取一部分，采用政府补贴或者奖励等手段推广运用碳捕获和碳封存技术、替代技术、减量化技术、再利用技术、资源化技术、能源利用技术、生物技术、新材料技术等，有效发挥低碳先进技术在节能减排中的特殊作用"。①仅仅依靠从旅游业带来的经济增长中抽取一部分资金来研发、推广和运用低碳技术的想法和做法对于衢州生态旅游企业来说似乎都显得有些勉为其难，而采用政府补贴或者奖励等手段则更为可行，也更能激发企业的积极性。政府于此对生态旅游企业的不同一般的作用再次得以彰显。

有了资金和技术的保障，就要求"旅游企业必须坚持'绿色'经营模式，坚持清洁生产、倡导绿色消费，保护生态环境和合理使用资源。旅游企业要将低碳旅游消费理念渗透到旅游各个活动环节之中，将低碳技术运用到企业生产活动的各个细节上。在建筑、照明、供热、电器和水资源利用上采用新技术，提高节能减排；饮食上，调整游客饮食结构，做到既保证游客健康，又有助于减少碳排放；游览活动中，多设计自行车、徒步等旅游体验活动，减少机动车游览项目，尽可能降低能耗、污染和排放，从旅游活动各个细节上践行低碳旅游，促进民族地区生态旅游和低碳旅游的发展"。②在将低碳技术运用于企业生产活动的各个细节的同时，亦是给游客传递一种积极信号、一种环保理念、一种生活态度、一种健康旅游消费的意识。其实，生态旅游企业无论采用低碳技术，还是提倡低碳旅游，以及提供无微不至的细节安排，都是围绕游客展开的，都是为了更好地服务于和满足于游客对生态旅游的需求。在现实的旅游活动中，也存在一个

---

① 王兆峰：《民族地区旅游扶贫研究》，中国社会科学出版社，2011，第162页。
② 王兆峰：《民族地区旅游扶贫研究》，中国社会科学出版社，2011，第162页。

生态旅游企业如何管理游客的问题。

2. 关于生态旅游企业对游客的管理的建议

从整体上来看，"目前我国旅游者的环保意识还不强，很容易对生态旅游环境系统造成破坏，开展生态旅游必须要加强游客管理。可以通过以下三个方面来进行：第一，要根据景区内环境承载力的状况，利用门票等经济手段，利用线路设计、分区规划等技术手段对游客进行引导，使其在时间上和空间上合理布局，以达到不破坏景区内生态系统的目的；第二，借助景区的宣传栏、宣传画、手册指南以及导游解说系统对旅游者进行环境教育；第三，通过生态旅游企业服务人员的身体力行和生态旅游区周围社区的环保氛围使旅游者受到教育和感染，避免对环境造成不良影响"。[①] 关于第一方面，要求生态旅游企业坚决摒弃"经济主义"的思维模式，从企业自身的长远发展及对子孙后代负责的精神来正确处理短期利益与长期利益、局部利益与整体利益以及经济发展与生态保护之间的关系问题。当这些关系发生矛盾和冲突的时候，能够"以义为上"，选择后者。而第二和第三方面，则要求生态旅游企业在环保氛围的营造方面下足功夫，这不仅能够使旅游者在这样的氛围中受到教育和感染，从而有益于生态旅游区的环境保护，而且也会形成一种广告效应。这些深受生态旅游区良好环保氛围影响的旅游者会在结束旅游活动，回到自己的日常工作和生活地之后，由衷地在自觉不自觉之中就会向周围的亲朋好友做宣传，这样的宣传比生态旅游企业花很多钱做广告更有效、更真实，也更能激发起潜在旅游者的旅游动机。所以，无论目前旅游者在旅游活动中存在怎样的不良现象，对于生态旅游企业来说，都应有足够的信心、细心和耐心做这样的工作，因为这样的工作无论对企业自身还是对旅游者乃至整个社会良好环保氛围的形成，都是有百

---

① 王兆峰：《民族地区旅游扶贫研究》，中国社会科学出版社，2011，第161～162页。

利而无一弊的。

生态旅游确实具有环境教育的功能，美洲哥斯达黎加的生态旅游对旅游者来说就是"旅游＋环境教育"式的双重行为。"在哥斯达黎加，能辟为生态旅游区的景点往往是在生态环境保护上卓有成效的地区，旅游者在旅游过程中会在享受之余学到和感受到许多有益的东西，自觉培养起环境保护意识和热爱大自然的高尚情操；而从事生态旅游导游职业的人往往是动物学家、植物学家和生态学家，他们既是导游，又是环境教育的老师。"① 哥斯达黎加从事生态旅游导游职业的人往往是动物学家、植物学家和生态学家，这一点尤其值得衢州的生态旅游企业学习和借鉴。可以想象，旅游者在动物学家、植物学家和生态学家的导游下，旅游俨然成了一堂生动的环境教育课，而这堂课的课堂就是大自然，老师则是对大自然颇有研究且深具造诣的专家。热爱大自然当然就要了解大自然，哥斯达黎加的生态旅游实现了二者的完美结合，通过动物学家、植物学家和生态学家的有声语言与大自然的无声语言的默契配合，旅游者对大自然多了一份了解，因而也更加热爱大自然，并由此生发出环境保护的自觉意识来。

哥斯达黎加的生态旅游业还鼓励互动式参与。这样，"旅游者广泛接触大自然，融入当地的人文生态环境中，既充分欣赏、享受生态旅游区的人文生态环境，又积极充当人文及生态环境的保护者"。② 在这里我们看到，生态旅游的内容应包括自然生态和人文生态两个方面。那些具有较高生态旅游价值的景区、景点往往是两者兼具的。这就提醒衢州的生态旅游企业在保护旅游区良好的自然生态环境的同时，应深入挖掘当地丰富的人文资源，并将自然生态和人文生态紧

---

① 陈久和：《生态旅游业与可持续发展研究——以美洲哥斯达黎加为例》，《绍兴文理学院学报》2002 年第 2 期。
② 陈久和：《生态旅游业与可持续发展研究——以美洲哥斯达黎加为例》，《绍兴文理学院学报》2002 年第 2 期。

密结合，形成独具特色的自然—人文生态系统。同时在发展生态旅游业的过程中，鼓励旅游者积极参与，让他们感到自己不再仅仅是生态旅游地的外来者，而让他们意识到他们的言行举止无论对当地的自然环境还是人文环境均将产生影响。如此，旅游者将由消极的被管理者变成积极的生态旅游地自然—人文生态环境的保护者。

（三）对生态旅游者的建议

旅游者的生态意识和消费观念对其旅游行为具有指导作用。随着人们生活水平的不断提高，旅游越来越成为人们日常生活中一个重要的组成部分。这是社会进步的表现。我们不太赞成将旅游看成一种消费行为，因为这将影响到旅游者的心理，认为旅游不过是拿钱消费的一种行为，同其他消费行为没有本质区别。但是，即使我们姑且将其视为一种消费行为，这种消费行为也是与众不同的。首先，旅游者旅游活动消费的对象与众不同。他消费的是具有公共性或非排他性特点的自然生态环境和旅游目的地的人文资源环境，这种消费对象旅游者无法带回家去，只能就地消费。整个消费活动结束后，旅游者从旅游产品和旅游服务中所收获的主要是一种身心的愉悦和精神的享受，这当然迥异于物物交换的消费行为，而是更加注重文化的层面。

其次，旅游者也不同于一般的消费者。旅游者通常是由于工作压力大或生活节奏快，想通过旅游减轻或缓解身心的压力而到异地旅游的。但旅游不是宣泄，不能因为旅游地不是旅游者自己日常工作和生活的地方，而是一个完全陌生的世界，就可以"肆无忌惮"，对自己的行为毫无约束。因为这样将会给旅游目的地的生态环境造成很大的压力，也会给当地的人文环境带来负面影响。当然，这种情况应该属于少数。但即使只是少数也不容忽视，它会给整个旅游者群体的形象造成消极影响。而我们每个人都有可能成为旅游者群体中的一员，而每个旅游者都不希望因为自己的行为影响到整个旅游者群体的形象。也就是说，旅游中所出现的一些不文明的行为绝大多数很可能是因为旅游者一些不良习惯在不知不觉中做出来的，而并非一种有意识的行为。所以，在旅游者中倡导树立科学的旅游消费观就显得非常重要了。"树立科学的旅游消费观，首先要转变旅游者的消费观念，推广、普及健康的消费观念和消费方式。旅游不只是一种消遣和享受，而且还是一种审美和求知；不是满足于'上车睡觉、下车拍照'的到此一游，而是一种对美的体验和文化的感悟。其次要树立可持续旅游消费观念。旅游活动要崇尚自然、追求健康、注重环保、节约资源和能源，实现可持续消费。"①

旅游者是生态旅游的主体，是整个旅游活动的真正主角。旅游者在整个旅游过程中的表现不仅反映其个人素质，而且其生态意识和道德水平也反映整个社会文明程度。可以说，生态旅游区是个"窗口"，通过人与自然的亲密接触，可以折射出人与人、人与社会的关系。人总是处于一定的自然环境中，同时人也是社会的产物，具有社会性。也就是说，生态旅游区不仅是休闲、游览、娱乐的场所，而且也是一个社会场所。在这里，人、自然、社会三者融为一体，让人很容易深切感受到人与社会应该是自然的和谐关系，处理好人与自然的关系就是对社会负责。如果人人都能意识到这一点，自觉培养生态意识和社会责任意识，树立一种人与人之间的平等观念，那么我们的世界一定会变得更加美好。

对旅游者提出的建议具有普遍意义，并不仅仅局限于和适用于衢州的生态旅游者。衢州丰富的生态旅游资源和丰厚的文化底蕴，当地政府对生态旅游的高度重视和大力支持，生态旅游企业的努力奋斗和积极进取，加之衢州整个社会良好的生态旅游氛围以及公众

---

① 曹诗图：《旅游哲学引论》，南开大学出版社，2008，第143页。

环保意识的普遍增强，这些都使衢州生态旅游的发展有了坚实的基础。完全有理由相信，随着衢州生态旅游的不断发展，衢州人民的生活一定会越来越幸福，衢州必将成为绿水青山与金山银山完美结合的典范！

（执笔人：冯庆旭）

结语　生态衢州：打造社会主义生态
文明建设的新样本

党的十八大报告指出，生态文明的理念是尊重自然、顺应自然、保护自然；在新的形势下，要把生态文明建设融入政治建设、经济建设、文化建设和社会建设各方面和全过程；同时，要把生态文明建设落实到制度层面，通过制度层面的创新把生态文明建设推进到新的高度，用制度来保障生态文明的建设。党的十八大报告对生态文明建设的这种全新阐述，既是对党的十七大以来我国生态文明建设理论和实践的提炼和升华，也为全国各地的生态文明建设指明了方向。

一　工业文明的生态危机与
生态文明建设

孕育了人类的地球曾经郁郁葱葱，生意盎然。但是，自从工业革命以来，地球上的生态环境逐渐遭到严重的破坏。到 20 世纪五六十年代，工业生产所产生的各种有毒有害废弃物急剧增加，开始对人们的身体健康、生命安全和居住环境构成严重威胁，出现了著名的"伦敦烟雾事件""洛杉矶光化学污染事件""水俣病事件"等十大环境公害事件。1962 年，随着卡逊《寂静的春天》的出版，人们的环境意识逐渐觉醒。1972 年，联合国在瑞典斯德哥尔摩召开了第一次人类环境会议，要求各国人民积极承担起保护和改善人类居住的环境的责任。这次会议开创了全球环境保护事业的新纪元，是人类环境保护史上的第一座里程碑。

20 世纪 80 年代以来，特别是 1992 年在北京召开的联合国环境与发展大会以来，人类在全球范围内开展了更为有力的环保行动，全球层面（特别是西方发达国家）的环境污染和生态破坏在局部得到了一定程度的控制和改善。但是，从总体上看，人类所面临的环境污染与生态危机问题不仅没有从根本上得到解决，反而越来越恶化。早年在发达国家出现的那些环境问题，如今在广大发展中国家却普遍重新上演。这些危及人类前途和命运的环境危机主要有城市空气污染、垃圾污染、有毒化学品污染、水污染、资源短缺和资源枯竭、森林锐减、大量物种灭绝等；而由温室气体的排放所导致的全球气候变暖问题更是使人类面临灭顶之灾。

困扰全球的上述环境问题，也同样困扰着我国。事实上，由于我国是世界上人口最多的国家，过去 30 多年经济又持续高位增长，因此，我国的环境所承载的压力比绝大多数国家都要大得多，所面对的环境问题也比大多数国家严峻。长期的污染和破坏已使我国的生态系统变得非常脆弱。例如，我国国土荒漠化的面积已占国土陆地总面积的 27.3%，而且荒漠化面积还以每年 2460 平方公里的速度增长。"沙进人退"的现象在甘肃和内蒙古一些地区持续上演，每年都有几十万人被迫离开被沙漠覆盖的家园。我国每年流失的土壤总量达 50 多亿吨，每年流失的土壤养分为 4000 万吨标准化肥。我国是生物多样性破坏较严重的国家之一，高等植物中濒危或接近濒危的物种达 4000 ~ 5000 种，占我国物种总数的 15% ~ 20%，高于世界 10% ~ 15% 的平均水平。作为中华文明母亲河的黄河已经失去往日的生养力；长江也正在变成第二条"黄河"。

我国有天然湖泊 2 万多个。但是，近 50 年来，我国平均每年有近 20 个天然湖泊消亡，75% 的湖泊受到污染。我国最大的内陆咸水湖——青海湖日渐"消瘦"。20 世纪 60 年代以来，青海湖水位下降了 3.7 米，面积缩小了 312 平方公里。水位下降、沙化、旱化、草原退化等已使青海湖百"病"缠身，面临着变成死湖或沙湖的危险。举世闻名的甘肃敦煌月牙泉在 20 世纪 70 年代占地 22 亩，水最深处达 9 米，但目前水域仅有 8 亩，水深不足 3 米，如不采取措施进行抢救，30 年后月牙泉将不复存在。

近年来，我国城市的空气污染更是令人担忧。全球污染最严重的 10 个城市中，我国就占有 7 个。我国 500 个大型城市中，能够达到世界卫生组织规定的空气质量标准的不到 1%。2013 年 1 月，我国出现了 4 次较大范围的雾霾天气，涉及 30 个省（区、市），多个城市 PM 2.5 指数"爆表"。中东部大部分地区都出现了持续时间最长、影响范围最广、强度最大的雾霾过程。国家环保部提供的调查数据显示，2013 年，江苏、北京、浙江、安徽、山东月平均雾霾日数分别为 23.9 天、14.5 天、13.8 天、10.4 天、7.8 天，都是 1961 年以来同期雾霾天数最多的年份。中东部地区大部分站点 PM 2.5 浓度超标日数达到 25 天以上，有些地区的 PM 2.5 指数达到 5 年来的最高值。2014 年 1 月，全国 74 个城市平均达标天数比例为 37.6%，平均超标天数比例为 62.4%，轻度污染占 26.8%，中度污染占 14.4%，重度污染占 16.2%，严重污染占 5.0%。我国城市的这种空气质量，严重地损害着城市居民的健康。

改革开放 30 多年来，我国的经济指标和其他许多社会指标年年都能超额完成任务，但是，环境指标年年欠账。"局部改善，总体恶化"成了我国年度环境报告的惯用语。这种严峻的环境、资源和生态瓶颈，直接制约着我国的经济社会发展。探索新的发展道路和发展模式，成为摆在党、国家和我国人民面前的重要任务。

20 世纪 70 年代以来，西方国家的环境问题之所以普遍得到改善，一个重要的原因就在于，它们通过把能源消耗大、环境污染严重的产业都转移到了发展中国家。发展中国家由于工业化进程起步晚，其国内的自然资源尚未枯竭，环境容量尚有空间，因而尚有能力接受发达国家的污染产业。但是，20世纪90年代以来，随着多数发展中国家逐渐进入经济起飞阶段，其国内的自然资源逐渐枯竭，其环境容量和生态承载力都已经接近极限；发展中国家人民的环境意识也逐渐觉醒，保护环境、实现可持续发展逐渐成为发展中国家的重要国策。在这种情况下，发展中国家实际上很难再按照发达国家的工业化路子继续发展。同时，随着普遍人权、发展伦理等价值观的普及和推广，人们也逐渐认识到，发达国家那种通过把污染转移给发展中国家从而实现自身经济持续发展的政策，是一种不道德的环境殖民主义政策；发达国家那种通过依靠进口货物和商品维持其高消费生活方式的做法也很难获得伦理辩护。因此，不论是从发展还是伦理的角度看，发展中国家都不可能再复制发达国家的现代化模式。在全球化趋势日益加速的时代，无论是发展中国家还是发达国家，都面临着如何找到一种能够同时实现经济发展与环境保护这两个目标的全新发展模式的挑战。

为了寻找能够解决工业文明的生态危机的全新发展模式，国际社会曾提出许多思路、理论和设想。例如，强调关注后代人之生存权利的可持续发展理念，强调通过技术进步和政策革新同时实现经济持续发展和环境保护这两个目标的生态现代化理论，强调通过限制资本的自由流动和消除私有制来避免生态危机的生态马克思主义和生态社会主义，通过强调废除父权制和男性中心主义来实现人与自然协调发展的生态女性主义，通过强调改变人们的世界观和生活方式实现对自然的直接伦理关怀的深层生态哲学，等等。这些理论都从不同角度探讨了如何克服工业文明的生态危机，实现社会经济可持续发展的问题。

正是在这一背景下，我党结合我国的实际情况，制定并提出了建设社会主义生态文明的发展理念和治国方略，力图通过把生态文明建设融入政治建设、经济建设、文化建设和社会建设各方面和全过程，建设美丽中国，实现中华民族永续发展的伟大目标。

二 衢州市生态文明建设的经验

面对全球环境保护运动的大趋势和我国经济社会发展的大方向，衢州市委、市政府审时度势，结合自身经济发展的特色和衢州特有的生态优势，较早自觉地开展了建设社会主义生态文明的探索，不仅为建设美丽中国、美丽浙江作出了积极贡献，而且为在经济发展相对落后地区建设社会主义生态文明提供了新的模式和新的经验。

1. 大胆探索，敢为人先

生态文明的基本理念是尊重自然、顺应自然、保护自然。自然是文明的根基。古代的伟大文明都是在自然资源丰富、水土肥美、气候宜人的自然环境中诞生的；文明要想持续健康地发展，也离不开生机勃勃的自然生态系统的支撑；毁坏自然的文明无异于自掘坟墓。在现代社会，随着科学技术的发展，文明对自然的依赖程度降低了，但是，人类的生存、文明的延续和发展都离不开健康的生态环境这一事实并没有改变。正是意识到了自然生态系统在文明和经济社会发展中的基础性地位，衢州市委、市政府在 2003 年制定并通过了《衢州生态市建设规划纲要》、《关于加快推进生态市建设的意见》和《关于生态市建设的若干政策意见》等施政纲领和政策文件，开创了建设生态衢州的新局面。

2003 年前后，我国的经济尚处于高速发展的时期。快速工业化和高 GDP 是许多地方政府优先考虑的目标。生态文明建设尚未写入党章和党代会的文件。在这种情况下，衢州市人民政府能够清醒地意识到人类文明从工业文明走向生态文明的历史趋势，把维护衢州市的生态环境作为衢州经济社会发展的基础性工作来贯彻和落实，可谓得风气之先，先人一步自觉地走上了建设生态文明的历史轨道。

2. 冷静思考，准确定位

作为浙江省的欠发达地区，衢州的工业基础比较薄弱，经济总量不大，也没有丰富的煤炭、石油以及金属矿产资源；衢州地处浙闽赣皖四省的交界处，远离各省经济发达的大都市，交通和物流成本都很高。同时，衢州位于浙江省母亲河钱塘江的源头，所处的浙闽赣交界地区是《全国生态环境保护纲要》所确定的"水源涵养区"和"生物多样性保护区"。特殊的地理位置和特定的生态功能定位，使得衢州成为"限制开发区"。因此，衢州不具备发展传统重工业的内部和外部条件。许多能在短期内带来巨大经济效益的工业项目（如汽车制造、装配制造、水泥建材、冶金、石化等）在作为水源涵养区的衢州也不被优先考虑。

但是，也正是由于衢州的工业不够发达，它的生态环境才没有受到严重的破坏；水源涵养区和生物多样性保护区的功能定位，又使得衢州的生态环境得到了比较好的保护。优美的自然环境和丰富的生态资源成为衢州独特的遗产。衢州市委、市政府客观地评估了衢州经济社会发展的状况，冷静地意识到了"绿水青山就是衢州的金山银山，生态优势是衢州的最大优势"，从而果断地制定了生产发展、生活富裕、生态良好的文明发展道路。这一绿色发展战略适应了全球环境保护的大趋势，响应了我国进一步加快生态文明建设步伐的治国方略，丰富和深化了浙江省的生态文明建设，发挥了衢州市的生态优势。这一战略选择可以说是定位准确，高瞻远瞩，值得称赞。

3. 全面推进，重点突破

生态文明是继原始文明、农业文明、工业文明之后，人类文明发展的又一高级阶段。从工业文明过渡到生态文明，这是人类文明发展的大方向，是文明制度的整体转型。因此，对生态文明的建设不能仅仅局限于污染治理、环境修复等个别领域，而是要贯穿于政治建设、经济建设、社会建设和文化建设各方面和全过程。正是认识到了生态文明建设是一项关系到整个社会变革和文明转型的系统工程，衢州市政府树立了"大生态文明"的理念，从政治、经济、文化等方面全面推进生态文明建设，使生态文明建设升级为一项具有整体性、全局性和战略性的社会系统工程。

　　生态文明建设虽然是一项系统工程，但是，由于各地的经济社会发展水平不同，不可能有统一的建设模式，因此，不同地方的生态文明建设必须要结合自己的实际情况，发现和找到生态文明建设的突破口和抓手。衢州市委、市政府不仅制定了生态建设的宏观战略，还根据衢州社会经济的发展状况，找到了在衢州建设生态文明的突破口，使衢州的生态文明建设在比较短的时间内取得了比较引人注目的成就。在经济领域，衢州市结合生态文明经济是低碳经济、循环经济、生态经济的特点，把加快经济结构的转型和产业升级作为制定经济政策的指导思想，并分别在工业、农业、林业、水产业、旅游等行业确定了各自的突破口和工作重点。例如，在工业领域，以提升传统产业、发展高新技术、淘汰落后产能为突破口。在农业领域，则把工作重点确定为"三个加快"：加快农业生产方式的转变，推进农业生态循环生产；加快农业经营方式的转变，推进现代农业园区的建设；加快农业服务方式的转变，提高生态循环技术转化水平。林业领域的突破口则是实现五个方面的转变：林业建设目标由单一功能向多功能转变；林业资源类型由常规林业向新型林业转变；林业产业发展由一、二、三产脱节向一、二、三产结合转变；林业发展方式由粗放经营向科学经营转变；林业经营体制由分户经营向合作经营转变。在水产业领域，则把工作重点确定为发展渔业、商品水、水能源和水文化几个方面。旅游行业的工作重点则是"一个推进、四个提升"：延伸旅游产业链条，推进旅游产业集群化发展；加大旅游项目建设，提升四省边际旅游竞争力；加强区域合作力度，提升四省边际旅游集散中心地位；加强队伍建设，提升四省旅游边际集散中心的软实力；破解难点，在提升宣传效果上有新突破。

在社会领域，衢州市把建设绿色社区、绿色医院、绿色学校、美丽乡村作为建设生态社会的突破口。在文化领域，衢州市把大力宣传生态文明理念、倡导健康文明的生活方式、全民参与生态文明建设作为生态文化建设的突破口。在环保方面，衢州市则把节能减排、环境整治、生态修复作为生态建设的突破口。通过在不同的领域实现"人与自然的协调发展"，衢州市逐渐把生态文明建设的宏观蓝图转变成了具体的社会现实。

4. 制度保障，持续推进

建设生态文明是一项复杂的社会系统工程，也是一项长期而艰巨的历史任务，只有持之以恒，保证各项政策和措施的连续性，才能最终实现预期目标。为了确保生态文明建设工程的持续性和稳定性，衢州市委、市政府致力于体制和机制的创新，力图用法律和制度为生态文明建设保驾护航。

法律和制度是一种最强大和较为稳定的制度安排。衢州市的一个创举就是，把衢州市政府制定的《衢州生态市建设规划纲要》，经衢州市人大常委会的通过，转变成了衢州市生态文明建设的"根本大法"，发挥着"地方宪法"的功能。此后，衢州市还制定了一系列具有地方法规性质的政策，用于指导衢州市的生态文明建设。例如，2004 年推出了《关于加快推进"百村示范、千村整治"工程的意见》；2005 年推出了《关于加快旅游业发展的若干意见》；2006 年推出了《关于市区城市园林绿化长效管理的实施意见》；2010 年则推出了更为全面的《关于加快推进生态文明建设的实施意见》。这些政策和法规都进一步强化了衢州市生态文明建设政策的稳定性，为衢州市的生态文明建设提供了重要的法律保障。此外，衢州市还不断完善环保和生态文明建设的各种法律与制度，严格执法，用刚性的法律来约束政府、企业和个人的行为。同时，加大对各种环保法规的宣传和执行监督力度，使环保执法走上制度化、法制化的轨道。

衢州市还把深化改革、注重体制机制创新作为持续推进生态文明建设的原动力。主要有：第一，建立更为全面的考核评价制度。整合各种干部考核和评价制度，加大生态文明建设的考核比重，把生态文明建设的工作实绩作为综合考核的重要内容；强化生态文明建设的责任落实机制和责任追究制度；建立生态文明建设的社会评价体系，积极发挥人大、政协、媒体和各类社会组织的监督作用，扩大公众对生态文明建设的知情权、参与权和监督权。第二，健全工作机制。在建设生态文明的过程中，衢州市生态文明建设领导小组负责制订方案，分配任务，统一部署，各部门和各级政府机构按照职责分工，细化目标，明确任务，落实措施，在全市形成相互协调、部门联动、有序推进的生态文明建设格局。第三，强化监督机制。衢州市建立了生态文明建设专项督察制度，市人大和市政协定期巡查和监督，各职能部门加强执法检查，建立公众广泛参与的社会监督机制。各职能部门还设立了生态文明建设专门投诉电话，并聘请人大、政协和纪委等部门的工作人员作为各部门的行风监督员。严格执行生态文明建设"问责制"，推行生态危害官员问责制。定期向人大、政协和公众通报生态文明建设情况，接受全社会的监督。第四，完善投入机制。衢州市加大对生态文明建设的财政支持力度，把生态环保事业作为公共财政的支出重点。积极推进与生态文明建设有关的项目，使每年都有项目带动、有资金保障生态文明建设。以公共财政为主导，引导和鼓励社会资金积极参与生态文明建设，引导金融信贷向生态文明建设项目倾斜。

通过上述法律和制度保障，衢州市确保了生态文明建设政策的连续性和稳定性，确保了生态文明建设的稳步推进。

5. 政府主导，全民参与

从全球范围看，人类文明正逐渐从工业文明向生态文明转型。在市场经济较为发达、公民社会较为成熟、民主制度运行较为正常的国家，这种转型的难度可能会低一些。但是，即使是在市场和公民社会具有较大自主性的发达国家，为了减少社会转型所带来的震动和负面影响，政府也需要通过制定合理的法律和政策来引导社会的发展，避免社会的自发转型或盲目发展所带来的灾难性后果。我国社会结构的基本特征是"大政府，小社会"，市场经济尚不成熟；国家和政府掌握着大部分社会资源，在社会生活中起着绝对的主导作用。因此，我国的基本国情决定了，生态文明的建设离不开政府的主导。在建设生态文明的过程中，衢州市委、市政府要求各级党委政府组织和协调各职能部门，协同推进生态文明建设；要求各区县、乡镇的生态文明建设由"一把手"亲自抓、总负责；健全和完善由党政领导任组长、成员由有关部门负责人构成的生态文明建设领导小组；生态文明建设领导小组将生态文明建设的目标和任务加以细化和量化，分解落实到各个部门和各级党委；各部门和各级党委的"一把手"对本部门本地区生态文明建设目标的落实和完成情况承担责任。各级人大认真履行宪法赋予的职责，强化对生态环保预算的审查和监督，加强环保执法和监督。各级政协积极履行政治协商、参政议政和民主监督职能，团结和动员各方力量为生态文明建设献计献策，贡献力量。

生态文明建设不仅仅是政府的事。政府再强大、再有效力，如果没有广大公众的参与，生态文明建设也只能事倍功半，甚至劳而无功。因此，在建设生态文明的过程中，衢州市一方面强化政府的引导、组织和协调功能；另一方面又强调公众的参与，强调全民参与。为此，衢州市充分发挥了新闻媒体的作用，运用电视、广播、报纸、网络等媒介，宣传生态文明理念，传播和弘扬正面典型，曝光和批评反面典型。深入开展生态文明建设工程，大力推进绿色学校、绿色社区、绿色饭店、绿色乡镇、绿色企业、绿色房产、绿色医院、绿色商场等绿色创建活动，着力推动生态文明理念进机关、进企业、进农村、进学校、进社区、进家庭。支持和引导成立民间环保组织，开展生态公益活动。扶持和引导环保志愿者团队，开展志愿宣讲、专项服务等活动，并以"全市民间环保公益使者评选"等活动为载体，引导和鼓励公众积极参与各类环保活动。倡导和鼓励勤俭节约的低碳生活，积极引导城乡居民广泛使用节能型电器和节水型设备，选择公共交通或非机动车交通工具出行。引导和鼓励绿色消费，提倡健康节约的饮食文化。通过这些措施，衢州市初步形成了人人关心生态文明建设、人人参与生态文明建设的局面。

三　衢州市生态文明建设面临的挑战

衢州市生态文明建设虽然取得了可喜的成绩，并积累了一些值得借鉴的经验，但是，由于生态文明建设是前古未有的伟大工程，生态文明建设的伟大事业还处于探索阶段，因而，衢州市的生态文明建设也面临诸多挑战，还有许多需要进一步加以注意的问题。

1. 要更加注重以人为本

生态文明建设要始终坚持"以人为本"，要牢固树立"生态文明建设以人民为主体，生态文明建设成果由人民分享"的理念。这里的人或人民指的主要是居住和生活在衢州市的广大民众。衢州市生态文明建设目标要以确保衢州市人民能够过上"生产发展、生活富裕、生态良好"的生活为核心。在生态文明建设的过程中，要反对唯 GDP 主义，要更加关注衢州人民的生活满意度和幸福指数。要密切关注广大民众的非物质诉求，确保公民的知情权、参与权和监督权得到合理的实现。要更加公平地分配生态文明建设的成果，让每个公民都成为生态文明建设的受益者。

需要强调的是，以人为本与"尊重自然"并不矛盾。以人为本的"人"指的是理性的人，是树立了生态文明理念并养成了理性消费习惯的人，而不是那些破坏自然、秉持畸形消费（奢侈性消费、炫耀性消费、猎奇性消费等）理念的人。以人为本的"本"也不是人类中心主义，而是强调生态文明建设要以公众为主体，以满足人们的合理需求为目标，不能以实现 GDP 的最大增长或资本的最快升值为目标。

2. 要密切关注生态承载力

生态承载力指的是特定生态空间能够容纳的人类活动的能力。生态承载力的大小与人类活动的科技含量具有一定的相关性，但是，任何特定生态系统的承载力都是有极限的。这种极限主要表现在两个方面：一是特定生态系统在特定时间内提供给人类的资源（再生资源和不可再生资源）是有限的；二是特定生态系统在特定时间内吸收人类排放的各种废弃物的总量是有限的。如果人类攫取资源和排放废弃物的总量超过了特定生态系统的极限，那么，生活在该生态系统中的人就将面临灭顶之灾。

在制定生态文明建设规划时，一定要弄清本地生态系统的承载极限。要根据生态承载力的极限来确定经济社会发展的速度和规模。在制定发展规划时，要留有足够的生态安全空间，制定生物多样性保护红线。要通过科技进步和加大生态修复来提高本地生态系统的承载力。在发展生态旅游时，要根据特定生态系统的承载力来确定游客的数量和访问频次，并不是游客越多越好。总之，在建设生态文明时，一定要有"极限意识"，要以对衢州市生态系统承载力的客观而科学的评估来确定衢州市经济社会发展的规模和速度。

3. 要自觉培育公民社会

公民社会是政府、市场之外的最重要的公共空间。成熟的公民社会是生态文明建设的重要基础，是公民相互沟通、形成共识、凝聚力量、表达诉求的理性空间。在建设生态文明的过程中，衢州市注意到了对民间环保组织和环保志愿者的培育、鼓励和支持。但是，成熟的公民社会还包括具有相对自主性的学校、媒体、各类民间社团等。在今后的生态文明建设过程中，还应进一步发挥媒体的引导、批评和引导功能，进一步提高生态文明建设的公开性和透明性，让媒体更加独立、自主和理性地发挥"无冕之王"的功能，更为全面和客观地为生态文明建设发挥积极的建设性的作用。包括环保社团在内的各种民间社团也是生态文明建设的重要主体；除了民间环保社团外，衢州市还应鼓励和支持其他民间社团的发展，让这些社团在政府与公民之间发挥桥梁的作用，使它们成为凝聚共识、团结公民的重要纽带。在学校教育方面，衢州市已经把生态文明教育纳入各级各类学校的相关教材中；今后，要进一步提高学校在传播和弘扬生态文明理念方面的积极性和主动性，使学校成为倡导生态文明理念的坚强阵地。

在建设生态文明时，还应注意对生态公民的培养。作为生态文明建设的主体，生态公民具有较强的环境人权意识，能够积极主动地维护自己的环境权益。公民对自己环境权益的这种捍卫，是使衢州市的生态环境得到有效的保护的第一道防线。生态公民还是具有良好美德和责任意识的公民，他们不仅能够自觉地遵守各种环保法规，在公共生活与私人生活中自觉地实践生态道德规范，倡导绿色消费，而且，还能推动政府制定相关的生态文明建设法规，督促政府的生态文明建设实践。环境问题是一个全球性问题，发生在任何一个国家的重大环境事件，都会对其他国家产生直接或间接的影响。因此，在生态文明的建设过程中，衢州市不仅要引导衢州人民关心衢州本地的环境问题，还要培养衢州人民的世界主义意识，使他们意识到衢州的生态环境与全国乃至全球生态系统之间的紧密联系。在地球正在变成一个地球村的全球化时代，任何一个国家的环保事业都不可能独善其身。衢州市委、市政府和衢州人民必须把衢州市的生态文明建设放在全国和全球背景中来加以思考和定位，要通过改善衢州市的生态系统、增加衢州市的森林碳汇总量，为治理我国的雾霾和空气污染问题乃至全球气候变暖问题作出积极贡献。

4. 要继续强化制度创新

制度是影响一个文明的功能和运行的最重要的因素。在建设生态文明的过程中，衢州市委、市政府在制度和机制创新方面进行了一些尝试，取得了一定的成效，积累了一定的经验。但是，由于制度变革是社会变革中最为艰难的部分，因而，衢州市在制度创新方面与生态文明建设的要求仍存在一定的距离。例如，衢州市强调了党委和政府在生态文明建设中的作用，但是，如何明确划分作为行政部门的党政机关与人大、政协之间以及与作为司法部门的法院、检察院之间的责权关系，仍需在制度层面有所突破，避免出现因过分强调行政部门的权力而弱化立法和司法部门的权力的倾向。要通过一系列制度创新来促进符合现代社会治理规律的"小政府，大社会"格局的形成；要通过制度来确保权力在阳光下运行；要着力建构预防、减少和惩治腐败的制度体系。要合理划分政府与市场、公民社会之间的边界，防止政府过度干预市场和公民社会的自主性。要通过制度创新，确实把生态文明建设融入政治建设、经济建设、文化建设和社会建设各方面和全过程，使衢州市的社会发展形态逐渐实现从工业文明向生态文明的过渡和转型，在浙江乃至全国成为生态文明建设的标兵。

（执笔人：杨通进）

中共衢州市委关于加快推进生态
文明建设的实施意见

为深入贯彻落实党的十七大、十七届五中全会和省委十二届七次、八次全会精神，积极探索经济发展与生态文明互促共赢之路，加快转变经济发展方式，促进经济社会全面协调可持续发展，根据《中共浙江省委关于推进生态文明建设的决定》，就我市加快推进生态文明建设提出如下实施意见：

一　推进生态文明建设的总体要求、基本原则和目标任务

1. 总体要求。以邓小平理论和"三个代表"重要思想为指导，深入贯彻落实科学发展观，全面实施省委"八八战略"和"创业富民、创新强省"总战略，坚持绿色发展、生态富民、科学跨越，充分发挥衢州生态优势，大力发展生态经济、优化生态环境、建设生态文化、完善生态体制机制，努力形成节约能源资源和保护生态环境的产业结构、增长方式和消费模式，建设"富裕生态屏障"，着力打造"生态衢州、人居福地"。

2. 总体目标。到2015年生态环境质量继续保持全省领先，基本形成集约、高效、持续、健康的社会—经济—自然复合生态系统，实现经济社会发展与人口、资源、环境的良性循环，基本建成生态经济发达、人民生活富裕、生态文化繁荣、生态环境优美的生态市，争创

国家环保模范城市和国家级生态市，努力把衢州打造成浙江的富裕生态屏障、长三角地区的生态名城和全国生态文明建设示范区。"十二五"时期的主要目标是：

——生态经济加快发展。全面完成省下达的"十二五"单位生产总值能耗下降指标，资源能源高效利用。大力发展新兴产业，整合提升传统优势产业，加快发展现代服务业，积极发展高效生态农业，培育一批资源节约型、环境友好型企业，循环经济、清洁生产形成较大规模，形成具有衢州特色的现代生态经济体系。新兴战略性产业占规上工业比重达40%以上，服务业在三次产业中的比重达到41%左右。

——生态家园建设加快推进。生态市建设实现第三步目标，中心城市有机更新基本完成，"五城联创"成果得到巩固和扩大，各县城和中心镇建设加快推进，城市（城镇）的功能显著提升。全市森林覆盖率稳定在71%以上，中心城区人均公共绿地面积达到12平方米以上；加快构建舒适的农村生态人居体系，优美的农村生态环境体系，高效的农村生态产业体系，和谐的农村生态文化体系，努力建设一批具有衢州特色的全国一流的宜居、宜业、宜游的美丽乡村。

——生态环境质量继续保持领先。全面完成省下达的"十二五"主要污染物减排任务，全市各河（溪）流水质普遍达到控制目标，集中式饮用水源达标率96%以上。建成一批环境保护和生态建设重点工程。空气质量在保持总体良好的基础上污染指数逐步降低，群众的环境权益得到切实保障。公众对生态环境质量的满意率居全省前列。

——生态文化日益繁荣。生态文明教育不断加强，绿色创建活动广泛开展，生态文明理念深入人心，健康文明的绿色生活方式初步形成，推进生态文明建设的精神支撑更加有力。

——生态文明建设的体制机制不断完善。建立"县（市、区）、镇（街道）、村"三级生态文明创建体系，形成部门联动机制，党政领导班子和领导干部综合考核评价机制、生态补偿机制、生态应急保障机制、资源要素市场化配置机制以及财税金融扶持政策体系更加完善，符合可持续发展要求的社会管理体系初步形成。

3. 基本原则。在推进生态文明建设过程中，必须把握好以下原则：

——坚持生态优先、协调发展原则。按照建设"富裕生态屏障"的目标定位，切实把生态优先的方针贯穿于经济社会发展的全过程，正确处理好发展经济与生态建设的关系，坚持在发展中保护，在保护中发展，把生态优势转化为经济优势，促进生态和经济良性互动，实现发展惠民和生态富民的有机统一。

——坚持创新发展、先行先试原则。进一步解放思想，转变观念，强化与生态文明建设相适应的科技创新、文化创新、体制机制创新，敢于突破，敢于尝试，率先实践，率先发展，争当全省生态文明建设的排头兵。

——坚持分类指导、分步实施原则。按照全面建设惠及全市人民的小康社会以及城乡统筹、区域统筹的总体要求，根据不同领域特点，因地制宜设定各类建设目标、建设标准以及考核评价体系，进行分类指导。并在总体规划框架下，明确细化阶段性目标，分步实施，循序渐进地全面推进生态文明建设。

——坚持政府引导、社会共建原则。充分发挥各级党委、政府在生态文明建设中的组织、引导、协调和推动作用，调动各方力量，整合多种资源，形成党政主导、社会参与、全民共建的工作格局。

二　大力发展生态经济，加快
推进转型升级

4. 加快调整产业结构。坚持走新型工业化道路，按照主导产业高端化、新兴产业规模化、传统产业高新化的要求，加快构建低能耗、低排放、高附加值的现代产业体系。抓住全省特色产业发展综合配套改革试点的契机，加快建设产业集聚区，打造新材料、新能源、电子信息、先进装备制造业四大新兴产业，加快发展高新技术产业。建立健全中小企业协作配套体系，加强对科技型、成长型、生态型中小企业的培育扶持。大力发展生态旅游，整合旅游资源，深化推进区域旅游合作开发，积极打造浙江旅游大市和四省边际旅游集散中心。大力发展金融、物流、会展、信息、咨询、文化创意、楼宇等现代服务业。大力发展生态农业，进一步优化农业产业结构，推进农业优势主导产业升级，着力建设一批区域化布局、标准化生产、规范化管理的高效生态农业基地和生态循环农业示范区。

5. 强力推进节能减排。坚持和完善招商引资项目决策咨询制度，实施固定资产项目节能评估和审查，严把项目落地关。加快淘汰高能耗、高排放、污染重的落后产能，加强低小散产业的整治和提升，积极培育战略性新兴产业，加快推进开发区（工业园区）生态化。加强能源计量能效监管，推进能源管理体系建设。推进低碳发展，大力研发和推广清洁生产技术，促进制造业绿色化。切实加强企业节能减排，全面推进建筑、交通、公共机构、住宿、餐饮等领域的节能工作。落实工程减排、结构减排等综合措施，加快污水处理厂等环境基础设施工程建设。促进高排放企业加大技改投入，降低主要污染物和特殊污染因子的排放量。全面推进节约用水工作，大力发展节水产业和提高水循环利用率，以节约用水实现污染减排。

6. 大力发展绿色产业。依托生态优势，积极发展生态农业、生态林业、生态旅游。大力推行绿色生产，发展无公害农产品、绿色食品和有机食品，努力实现农产品的优质化和无害化。积极创建农产品绿色品牌，认真做好无公害农产品、绿色食品、有机食品的申报认证工作，大力开发高端生态农产品。完善农产品质量安全监管长效机制，确保农产品质量安全。深入推进"兴林富民"示范工程，积极发展木业、竹业、森林食品、森林旅游、中药材、种苗花卉等林业产业。"十二五"期间，全市建设 10 个生态循环农业示范区；实施 100 个生态循环农业项目，建设 100 万亩生态循环农业基地，绿色、有机、地理标志产品达到 100 个。

7. 强化人才科技支撑。开展学习型城市建设，进一步加强自主创新，积极培养、引进人才特别是学科带头人和高层次创业人才，深化与高校院所的交流合作，提升衢州学院、衢州职业技术学院的办学水平，加快构建以企业为主体、市场为导向、产学研相结合的生态技术创新体系。大力发展生态环境保护技术，研发节能减排和循环利用关键技术，着力提升生态环境监测、保护、修复能力和应对气候变化能力。加强生态文明建设急需专业人才的引进和培养，建设相关领域人才"小高地"，造就一批高水平的生态科技专家和生态文明建设领军人才。建立健全激励机制，调动和发挥专业人才的积极性、创造性，为生态文明建设提供强有力的智力支撑。

三　不断优化生态环境，着力提高环境质量

8. 加强钱塘江上游生态保护。以维护钱塘江上游生态系统整体功能为重点，开展对湿地、自然保护区、风景名胜区等区域的生态保护。深入推进国家现代林业示范市建设，大力发展生态公益林，加强森林资源保护，开展"森林城市（城镇）"创建活动。扎实推进以"美丽乡村"为载体的生态家园建设，实施以农村人口集聚、农村节能节材和基础设施配套为主要内容的"生态人居建设行动"。全面提升"百村示范、千村整治"、"农村清洁工程"和"农村水环境综合治理工程"，加强畜禽养殖废水、病死畜禽的管理和处置，实现养殖标准化、规模化、生态化。加强矿山资源开发整理，大力实施矿山开

发综合整治，扎实推进绿色矿山创建，促进矿区生态环境改善。

9. 加大生态环境整治修复力度。切实加强水污染、大气污染、固废污染的防治，加大重点区域、重点行业、重点企业污染整治力度，巩固已"摘帽"重点环境问题整治成果。加强污染源达标排放工作，重点加强国控、省控重点污染源以及城镇污水处理厂的监管，加大执法检查和处罚力度，着力提高主要污染物达标排放率。切实抓好道路运输、娱乐业、建筑施工、机动车尾气等方面的管理。加强城乡饮用水源建设和保护，加快水土流失综合治理步伐。加强工业固体废物综合利用、危险废物及医疗废物集中处置、城镇污水处理厂污泥有效处置。全面加强金属污染、辐射污染防治，开展污染土壤修复。切实抓好农业面源污染治理，大力推广测土配方施肥技术，加快发展生态养殖业，促进农村生态环境改善。

10. 健全生态安全管理机制。完善生态环境动态监测网络，全面安装重点污染源自动监测设备，实现信息资源共享，形成全天候环境质量监控监测体系。不断提高生态环境动态监测和跟踪评价水平。建立完善灾害预报预警系统，重点加强暴雨、风暴、冰雹等灾害性天气的预测预报和风险评估，完善酸雨等环境污染事件、动植物疫病、地质灾害、森林灾害等预报预警系统，避免和减少各类灾害造成的损失。建立完善生态安全应急处置系统，强化信息网络建设，形成比较完善的应对灾害性天气、突发环境事件和重大生物灾害的防控体系，提高生态安全事件应急处置能力。

11. 加快推进生态基础设施建设。完善主体功能区规划和生态环境功能区规划，科学谋划编制一批"十二五"生态项目。积极开展城市环境保护和建设，构建高效率、生态化、无害化的城市公厕、生活垃圾、污水处理网。加强城市和重点城镇污水处理工作，市区生活污水处理率达90%以上；生活垃圾无害化处理率、废水排放处理达标率均达到95%以上。深入实施生态市建设规划和城市绿地系统建设规划，抓好城市及环城防护林带、南环线改造绿化、城市森林公园、湿地公园和森林风景区等工程建设。保护城市内河水系生态，努力实现内河水系与滨江水系的有机连通。

四　培育和发展生态文化，倡导生态文明理念

12. 强化公众的生态保护意识。广泛宣传正确的世界观、政绩观、财富观和生活观，研究制定生态文明建设道德规范，大力倡导生态伦理道德。引导各级党政干部牢固树立生态优先发展的理念；引导广大企业家增强生态环保意识和社会责任感，加强环境污染治理，推动企业发展方式转变；引导社会公众树立人与自然和谐发展的思维方式和价值导向，提高全民生态文明素养；推行健康文明的生活方式，大力开展"节能减排家庭社区行动"，在全社会倡导勤俭节约的低碳生活。健全农村长效保洁机制，引导农民养成良好卫生习惯。

13. 构建具有区域特色的生态文化。加强生态文化理论研究，注重把实践过程中形成的生态认知提升为生态文化理论。加强生态文化比较研究，注重挖掘衢州世界自然遗产文化、山水文化、森林文化、传统农耕文化、古镇古村文化、茶文化等区域特色生态内涵。加强生态文化建设的战略规划、制度机制、对策举措等研究。每年安排一批生态文化研究项目，形成一批生态文化研究成果和文化作品，为推进生态文明建设提供强大的理论支撑和思想支持。

14. 广泛开展生态文明创建活动。深入开展生态市、生态县（市、区）、生态乡镇、生态村（社区）创建活动，切实抓好多层次的生态文明建设试点工作。积极组织开展"中国植树节"、"浙江生态日"等重要时节的纪念和宣传活动。广泛开展生态文明"进学校、进机关、进农村、进社区、进企业、进家庭"活动和绿色创建活动，

使崇尚自然、善待生命、保护环境、节约资源成为社会风尚和道德规范，让生态文明先进理念、生态文明行为方式和生态文明道德规范渗透到每个单位、每个家庭、每个公民，形成人人自觉投身生态文明建设实践活动的社会氛围。

五 完善生态制度体系，加快推进制度创新

15. 建立科学决策制度。进一步完善环境与发展综合决策机制，在城市规划建设、资源开发利用、重大产业布局等重大决策过程中，优先考虑生态环境的承载能力，充分评估可能产生的环境影响，避免决策失误对生态环境造成破坏。健全公众参与机制，充分发挥专家咨询委员会作用，对重大决策进行预先咨询和评估认证，完善重大项目公示、听证制度，增强决策的科学性和民主性。完善信息公布制度，定期发布生态文明建设进展成效评价信息，接受社会公众监督。

16. 完善要素配置机制。健全土地征用制度、工业用地招拍挂制度，积极探索工业存量用地盘活机制，促进土地节约集约利用。完善水价机制，推进不同行业、不同水耗企业差别水价（水资源费）制度。建立完善城市居民用电阶梯价格制度、企业超能耗产品电价加价制度，推行合同能源管理，促进节能新技术应用。建立健全排污权有偿使用与交易制度，深化排污权有偿使用工作，积极开展排污权交易试点。大力发展碳汇林业，探索建立林业碳汇交易机制。

17. 建立区域生态建设合作机制。按照统一性、整体性的要求，建立区域、流域生态环境保护协调机制。加强市与县（市、区）之间、县（市、区）与乡镇之间的协调配合，整体推进生态环境建设。加快推动建立钱塘江保护和治理联动机制，积极探索建立区域性治理项目的责任共担、利益共享制度。建立健全生态补偿与生态功能保

护和环境质量改善挂钩的制度。按照"谁保护、谁受益，谁污染、谁付费，谁破坏、谁担责"的原则，探索建立生态环保财力转移支付制度。鼓励探索区域合作、市场运作等生态补偿形式，推动生态补偿的市场化运作。

六　加强对生态文明建设工作的领导

18. 强化组织领导。各级党委要总揽全局、协调各方，把生态文明建设工作纳入新一轮发展战略布局，切实加强对生态文明建设的领导。各级人大要加强执法检查和监督工作，强化生态环保预决算审查监督，加强环保及生态建设执法检查和监督，依法行使好重大事项决定权。各级政府要认真编制相关规划，制定实施配套政策，加大财政投入，强化行政执法，推进区域合作。各级政协要积极履行政治协商、民主监督和参政议政职能，团结动员各方面力量为生态文明建设献计出力。各级纪检监察机关要切实加强对生态文明建设各项政策、措施贯彻情况的监督检查，确保市委决策部署落到实处。党的基层组织和广大共产党员在推进生态文明建设中要充分发挥战斗堡垒作用和先锋模范作用。充分发挥工会、共青团、妇联等人民团体和各民主党派、工商联的作用，动员广大职工、共青团员、妇女群众和社会各界人士积极投身生态文明建设，形成社会各方共同参与的新局面。各级新闻媒体要广泛持久地开展多层次、多形式的生态文明宣传教育，营造推进生态文明的良好氛围。

19. 强化政策扶持。建立健全生态文明建设投入机制，调整优化财政支出结构，加大财政向生态文明建设领域倾斜力度。加强重点生态项目的资金保障，对涉及民生的重大公益性生态项目，由各级财政投入建设。强化财政资金的导向作用，建立考评激励机制，提高资金使用效益。充分发挥市场机制和政府投入的综合作用，采取财政扶持等政策措施，引导金融机构创新绿色信贷产品，鼓励民间资本积极参与生态建设，倡导建立绿色碳基金，努力形成政府主导、多元投入、市场推进、社会参与的生态文明建设资金保障体系。

20. 强化督查考核。各县（市、区）和市级有关部门要按照市委部署，根据工作职责，加快制定和实施"十二五"时期推进生态文明和生态市建设专项行动方案，细化工作目标，拟订年度实施意见，把各项任务落到实处。探索建立衢州市生态文明建设指标评价办法，完善现行干部政绩考核制度和评价标准。推行生态危害"问责制"，对造成重大生态环境事故的，依法追究相关单位和人员责任。定期发布生态文明建设工作进展成效状况及评价信息，接受全社会监督。

中共衢州市委　衢州市人民政府关于开展"共建生态家园"干部走亲连心服务基层行动的实施意见

衢委发〔2013〕20号

各县（市、区）委、人民政府，市级机关各单位：

为扎实推进生态文明建设，切实转变干部作风，确保党的群众路线教育实践活动富有成效，市委、市政府决定，在全市开展以水环境整治为主要内容的"共建生态家园"干部走亲连心服务基层行动。现提出如下实施意见。

一　总体目标

以开展党的群众路线教育实践活动为契机，以"共建生态家园"为主题，以水环境整治为重点，以干部走亲连心活动为抓手，按照省内领先、国内一流的要求，坚持标本兼治、综合施策、重点突破、全面推进，结合三改一拆、"四边三化"、"双清"行动、大气复合污染防治等专项工作，力争到2016年底，基本完成全市水环境整治任务。全市地表水环境功能区水质稳定达标，衢州市出境水质、县（市、区）交界断面水质、集中式饮用水源地水质达标率达到100%，乡镇（街道）交界断面水质达标率达到85%以上，农村饮用水水质安全得到有效保障，市级以上生态村占行政村总数80%，全市水环境明显改善、水生态明显优化、水景观明显提升，加快建设水净、天蓝、地绿、景美的"生态家园"，努力打造全国生态乡村的"衢州样板"。

二　重点任务

紧紧围绕生态家园建设目标，深化治理技术、治理模式和长效管理机制创新，做好相关政策研究，着力推进以下六个方面工作：

（一）全面开展农村生活污染治理。大力宣传农村生活污染处理规范和常识，加大农村生活污水和垃圾收集处理设施建设，进一步提高农村污水处理能力，全面清理农村卫生死角和黑臭坑沟，不断提高农村垃圾减量化、无害化、资源化处理水平，有效整治农村"脏、乱、差"问题，切实改善村容村貌。到 2016 年底，农村生活污水收集处理行政村覆盖率达 90% 以上，农村生活垃圾集中收集处理基本实现行政村全覆盖。

（二）全面开展工业污染治理。按照"关停淘汰一批、整治入园一批、规范提升一批"要求，加大工业污水集中处理、总磷污染整治和危险废物规范管理力度，以六大行业整治提升为重点，优化产业结构布局，全力推进重点区域、重点流域、重点企业的工业污染防治。结合"智慧环保"建设，完善水质自动监测体系，加强集中式饮用水源等重点水域保护工作。到 2016 年底，重点工业污染源排放实现稳定达标，无危险废物排放。

（三）全面开展农业面源污染治理。重点抓好禁限养规定落实、畜禽养殖总量控制、病死畜禽无害化处理和监管、畜禽排泄物资源化利用、化肥农药污染治理，推动农业产业转型提升。到 2016 年底，全面落实禁限养规定，全市生猪养殖饲养量控制在 550 万头以内，规模化畜禽养殖场排泄物综合利用率达到 97% 以上，病死畜禽全部得到无害化处理；推广应用商品有机肥 10 万吨，农药使用量减少 12%。

（四）全面开展城镇污染源治理。加大城镇生活污水处理设施提标改造和管网建设力度，进一步提高城镇污水收集处理率和处理水平；加强城镇生活垃圾收集和无害化处理等设施建设和监管，规范整治餐饮行业排污。到 2016 年底，衢州市区生活污水集中收集处理率达到 95%，县级城市生活污水集中收集处理率达到 90%，集镇生活污水集中收集处理率达到 85%；县以上城市生活垃圾无害化收集处置率达到 100%，集镇生活垃圾无害化收集处置率达到 95%。

（五）全面开展河道整治。大力推进河道采砂管理整顿、水产养殖业污染治理、河道整治和保洁、农村饮用水源地建设和监管、水土保持、水资源管理、水体生态修复等工作；建立完善四级联动"河长制"，严格落实水域环境卫生责任，改善河道质量。到 2016 年底，基本禁止河道采砂，累计完成河道综合整治 840 公里，实现城乡河道保洁全覆盖，河道河面无漂浮物、河中无障碍物、河岸无垃圾的"三无"目标，区域内山塘水库生态洁水养殖比例达到 90%。

（六）全面建立健全长效机制。积极探索创新，及时总结提升，形成适合衢州的建设标准、治理技术、管理模式和生态保护投入、建设、运营、管护等环节的机制。建立生态村创建标准体系。大力推进宣传引导工作，修订完善村规民约，建立约束激励机制，增强群众自觉、自律、自治的生态保护意识，充分发挥群众主体作用。健全党员干部联系服务基层长效机制，定时到村帮助推进项目，督查设施运行，研究解决重点难点问题，增强工作实效。

三 方法步骤

按照"政府主导、群众主体、干部服务、社会参与"的原则，市县联动集中选派生态指导员入村工作，开展水环境整治为重点的统一行动。总体安排三年时间，每年重点开展 500 个左右行政村的整治提升工作。具体分五个阶段：

（一）宣传发动阶段（2013年9月中旬—10月上旬）。召开全市动员大会，统一思想、形成共识，研究制订"共建生态家园"行动实施意见及各专项行动方案，分解落实任务。加强宣传引导，广泛发动群众，努力做到家喻户晓、入脑入心。开展生态指导员的选派和分级培训，由农办、环保、农业、住建、水利等职能部门进行业务辅导。

（二）调查摸底阶段（2013年10月中旬至11月底）。生态指导员按照调查提纲以及规定的时间和工作要求入村调查，全面、客观、真实地了解情况，填报调查表，形成调查报告，建立生态档案。行动领导小组办公室五个专业组结合本组行动方案的要求，开展水环境污染重点领域的典型性、针对性调查。成立技术专家组，深入调查研究我市水环境状况，协助开展水环境整治工作，邀请专业公司，运用专业技术和人员开展治理技术、治理模式、运行情况、实际效果等调查工作。各个层面的调查，要做到有机衔接、有效结合。

（三）制订方案阶段（2013年12月上旬—2014年1月底）。各村生态指导员根据前期调查摸底掌握的问题，提出所联系村的整治措施；各乡镇（街道）对各村生态指导员上报资料，集中分析，专项审核，形成整治方案上报；市县两级根据汇总情况，制订农村生活污染、工业污染、农业面源污染、城镇污染源、河道等方面的专项整治方案和总体整治方案，推进分类达标。同时，各县（市、区）要筛选出30个重点村（其中：10个自然景观最优美、旅游资源最丰富的村，10个处于饮用水源地等敏感水域范围的村，10个生态环境污染最严重的村）和3个连线连片区块作为主抓对象，加强方案编制、项目谋划、资金筹措，集中人力、物力、财力先行先试。绿色产业集聚区和西区也要根据各自实际，按此分类确定若干重点村。

（四）集中行动阶段（2014年2月—2014年底）。按照整治实施方案，全面启动环境整治提升工作。选取500个左右行政村为重点，突出抓好三类重点村及重点连线连片区块的整治提升以及集镇污水处理设施的改造提升，集中推进，发挥典型引领作用，总结经验全面推广。力争打造一批生态休闲旅游精品村、精品区块，敏感水体保护示范村和后进转化示范村，集镇污水处理和垃圾集中处理能力得到有效改善。各村生态指导员该阶段要根据整治方案进行跟踪指导、督促推动。

（五）持续推进阶段（2015年1月—2016年底）。重点村和连线连片区块要在原有基础上，进一步拉高标杆，持续推进。在此基础上，每年再以500个左右行政村为重点村，开展整治提升工作，最终实现行政村环境整治全覆盖。已达标的生态村要进一步争创优秀生态村。以县（市、区）域为单位，根据不同污染种类，整体设计区域内污水治理、垃圾集中收集处理等项目，科学编制污水治理、垃圾集中收集处理年度工作计划，分类实施，全力推进。

四　工作要求

（一）加强领导，落实责任。此次活动由市"共建生态家园"干部走亲连心服务基层行动领导小组统一领导。领导小组办公室负责组织指导、综合协调、检查督办等工作，办公室下设的八个工作组要各尽其责，相互协作，统筹抓好落实。市四套班子领导作好表率，按照领导联系制度到所联系点开展检查指导工作。坚持市县联动、乡村联动，每个乡镇（街道）都要有一个指导组，每个行政村和集镇都要有一名市或县机关部门的干部担任生态指导员，每个行政村至少要有一名驻村干部配合生态指导员开展工作。各县（市、区）要落实属地管理责任，健全相应组织机构，加快跟进和落实相关工作。

（二）强化统筹，创新机制。各地各有关部门要注重投入，研究制订资金筹集和使用管理办法，集中较大的财力支持专项行动，为行动开展提供保障。要创新经营管理机制，特别是对治污设施的运营管理，要积极探索建立公司化运营、管理方式，确保长效运行。要创建统筹推进机制，加强各级各类资源、项目整合，统一谋划包装，加大向上争取力度，打造全市域的资源统筹平台，实现全市各类资源有效整合。

（三）创先争优，注重实效。要强化督导检查，行动领导小组办公室以及市县两级督查机构，分阶段对行动开展情况进行督查督办，定期不定期开展抽查检查工作，发现问题，及时提出整改意见，做到一月一通报、一季一考核、一年一评比。及时对行动期间所开展的生态环境整治提升情况，生态环境改善情况，治理设施投入、建设、运营、管护情况组织考核验收。要开展创先争优，根据生态村不同层次创建结果，按照相应标准给予奖励。将县（市、区）、乡镇交界断面水质监测结果作为考核硬指标和资金分配的重要依据。

（四）形成合力，浓厚氛围。要按照市里抓总、属地为主、条块结合、各方联动的要求，充分调动各方积极性，形成合力推进的工作机制。特别是村与村、乡镇与乡镇、县与县之间，要强化紧密配合、联动协作，切实提升工作合力。要严明纪律，特别是各级领导干部要按照市委、市政府的决策部署，强化执行，推动落实。建立生态指导员考核约束激励机制，将驻村经历及年度考核情况记入干部个人档案，作为今后干部使用、评优评先、后备干部动态培养的重要依据。要加大宣传力度，大力弘扬环保理念和生态文化，并积极挖掘创新做法，推介各类先进典型，营造浓厚的活动氛围。

中共衢州市委

衢州市人民政府

2013 年 10 月 16 日

中共衢州市委　衢州市人民政府关于印发《衢州市"河长制"实施方案》的通知

衢委发〔2013〕25号

各县（市、区）委、人民政府，市级机关各单位：

《衢州市"河长制"实施方案》已经市委、市政府同意，现印发给你们，请认真贯彻执行。

中共衢州市委

衢州市人民政府

2013年12月31日

衢州市"河长制"实施方案

为扎实推进"共建生态家园"行动，进一步落实各级政府水环境治理责任，促进全市水环境质量的改善，根据省委、省政府《关于全面实施"河长制"进一步加强水环境治理工作的意见》（浙委发〔2013〕36号）精神，现就我市河道水生态环境管理实行地方行政领导负责制（即"河长制"）提出如下实施方案。

一　总体要求

按照"建立机构、明确责任、落实经费、严格考核"的要求，在全市全面推行"河长制"，构建责任明确、制度健全、运转高效的河道水生态环境管理体系，确保各级政府水环境治理责任得到落实，提高水环境质量，改善水生态环境，健全城乡河道保洁和水环境治理长效机制，为建成水净、天蓝、地绿、景美的"生态家园"，打造全国生态"衢州样板"提供坚实的水生态环境支撑和保障。

二　工作目标

——到2013年底，建立市、县、乡（镇）、村四级河长体系，全市河道实现"河长制"全覆盖。

——到2016年底，通过全面落实"河长制"，大力实施水环境综合治理，促进河道水环境明显提高、水生态明显改善、水景观明显提升。衢州市出境水质、县（市、区）交界断面水质、集中式饮用水水源地水质达标率达到100%，乡镇（街道）交界断面水质达标率达到85%以上，农村饮用水水质安全得到有效保障。全市河道实现"岸洁、水清、河畅、景美"目标。

岸洁：河岸堤线完整无严重塌损，河岸无垃圾，堤防管理范围内无违法建筑和危破房屋，实现城乡河道保洁全覆盖。

水清：加快入河排污口截污治理，河道沿线农村生活污染、工业污水污染、农业面源污染、城镇生活污染得到有效治理，市内主要河道、城市建成区河湖水质明显改善，河面清洁，无垃圾、无死猪和其他漂浮物，确保各交界断面水质考核合格和饮用水水源安全。

河畅：全市河道基本禁止采砂，河道范围无违法侵占水域建筑物、构筑物、砂石料堆场，河道无明显淤塞，船舶停放有序，河流自然顺畅。

景美：加快生态河道建设，推进河道绿化、彩化、美化、亮化工程，改造提升堤防生态景观，打造连线成片的城乡滨水景观带，城区、集镇、村庄沿线河岸绿化明显提升。

三　"河长制"的设置

结合"共建生态家园"行动，按照河道属地管理与等级设置相结合的原则，确定市、县、乡（镇）、村四级河长，全市河道"河长制"全覆盖。

（一）乌溪江衢江干流，常山港、江山港衢州市区段，市区信安湖，市区中心城区河道水系，由市领导担任一级河长，市级相关部门作为河长联系部门，沿线政府为责任主体；沿线县（市、区）、衢州绿色产业集聚区、市西区领导担任二级河长；沿线乡镇（街道）、村领导分别担任三级河长和四级河长。

（二）上述范围以外省市级河道和县级河道由沿线所在地的县（市、区）、衢州绿色产业集聚区、市西区领导担任一级河长，沿线乡镇（街道）、村领导分别担任二级河长和三级河长，同时明确责任部门和责任主体。

（三）对其他河道水系，各县（市、区）、衢州绿色产业集聚区、市西区根据河道的实际，落实乡村两级"河长制"，所辖区域内的河道实现"河长制"全覆盖。

四　职责分工

（一）组织协调机构

衢州生态市建设工作领导小组负责"河长制"实施的日常组织协调工作。领导小组负责研究、部署、监督实施河道水生态环境治理和管理计划，审定河道水生态环境管理标准、制度、考核办法和考核结果，协调解决河道水生态环境重大问题。

领导小组下设"河长制"办公室，与市生态办合署办公，办公室主任由市生态办主任兼任，市水利局为办公室副主任单位，市农办、发改委、经信委、公安局、财政局、国土局、环保局、住建局、交通运输局、水利局、农业局、林业局、卫生局、工商局、旅游局等部门为成员单位。办公室负责贯彻领导小组的决定和部署、明确工作任务、拟订管理制度和考核办法、督促各项任务落实、组织实施考核等工作，定期公布考核结果。

各县（市、区）政府、衢州绿色产业聚集区、市西区管委会是河道水生态环境治理的责任主体，要成立河道水生态环境管理领导小组和"河长制"办公室，负责组织推进本行政区域内水环境治理和管理工作。河长名单要通过当地主要新闻媒体向社会公布，在河岸显要位置设立河长公示牌，标明河长职责、整治目标和监督电话等内容，接受社会监督。各级河长名单要报上级"河长制"办公室备案。

（二） 河长的主要职责

各级河长负责包干河道管理范围内的水生态环境治理和管理工作，牵头组织开展河道水质和污染源调查、制定和实施水生态环境治理和管护方案、协调解决重点难点问题、推动落实水环境治理重点工程项目，做好督促检查，确保完成水生态环境治理的目标任务。

市级河长负责指导实施跨行政区域水系水生态环境综合整治规划和计划，协调解决工作中存在的问题，做好督促检查工作。

各县（市、区）政府、衢州绿色产业聚集区、市西区管委会作为河道水生态环境治理的责任主体，具体承担辖区内河道治理工作的指导、协调和监督职责，组织实施水生态环境治理方案，推进河道整治和保洁、截污纳管、生态修复、水质改善等水环境治理工作。

上级河长要督导下级河长和有关部门切实履行职责，及时协调处理河道水环境治理突出问题，对考核不合格、整改不力的下级河长进行约谈，确保完成水环境治理年度目标任务。每个河长确定一个联系部门或河道管理专职协管员，协助河长履行指导和监督职能，开展日常巡查，发现问题及时报告河长。各地要进一步明确村级河长的职责。

（三）市级有关部门职责

市环保局负责环境污染防治的统一监督指导，负责组织跨县域的水污染防治规划（方案）的实施、工业污染源执法监管和水质监测、集中式饮用水源保护，牵头组织实施河道监控信息系统建设。

市水利局负责指导、监督实施生态示范河道工程建设、河道整治和保洁、河道采砂整治规范、涉河"三改一拆"、水产养殖污染整治、洁水渔业推广、农村饮用水水源地保护、涉水涉渔违法行为查处等工作，配合实施河道监控信息系统建设，负责监控点位的确定。

市农办负责指导、监督美丽乡村建设和村庄整治，指导开展农村生活污水和生活垃圾处理工作。

市发改委牵头组织推进市级以上重点项目实施的综合协调。

市经信委负责完善落后产能淘汰目录，牵头建立健全落后产能退出机制，推进工业园区、企业清洁生产审核和绿色企业创建。

市公安局负责指导、加强涉嫌环境犯罪行为的打击。

市财政局负责指导河道水环境治理资金的筹集、使用和管理，协调落实"河长制"省级以上相关财政政策，监督资金使用情况。

市国土局负责重点项目建设用地保障。

市住建局负责指导、监督城市建成区范围内由建设系统管理的水域环境治理工作和城镇污水、垃圾等基础设施的建设与监管。

市交通运输局负责指导、监督航道疏浚保洁和水上运输船舶及港口码头污染防治。

市农业局负责指导、监督农业面源和畜禽养殖污染防治，推进农业废弃物综合利用，加强畜禽养殖环节病死动物无害化处理和执法监管。

市林业局负责指导、监督生态公益林保护和管理，水土涵养林和水土保持林建设、河道沿岸的绿化造林和湿地修复工作。

市卫生局负责指导、监督农村卫生改厕和饮用水卫生监测。

市工商局负责依法依规查处无照经营违法行为。

市旅游局负责指导、监督 A 级旅游景区内河道洁化、绿化和美化工作。

五　有关要求

（一）加强组织领导。推行"河长制"是深入推进我市"共建生态家园"行动、加强水生态环境治理的一项全局性、战略性举措。各地各部门要高度重视，切实加强领导，精心组织部署，全面落实责任，统筹协调安排，加大资金投入，确保各项工作落到实处。

（二）严格落实责任。各级河长、责任部门要认真履行水生态环境治理的工作职责，及时协调解决治水工作中的难点问题，积极探索和总结行之有效的治水办法，广泛动员和带领广大干部群众积极参与水环境治理。有关部门要各司其职，各负其责，协调联动，积极协助河长开展工作。

（三）加大工作考核。市"河长制"办公室负责对县（市、区）、衢州绿色产业聚集区、市西区"河长制"工作实施情况进行考核管理，考核办法与衢州市"共建生态家园"干部走亲连心服务基层行动目标绩效考核办法合并。考核工作从 2014 年开始，采用定期考核、日常抽查和社会监督相结合的方式，并定期通报。各县（市、区）、衢州绿色产业集聚区、市西区应结合各自实际，建立"河长制"日常监督考核制度并开展考核。

（四）落实资金保障。各级政府要切实加大公共财政对河道水环境治理和管理的投入，建立"河长制"专项资金，专项用于水生态环境治理工作。有关部门要整合相关资金，加大对河道水环境治理和管理的政策倾斜与资金支持。

各县（市、区）、衢州绿色产业聚集区、市西区管委会应结合本地实际，制定相应的"河长制"实施方案。

附件：衢州市级河长安排

衢州市级河长安排

河道名称	起止点	河道长度（km）	河长	联系部门	责任主体
乌溪江	乌溪江遂昌县和衢江区交界处至乌引水闸以上	46	陈新	市农业局	衢江区、柯城区
衢江	塔底电站至衢江龙游和兰溪交界处	47.8	沈仁康	市发改委	柯城区、衢江区、龙游县
中心城区内河	斗潭湖、南湖、壕沟、西排渠、北门溪、黑溪河等	11.27	居亚平	市住建局	市住建局
江山港	衢江区后溪至双港口大桥	22.5	俞流传	市环保局	柯城区、衢江区、衢州绿色产业集聚区、巨化集团公司
常山港	开化华埠至常山港孙姜大桥	71.1	江汛波	市农办	开化县、常山县、柯城区
信安湖	江山港双港口大桥以下、常山港孙姜大桥以下（含支流）、石梁溪白云山大桥以下、庙源溪杭金衢高速公路大桥以下、乌引水闸以下、塔底电站以上	34	赵建林	市水利局	衢江区、柯城区、衢州绿色产业集聚区、西区、巨化集团公司

衢州市委书记陈新在全市生态文明
建设现场会上的讲话

2012 年 10 月 22 日

今天召开全市生态文明建设现场会，主要目的是贯彻全省生态文明建设试点现场会精神，总结经验，部署新一轮的生态文明建设。上午，我们实地考察了开化县的生态文明建设示范点，很受启发，很有收获。下午 6 个单位作了经验交流发言，大家要认真学习借鉴。刚才沈市长作了全面的工作部署，希望各级各部门要吃透精神，逐条对照本地区、本部门实际加以贯彻落实。

生态文明非常重要。生态文明是人们在工业文明的基础上，深刻反思传统工业化的教训而产生的一种新型文明形态。建设生态文明，实质上是要建设以资源环境承载力为基础、以自然规律为准则、以可持续发展为目标的资源节约型、环境友好型社会。我市一直重视生态文明建设，也取得了不少成绩。比如说最近获得省政府批准的，作为全省 14 个智慧城市建设试点项目之一的衢州市智慧环保工程。该项目出发点和落脚点是加强生态文明建设，是为了保护浙江省的生态屏障，我们对智慧环保投入了大量的人力物力，获得了省里的认可。但是还存在一些不足，如信安湖污染整治进展情况就不太好，很多媒体均有报道，目前还是不尽如人意。我们要先做规划、再整治，还要建立长效机制，保证信安湖今后不再受污染。在建立长效机制的同时，要研究信安湖的开发利用，如旅游开发等。规划整治、长效机制和开发利用三项缺一不可，要协调推进。

生态文明建设对衢州而言有着极其重要的意义。衢州是浙江省的生态屏障，省里要求衢州绿色发展、生态富民、科学跨越。做好生态文明建设这篇文章，意义重大。9月18日的安吉会议上，省委赵洪祝书记提出今后考核干部政绩，关键就要看百姓富不富、生态好不好、社会安不安、干群和不和。这四句话既是考核干部的"四要素"，也是我们工作的目标和导向。这次会议上，夏宝龙省长也提出四句话要求：思想上要正确认识生态建设与经济发展的关系，政策上要抓紧建立完善有利于生态环境保护的政策体系，措施上要实行最严格的生态环保制度，行动上要动员全社会力量参与生态文明建设。赵书记、夏省长都讲得这么到位，我们要很好地领会贯彻。我体会党委政府开门有三件事：一是发展，带动群众发展经济，改善人民群众生活；二是生态，保护生态环境，给群众蓝天、碧水、新鲜空气；三是平安，让群众有安全感，安居乐业。把这三件事抓好，人民群众对我们就基本满意了。

历届市委、市政府一贯高度重视生态建设和环境保护工作。2003年我市率先在全省提出生态市建设，明确了创建国家级生态示范区、国家环保模范城市、国家生态市"三步走"的目标。通过努力，2006年全市实现了国家级生态示范区创建"一片绿"，衢州是浙江省唯一的全域取得国家级生态示范区的地级市，成绩来之不易。2010年衢州获得省环保模范城市命名，但离国家环保模范城市要求仍存在不少差距。今年2月市第六次党代会提出要继续努力，到2015年创成国家环保模范城市。国家环保模范城市的硬性指标是很难的，我们要加把劲，争取早日取得这一荣誉。这类荣誉如国家森林城市等，都是衢州的金名片，多多益善。尤为可喜的是，开化县成为国家生态县并被列为全国生态文明建设试点县。应该说，近十年来我市抓生态环保工作一以贯之，成效显著，实现了对全省生态建设多作贡献的庄严承诺。

同时也要清醒认识到，我市生态环保工作还存在许多不足和差距。刚才沈市长讲了PM 2.5的问题，我也很关注，我一直以为衢州PM 2.5指标应该排在全省前列，但现在最好时排在全省中等偏上，一般就在后面几位。另外，还有信安湖的问题，机场附近的臭味问题，都应该好好整治。我们一定要深刻认识新形势下生态文明建设的重要意义，加大工作力度，一个一个问题解决，一件一件事情落实。各县（市、区）、各乡镇、各部门都要各负其责，层层落实，做到抓一件成一件，推动我市生态文明建设迈上新台阶。

下面，我再讲五点意见：

一 把生态文明建设摆在更加突出的位置

建设生态文明是党的十七大提出的战略任务，既事关发展又事关民生，既事关当前又事关长远。胡锦涛总书记在"7·23"重要讲话中指出："推进生态文明建设，是涉及生产方式和生活方式根本性变革的战略任务，必须把生态文明建设的理念、原则、目标等深刻融入和全面贯穿到我国经济、政治、文化、社会建设的各方面和全过程。"省第十三次党代会提出，要努力建设物质富裕精神富有的现代化浙江，其中一项主要任务就是建设"富饶秀美、和谐安康"的生态浙江，更加突出了生态文明建设在我省经济社会全局中的战略地位。这为我们进一步推进生态文明建设指明了前进方向，提供了强大动力。

1. 推进生态文明建设是责任所在。衢州地处钱塘江源头，生态环境质量对全省生态环境安全具有重要影响。省委、省政府明确了把衢州建设成为全省富裕的绿色生态屏障的目标，提出了"绿色发展、生态富民、科学跨越"的总要求，并强调要"确保一江清水送下游"，这是我市光荣而艰巨的政治责任。

2. 推进生态文明建设是发展所需。衢州最大的优势就是生态优势，生态作为稀缺资源，是最为宝贵的财富和核心竞争力。生态环境好了，衢州的投资环境会更佳，知名度、美誉度会更高，更有利于集聚高端要素、吸引优秀人才、发展新兴产业。我们必须大力推进生态文明建设，努力把生态环境优势转化为竞争优势、发展优势。

3. 推进生态文明建设是民心所向。随着经济社会的快速发展，人们对高品质生活、原生态环境的追求日益强烈。我们必须顺势而为，加快推进生态文明建设，让群众喝上干净的水、呼吸清洁的空气、吃上放心的食物。要进一步发挥生态优势，推动生态资源转变为富民资本，使"绿水青山"和"金山银山"有机统一，创造"三生三宜"的一流环境，增强广大群众的满意度、幸福感。

总之，推进生态文明建设是构建绿色生态屏障的政治责任，是发挥衢州竞争优势的关键举措，是提升人民生活品质的有效途径。各级各部门要把思想和行动统一到市委、市政府的决策部署上来，齐心协力、持之以恒地把生态文明建设各项工作抓实抓好。

二　大力推进绿色发展

建设生态文明，最根本的是加快转变经济发展方式，大力发展绿色经济、循环经济，形成资源节约、环境友好的产业结构、生产方式和消费模式。

1. 培育壮大生态产业。发展绿色经济、培育生态产业是全球经济发展的大趋势。从我市现有基础和优势看，要在深入实施产业转型升级的过程中，大力发展生态工业、生态农业和生态旅游业，使之成为新的经济增长点。一要大力发展生态工业。衢州工业发展面临着壮大总量与提升质量的双重任务。要优化增量，突出抓好招商引资、浙商回归，积极引进符合产业发展方向、科技含量高的大项目、好项目，大力发展新材料、新能源、先进装备制造等新兴产业。在招商引资时首先应考虑，行业业态是否适合衢州发展，如电镀、印染不能转到我们这里，我们不搞这些。要提升存量，对传统产业进行生态化改造，对高能耗低产出和违法排污排放屡禁不止的企业实行"零容忍"，促使这类企业整改提升或"腾笼换鸟"。二要大力发展生态农业。要因地制宜扎实推进"一村一品"行动，大力发展无公害产品和绿色、有机食品，积极推行农业生态化、标准化生产，建设一批区域化布局、标准化生产、规范化管理的高效生态农业基地和生态循环农业示范区。要加快构建生态林业产业体系，深入推进"兴林富民"示范工程，积极发展竹木业、中药材、花卉苗木、森林食品等林产业。衢州发展生态农业有着得天独厚的优势，我们很多农产品都是绿色、生态、无污染的，下一步要在包装环节、销售环节、物流环节加以推动，使农民的产品变为商品、名品。我们正在搞"一村一品"，每个县、每个乡镇能不能拿出一两样拳头产品来？三要大力发展生态旅游业。充分发挥我市世界自然遗产、自然保护区、风景名胜区、森林公园、地质公园和湿地公园等丰富的生态旅游资源优势，加快推进五龙湖等五大旅游集聚区建设，打造一批有特色、有规模、有档次的旅游精品，提供更多亲近自然的生态休闲旅游产品。只要有条件、合适的都可以搞旅游，我去过江山的碗窑乡，那里景色也没什么特别，就几个农家乐，但搞得好、有特色，客人不嫌远都要过来。

2. 加快建设生态园区。各级各类开发区特别是市绿色产业集聚区，要转变发展方式，推进转型升级，努力构建绿色产业链和资源循环利用链，加快生态化改造，使园区不仅成为产业高地、创新高地，而且成为生态建设高地。绿色产业集聚区任务非常重，名字就是绿色的，要搞绿色的、循环的，搞污染的就不行了。巨化近年来生态化改造做得不错，得到了省领导和省内外新闻媒体的表扬肯定。还有元立公司大力发展循环经济，通过余热、余气、余压发电，自发电比例高达93％，并通过水渣、钢渣、废水的回收利用和变频节能改造，循环经济产生的直接经济效益高达10亿元。

3. 优化项目准入管理。要坚持把生态环境功能区作为生产力布局的重要依据，把符合环境容量要求作为新上项目的重要前提，进一步完善项目环境准入制度和服务机制。对企业对项目不应该简单地说不准入。为什么不准入？需要达到什么标准才能准入？这要跟企业说清楚，要以为企业服务为前提。同时要坚守环保底线，始终做到"四个绝不、三个经得起"，即绝不降低项目环保准入门槛、绝不使工业区成为污染区、绝不接受污染转移、绝不以牺牲环境换取经济发展，环保执法监管要做到经得起上级检查、经得起群众监督、经得起媒体暗访。

三　加强城乡生态环境综合整治

推进生态文明建设，要从解决人民群众最关心的环境问题入手，从意见大、矛盾多的"硬骨头"入手，加强环境综合整治，让衢州的山更青、水更绿、天更蓝、人民生活更美好。

1. 加强以信安湖为重点的水污染治理。要把信安湖治理作为生态文明建设的重中之重，坚持科学治理、铁腕治污，通过完善设施、截污纳管、清障拆违、沿江绿化等工作，进一步改善水环境质量，以整治带保护、带建设、带旅游。

2. 加强以农业面源污染为重点的农村环境整治。要加大养殖污染整治力度，健全总量控制和区域控制的双控制度，划分好禁养区、限养区，对禁养区内养殖企业要加快关闭或搬迁，促进养殖产业园区化、生态化发展。要扎实推进"四边三化"行动（公路边、铁路边、河边、山边等区域的洁化、绿化、美化）。这是今年初省委赵洪祝书记在龙游视察时提出的一项专项行动。省里非常重视，全省的"四边"绿化工作会议将在龙游召开，对我们"四边三化"工作提出了更高的要求和极大的鞭策。在你这里提出来的，你要是落后了怎么交代？龙游一马当先，其他县（市、区）也要跟进，不能落后。另外我讲过今年6条道路，年底都要好好看一看，评一评。林业局、建设局和交通局哪个部门做得好，哪个部门是应付的，是骡子是马拉出来遛遛。另外明年市区4条街也要进行提升，如水亭门街区的整治提升、北门街的整治提升和上下街、坊门街提升工程，这4条街有关部门要抓紧规划，明年抓紧实施，进一步优化城市环境，提升人民群众的幸福感。

3. 加强以节能减排为重点的工业污染整治。要围绕节能减排方案，从严控制用能和排放总量，强化重点行业与领域的监管，积极推广先进节能减排技术，加快推进一批重点节能减排项目。凡是能耗、水耗和污染物排放总量超标的企业，都要按照规定时限、规定标准坚决整治。要和智慧环保工程相结合，明年年底建成智慧环保工作机制，切实加强在线监测监管，促进节能减排和工业污染整治。

四　扎实推进生态基础建设

推进生态文明建设，要以环保基础设施建设为支撑，以创建国家环保模范城市为载体，以提升全民生态文明素质为保障，不断夯实生态建设的基础工作。

1. 全力推进智慧环保工程。"智慧环保"项目是利用信息化和物联网等技术，推进生态文明建设的重要载体。这就是基础工作，智慧环保工程做好了，那么偷排超排、污染环境等问题我们就看住了。要按照项目实施方案，加快规划设计、项目报批和建设进度，争取到2013年底，初步建成24小时实时监测、全面监控、应急预警、高效指挥、教育展示等多功能的"智慧环保"项目，并达到省内一流、全国领先的水平。

2. 深入创建国家环保模范城市。"创模"已作过动员部署，但是我市离环保模范城市的要求还有较大差距。各级各部门要认真对照创建目标，找准薄弱环节，明确主攻方向，重点要在加快产业转型升级、推进污染减排、加强环保设施建设等方面下功夫，不折不扣完成各项任务，力争 2015 年创成国家环保模范城市。

3. 努力提升全民生态文明素质。要广泛开展生态文明宣传教育，大力弘扬生态文化，动员广大群众以主人翁的姿态积极参与生态文明建设。牢固树立节约资源、保护环境就是保护生产力、提高人民生活质量的理念，进一步提高全民生态环保意识和生态文明素养，努力形成健康、文明的生活方式。这不是环保一个部门的任务，涉及方方面面，宣传、文化、广电等部门都有任务。要让大家增强环保意识，不要随地吐痰，不要在公共场所抽烟，出门购物带竹筐，不要带塑料袋等，使得生态文明、节约资源、低碳生活等观念在衢州成为时尚。

五　强化生态文明建设的合力

生态文明，贵在创新、重在建设、成在持久。要切实加强领导，完善机制，形成共建共享生态文明的强大合力。

1. 加强组织领导。发挥好生态市建设领导小组的综合协调和牵头作用，进一步落实部门联席会议制度、情况反馈制度、进展督查制度和情况通报制度。各级"一把手"作为第一责任人，要亲自抓、负总责，将目标任务细化量化，层层分解落实到人。

2. 强化督查考核。要把生态文明建设纳入党委政府综合考核，严格落实省里下达的各项考核指标，并把生态文明建设的成效作为考核各部门工作成绩和干部政绩的重要内容。市人大、政协要通过执法检查、视察、评议等形式，强化对生态文明建设工作的检查监督，确保工作任务落到实处。

3. 注重示范引领。各级各部门要善于发现典型，总结先进经验，树立工作标杆，加大宣传力度，把好做法、好经验多宣传，让大家都知道。要深化生态文明建设试点工作，在各地各行业形成一批具有特色的生态文明示范点。

4. 健全体制机制。要建立健全投入机制，加大财政向生态文明建设领域的倾斜力度，积极推行排污权交易机制改革，同时对碳汇交易也要研究。鼓励和引导社会资本参与生态文明建设。要建立健全公众参与机制，完善公众参与生态环境保护机制，可以多组织一些志愿者参与生态保护管理。要充分利用新闻舆论监督、听证会、网络对话等方式，通报、曝光环境违法行为，督促环境问题的整改。一个是志愿者，一个是媒体，我觉得都很重要，要充分利用起来。

同志们，生态文明建设责任重大、意义深远。全市上下要以更加坚定的信心，更加有力的举措，更加务实的作风，扎实推进各项工作，努力使衢州生态文明建设走在全省前列，努力为推进"一个中心、两大战役"作出新的贡献！

衢州市委书记陈新在全市推进"五水共治"
共建生态家园动员大会上的讲话

2014 年 2 月 8 日

同志们：

大家上午好！

首先，向全市广大干部群众拜个晚年，祝大家马年吉祥，龙马精神！

春节刚过，市委、市政府就召开全市机关干部大会。这次大会的主题是"五水共治"共建生态家园。这项工作我们已经干起来了，生态指员已经进村入户，生态摸底情况已经在做了。今天召开这个会议，是对推进"五水共治"共建生态家园进行再动员、再部署、再推进、再强调。这次会议采取电视现场直播的形式，直接开到村一级。刚才，市环保局、市水利局和龙游县 3 家单位作了简短而有力的表态发言。会后，市县四套班子领导还要赶赴联系村，组织开展农村环境卫生集中整治活动。这些，都充分体现了市委、市政府全力打赢"五水共治"攻坚战的鲜明态度和坚定决心。

下面，我就推进这项工作，强调三点意见：

一 更加重视"治水"工作

水是生产之基、生态之要、生命之源，人与自然都离不开水。推进"五水共治"共建生态家园，是贯彻落实省委、省政府重大战略决策部署的具体行动，同时，也是回应群众关切，再创衢州绿色发展新优势的现实需要，怎么强调也不为过。

治污水、防洪水、排涝水、保供水、抓节水"五水共治"，是省委、省政府围绕全面深化改革、实现转型发展作出的重大战略决策部署。在全省经济工作会议上，夏宝龙书记从经济的角度、政治的高度、文化的深度、社会的维度和生态的尺度分别阐述了抓治水的重要性。他强调，抓治水就是抓改革、抓发展，要用"重整山河"的雄心壮志和壮士断腕的豪迈斗志，治出面向未来的新优势，治出浙江发展的好局面，治出我们制度自信、文化自觉、发展自强的精气神。省委、省政府对这项工作的推进力度之大、决心之大，前所未有。我们必须深刻领会省委、省政府的战略意图，做到知行合一，切实把治水工作抓实抓好。

抓治水就是抓民生。去年10月，市委、市政府启动了"共建生态家园"行动，取得了初步成效。但是，从摸底情况看，我们的生态环境仍然很脆弱，特别是水环境不容乐观，离老百姓的需求还有很大差距。从污水治理情况看，全市黑臭河、垃圾河为数不少。绝大多数集镇污水处理设施管网不配套，污水收集率低，设施不能正常运行。全市农户生活污水收集处理率与省定的目标差距较大。在集镇和农村还有一些工业企业存在不同程度的污染问题。从防洪排涝情况看，城市防洪体系仍不健全，衢江重要支流防洪能力不足，部分山塘水库存在病险。城市排涝规划和设计相对滞后。从保供水情况看，农民饮用水自来水覆盖率低；大中型灌区配套体系不完善，灌溉"最后一公里"的问题仍然突出。群众想什么，我们就干什么。我们要按照习总书记提出的，人民对美好生活的向往就是我们的奋斗目标，积极回应群众关切，扎实开展党的群众路线教育实践活动，解决问题、办些实事。要通过"五水共治"，真正让天更蓝、水更清、空气更清新。

抓治水就是抓有效投资促转型。习近平总书记有过精辟的言论，人们对绿水青山和金山银山"两座山"的认识经过了三个阶段，起初是用绿水青山去换金山银山，之后既要金山银山又要绿水青山，最后是绿水青山就是金山银山。这不仅要求我们要有主动保护生态环境的意识，更要求我们要从生态环境就是生产力、竞争力这个角度来看待问题。实际上讲，衢州这个问题更是要反复强调，生态是衢州的命脉、王牌，是"金字招牌"。正因为我们有良好的生态环境，才能引进旺旺、娃哈哈、伊利等知名企业，才能吸引这么多的外地游客。衢州要赢得未来的竞争，占领发展的制高点，就必须更好地发挥生态环境优势，不能以牺牲环境为代价换取 GDP 的增长。我们要以"功成不必在我"的胸襟，围绕治水目标，倒逼转型升级，用短期阵痛来实现绿色发展、持续发展。

二　力争"治水"工作走在全省前列

为什么"治水"工作要走在全省前列？衢州是钱塘江源头，重要的水源地之一。我们水治不好，下游怎么治？抓好"治水"工作，既是响应省委、省政府要求，也是回应群众关切，体现了我们的环保意识和生态自觉。我们理应使"治水"工作走在全省前列。

全省经济工作会议明确指出，"五水共治"的时间表是三步走，三年（2014—2016 年）要解决突出问题，明显见效；五年（2014—2018 年）要基本解决问题，全面改观；七年（2014—2020 年）要基本不出问题，实现质变。

"五水共治"的主要任务是：**治污水**，主要是抓好清三河、两覆盖、两转型。清三河，就是重点整治黑河、臭河、垃圾河；两覆盖，就是力争到 2016 年、最迟到 2017 年实现城镇截污纳管和农村污水处理、生活垃圾集中处理基本覆盖；两转型，就是抓工业转型和农业转型。**防洪水**，重点推进强库、固堤、扩排等三类工程建设。**保供水**，重点推进开源、引调、提升等三类工程建设。**排涝水**，重点强库堤、疏通道、攻强排，着力消除易淹易涝片区。**抓节水**，重点要改装器具、减少漏损、再生利用和雨水收集利用示范，合理利用水资源。

当前，省里的路线图、时间表已十分明确，关键是抓好落实。各级各部门要紧盯目标任务，迅速行动起来，树立争先创优意识，努力在工作方法上有创新、有亮点，形成一些如"三民工程"、"第一书记工作法"等在全省叫得响的好经验、好做法；要拉高工作标杆，每个县（市、区）都要整治一批可以游泳的河流、打造一批慢生活风景线、树立一批"衢州样板"，切实让老百姓真正感受到变化，力争"五水共治"共建生态家园工作走在全省前列。重点要做到四个抓：

抓统筹。"五水共治"必须统揽全局、统筹推进。①坚持长短结合，重在规划。市"治水办"要牵头会同有关部门，抓紧编制规划，制定行动计划。各县（市、区）、乡（镇）村要结合实际拿出具体实施方案。在方案制定过程中，要充分征求老百姓的意见，切实增强针对性和可操作性。②坚持上下联动，重在共治。要树立全市上下一盘棋的理念。衢州的几个大企业对这项工作非常关注、非常支持，像巨化、元立、开山等企业都给予了积极地响应，捐了大量的资金。希望大家都要有环保的意识，有"治水"的决心和信心，上下联动，形成"共治"。要处理好大小河的关系，重在源头，实行上下游协调推进；要打破条块分割，实行综合治理，整体推进。③坚持统筹兼顾，重在破局。统筹兼顾就是要治污先行。治污水是最重要的一项任务，其他"四水"都要围绕治污水来展开。我们要发挥治污水的龙头作用，统筹治理其他"四水"。

抓整治。我们要把治污水作为最能带动全局、最能见效的重点来抓，切实加大整治力度，让老百姓得到真正的实惠。①抓好黑河、臭河、垃圾河整治。"三河"是环境之丑、民心所恶,必须全面彻底动真格,力争年内消灭垃圾河,完成50%黑臭河整治任务。②抓好重点村整治。要加强对农村生活垃圾和生活污水治理,全面推行"分类减量、源头追溯、定点投放、集中处理"和"户集、村收、乡镇中转、县以上处理"为主要方式的垃圾处理模式。到2016年底,农村生活污水收集处理行政村覆盖率达90%以上,农村生活垃圾集中收集处理基本实现行政村全覆盖。③抓好城镇生活污水整治。要把城镇截污纳管作为治污水的先行工程,大力推进城镇污水处理厂、截污纳管等基础设施建设,对全市45座集镇污水处理设施进行改造提升,确保到2016年底,市区生活污水集中处理率达到95%、县级达到90%、集镇达到85%。④抓好工业污水整治。要坚持堵疏结合、综合施策,采取关停淘汰一批、整合入园一批、规范提升一批的方法,加大工业污水整治力度,倒逼工业企业转型升级。特别是对偷排漏排、屡查屡犯的企业,要"零容忍",依法一律关停。

抓项目。我们要把各项工作都落实到具体项目上,一个一个破题,一项一项落实。①要有项目表。围绕省里提出的"十百千万治水大行动",制定好项目表,排出投资计划,落实实施主体。②要包装一批项目。切实加强市县统筹,整合包装一批流域性、区域性、综合性重点项目,争取更多的省级政策资金支持,以大项目推进大治水。③要实行项目化管理。按照"统一目标、落实责任、分头治理"的要求,明确工作内容、责任单位、整治措施和实施进度,接受群众监督,确保项目实施质量。这方面,我们有很好的条件。去年,在和中关村合作中发现,有三分之一以上是环保产业,还有很多企业要投资环保项目,建立产业基地。我们要通过"五水共治"把环保产业做大做强,形成新的经济增长点。

抓机制。我们必须用改革的思维,创新的理念,推进"五水共治"共建生态家园。①创新资金筹措机制。要按照"政府主导、多元投入"的原则，采取"存量挤一块、新增切一块、社会投一块、融资贷一块"的方式筹集资金。今年，我们要按照省里要求，各级政府"三公"经费预算支出削减30%，全部用于"五水共治"。要鼓励民间资金投入，吸引"浙（衢）商回归"投入"五水共治"。②创新"贺田模式"提升推广机制。贺田我去过几次，现在已经成为全市的标杆。为什么只有贺田和少数几个村可以做？这里，有很多原因。一方面，有老百姓自觉的问题；另一方面，就是基层干部工作力度大不大的问题。基层干部要真正负起责任，当作一件大事来做，就没有做不好的。各县（市、区）要推广"贺田模式"，让"贺田模式"全面开花，争取成为"衢州模式"乃至"浙江模式"。③创新长效管理机制。推进"五水共治"共建生态家园工作重在落实、贵在坚持、难在长效。各级要全面落实市、县、乡、村四级河长制，完善农村生活污水处理和集镇生活污水治理机制。要健全基础设施建设维护长效机制，打造"万年牢"工程。要积极探索市场化运作机制，推进"五水共治"常态化、长效化。

三　形成"治水"工作破竹之势

推进"五水共治"共建生态家园，是对每个干部思想境界的考验、能力智慧的挑战、工作作风的检验。要用铁的决心、铁的信心、铁的政策、铁的方法、铁的纪律"五铁"治"五水"，做到"不达目的绝不收兵"，以过硬的作风狠抓落实，形成破竹之势。

注重责任落实。各级各部门要牢固树立守土有责、守土尽责的意识，站好岗、放好哨。要建立市四套班子领导每季督查制度，加大检查指导力度。要加强生态指导员培训，进一步明确干什么、怎么干。会后，生态指导员要迅速行动起来，进村入户开展工作，更好地发挥作用。对生态指导员的工作要进行督查，把优秀的、工作得力的选出来；对工作不得力、不认真的要及时更换。乡（镇）村要树立一线意识，履行一线职责，脚踏实地抓好各项工作的落实。

强化考核问责。要围绕既定的目标任务，健全完善责任公示、督促检查、绩效评估、考核奖惩等制度，推进治水工作。要把推进"五水共治"共建生态家园作为百个乡镇分类争先的重要考核内容，提高考核权重。要把治水作为领导干部年终述职和班子民主生活会的必讲内容。同时，要从源头上预防违法违纪行为发生，确保治水工程成为廉洁工程。

形成整体合力。各级要坚决抛弃治水影响GDP、治水属于专业部门与我无关的思想，变"要我治水"为"我要治水"；要借鉴推广柯城"群众主体、四共四分"的"墩头经验"，广泛发动人民群众积极主动参与治水，变"政府治水"为"全民治水"；要把治水的现场作为党的群众路线教育实践活动的考场，锤炼干部作风，提升干部形象；要加强宣传引导，着力形成全市上下"治水为大家，治水靠大家"的生动局面。

同志们，衢州的治水进军号已经吹响。我们要以破釜沉舟的决心，敢打必胜的信心，甩开膀子，苦干实干，全力打赢"五水共治"攻坚战，真正让广大老百姓过上更加美好的生活！

衢州市委书记陈新在"五水共治"现场会上的讲话

2014 年 4 月 9 日

今天,在江山召开的"五水共治"现场会,开得很好,很紧凑。刚才,大家看了现场,又看了暗访视频,龙游、江山作了典型发言,其他县(区)也作了书面发言。市人大常委会俞顺虎副主任通报了 3 月份的督查排名,建民、仲明、建林、汛波等几位市领导也分别对前阶段工作作了点评和部署,讲得很好,我都赞成,希望大家按照要求,认真抓好落实。

现在,我们的工作不是没方向、没部署、没任务,关键看有没有落实。抓落实方面,市人大、政协在居主任和俞主席的带领下做得很好。在五水共治、三改一拆等工作中,都勇上一线,亲力亲为,动真格抓落实。顺虎、建华同志更是带头冲在一线。这是衢州的优势,也是衢州的一项特色工作。

总的来看,去年我市开展共建生态家园以来,全市各级各部门做了大量工作,付出了艰辛努力,也取得了阶段性成效。主要表现在:一是基础工作做得比较扎实,派驻了生态指导员,建立了电子生态档案,生态底子摸得很清,为五水共治提供了打胜仗的条件。二是各地开展了一系列活动,对垃圾河进行了清理,一些大的河道面貌有所改观。如,市里开展"3·9"军民共护母亲河、龙游开展"双百双千双万"治水先锋行动、江山开展十万干群治水大会战、市妇联组织开展"五水共治·巾帼五彩行动"等。三是建立了一系列长效机制和制度。比如建立了"月考"制度，出台了农村生活污水处理"七统一"、城镇污染治理"四统一"等重点工作指导性意见。四是形成了一批特色亮点。比如，实施了村村派驻生态指导员、信息化指挥作战、洁水养鱼、生猪养殖污染生态循环治理，还有龙游的贺田模式等，在全省都富有特色。

在肯定成绩的同时，我们也要看到存在的一些突出问题：从面上看，不少地方还没有真正铁下心来大干治水。拥有铁的决心，是我们干好工作的前提。我发现，衢江被挖得千疮百孔，河道采砂已成为五水共治的毒瘤。这个问题，不能按部就班去解决，要设定一个时间，这个时间之前必须全部关停。我们必须铁起来、硬起来，把河道采砂列入我们的"问题清单"。大家要勇当战士，不当绅士，不能一团和气，不能太客气，必须敢于碰硬、敢于得罪人，板起脸来干。就像习总书记讲的，要拎着帽子去干。还有，铜山原水库治理，现在不仅水质没好转，还经常有群众上访。都说要站好岗、放好哨，你们有没有真正铁下心去干？我想，只要我们下定决心去干，没有干不成的。从点上看，重点工作进展偏慢，进度普遍落后于计划，有的甚至还没有真正启动。省内台州、金华等地都搞得很热闹，衢州不能慢。从暗访情况看，重点村的垃圾还没有处理到位，经不起检查，生活垃圾死角还有不少。还有，"三改一拆"工作，去年完成得还比较好，今年在全省垫底了。

全市各级各部门务必要把治水工作摆在更加突出的位置，下定决心、紧盯目标，抓紧抓紧再抓紧，落实落实再落实。

下面，我着重强调四个方面：

一　各项任务必须往前赶

治水工作我市启动算早的，我们也提出要力争走在全省前列。但相比其他地市，我们还不快，甚至有些偏慢了。如台州市已经全部完成垃圾河清理工作；绍兴、金华、嘉兴等市提出今年年内就要全部消灭黑臭河。近期，夏书记也提出要在汛期前清理垃圾河。衢州不能慢，只能更快。要自我加压，各项任务要往前赶，加快推进。①消灭垃圾河时间要从5月底提前到4月底。各区块要抓住汛期来临的有利时节，确保本月底全部消除垃圾河。从5月份开始要对各地完成情况进行检查。②黑臭河治理要从明年年内基本完成提前到今年年内基本完成。每条黑臭河都要有整治方案，有治理的办法，有专人负责，有项目推进。各地还要在本月底前谋划启动1～2条"样板河"，年底前拿得出来看。③今年6月底前，每个县（市、区）都要有一批可以游泳的河（至少10处）。今年夏天，我们将组织"到衢州游泳"活动，各地都要做好准备。市体育局要把活动组织好、筹备好。④今年年底前，188个重点村都要达到市级生态村标准，其中一半左右重点村要打造成为可看可学的"样板"。其他384个整治村，到年底80%以上要达到市级生态村标准。三年内，1480个行政村80%要达到市级生态村标准。⑤其他"四水"，也要按照要求，尽可能往前赶，争取主动。这些事情都很难，涉及人的观念、人的思维习惯。宣传部门要大力宣传，倡导文明、卫生的生产生活习惯。

二　全力破解重点难点问题

五水共治，任务很重，难度很大。大家要发扬钉钉子精神，敢于善于啃硬骨头，创新工作方式方法，着力突破一些重点难点问题。我们的智慧环保搞了第一次"亮剑"，发现不少问题。我看，"亮剑"行动要常态化，只要发现污染排放，就要及时治理。对多次不改的，就不能客气，千万不能像"猫盖屎"一样。

一要全力破解生猪养殖污染难题。这项工作我市做得不错，省里也在龙游召开过现场会。下一步还要继续抓好落实，覆盖面、质量都要提升。今天上午去乌溪江调研，发现猪圈是拆了，但拆后的建筑垃圾没人管。这是"三改一拆""改"的问题，大家一定要重视这个问题，能复垦的复垦，该种树的种树，尽快解决好。我们治理生猪养殖污染，并不是说不能养猪。猪还是要养，这既关系到市场供给，又关系到我市农民增收。但猪一定不能随意养，要集中、集约养，要生态化、规模化、无害化养。

二要全力破解城乡生活垃圾处理难题。6月底前，50%以上乡镇（街道）的农村垃圾要实现县以上集中无害化处理，年底前实现全覆盖。这是省里提出的硬任务。各县级以上垃圾填埋场要全部开放收纳农村垃圾。同时，要在源头分类减量上做文章，重点要提升和推广"贺田模式"。

三要全力破解农村生活污水处理难题。各地要以乡镇所在地和中心村为重点，对列入今年计划的整治村，要确保5月底前完成项目设计，10月底前全部建成，并达标验收。同时，要按照"七统一"要求，严格把好农村生活污水设施建设质量关。对这件事情，包括管网建设、设备建设和维护、液渣处理等都要有规划。要把更多的钱、更多的精力放到长效机制上，一定要有人负责，有专人管理。要积极探索公司化、专业化运营的模式。

四要全力破解集镇污水处理厂改造提升难题。各地要按照任务清单，制定工作方案，明确配套管网规划和完成时限。这项工作由市住建局牵头抓好落实。年底前柯城区要完成50%以上、其他县（市、区）完成三分之一任务，管网收集率达到90%以上。集镇所在地的中心村污水要尽可能纳入统一处理。

五要全力破解农村工业企业污染难题。夏书记一直强调，五水共治就是转型升级。要严格按照关停淘汰一批、搬迁入园一批、整治提升一批"三个一批"的要求抓好落实，年底前要完成16个重点乡镇工业功能区和 572 个村工业企业污染治理，省级园区更要带头示范。

三 加快推进治水项目建设

治水工作能不能落到实处，能不能走在全省前列，关键还是看项目。各地各部门一定要把项目建设作为治水工作的重要载体和抓手，把治水工作化成一个个项目，来推进工作和考核。

一要注重项目的谋划与包装。尽管我们已经初步建立了治水项目库，但项目数量少，规模小，投资额低。各县（市、区）不仅要谋划污水处理等治水项目、生态环保产业项目，还要结合三改一拆、四边三化、五水共治谋划一批项目。发改、统计部门要会同相关部门，对治水项目进行再梳理、再谋划，抢抓机遇抓紧上。要强化市县统筹，突出项目包装，争取有更多项目列入省计划盘子。

二要加快推进项目实施。对确定的项目，要抓紧制定时间表，明确责任人，落实好资金，在保证质量的前提下，能快则快。

三要狠抓资金投入。各地在确保公共财政投入的同时，要加强与金融机构对接，积极引入市场化机制，大力引进社会资本投入。

四 把"五铁"治"五水"落到实处

在 2 月 8 日的动员会上，我就提出要以铁的决心、铁的信心、铁的政策、铁的方法、铁的纪律"五铁"来治"五水"。各地各部门一定要快、准、狠，把"五铁"落到实处。

一要严格落实河长制。目前，我们基本实现了市县乡村四级河长制全覆盖，搭了框架、树了"牌子"，各级河长做得也不错。下一步，各级河长还要真正负起责任、出好主意、抓好落实。各部门要全力支持河长工作，真正把河长制落到实处，取得实效。

二要强化部门协调责任。市、县两级的治水办要进一步加大统筹力度，真正把全市"五水共治"抓起来、统起来，使之高效运行起来，推动全市一起急起来、干起来。各职能部门要进一步强化责任意识，对上要加强沟通对接，积极争取省里更多支持；对下要加强服务指导。市里要对部门工作进行考核督查，工作进度快、争取政策项目多的要表彰；进度慢的、被扣分的要追究责任，加快形成部门间比学赶超氛围。

三要严格督查考核。要坚持实行治水"月考"制度，重点督考项目建设、资金投入、水质变化等情况，并将每月的督查结果通报公示。还要充分发挥社会监督作用，依靠"直击污点"等曝光平台，建立完善有奖举报制度，曝光污染点，追踪污染源，让治水工作全程接受群众的监督。

四要进一步发挥基层力量。生态指导员就是一支治水的生力军。各地要加强组织领导，组织部门要对生态指导员进行一次工作督查，表现好的要表彰，不愿干、干不好的要换人。要充分调动基层干部群众参与治水的积极性和主动性，多挖掘、推广诸如柯城区"墩头模式"的群众自建自治机制，夯实我们的基层基础。

推进"五水共治"共建生态家园，是一项硬任务，只能干得更好更快，没有退路。全市各级各部门要以等不起、慢不得、坐不住的责任感，真抓实干，奋勇争先，超常规、大踏步地推进各项工作的落实。

衢州市人民政府市长杜世源在市政府第七次全体（扩大）会议上的讲话

2014 年 8 月 18 日

同志们：

这次市政府全体会议的主要任务是，认真领会、理解、贯彻、执行市委六届六次全会和陈新书记重要讲话精神，进一步明晰政府工作理念和思维方式，抓住关键环节，狠抓工作落实，确保全年目标任务完成，为下步发展打下良好基础。

8 月 7 日召开的市委六届六次全会，审议通过了《关于打造生态屏障建设幸福衢州的决定》，陈新书记作了全面系统的部署，这是新的历史时期，市委贯彻中央和省委要求，立足衢州实际，顺应群众期盼作出的重要决策，是衢州发展的内在要求和作为源头地区的政治使命。对全会精神，我们必须全面领会和深刻理解：

第一，要深刻理解衢州生态的现状。衢州生态的本底非常好，近两年来又通过"十大专项"、"四大森林"、"三改一拆"、"五水共治"等做了大量建设性、补救性的工作，为生态文明建设打下了良好基础。但我们必须看到，影响生态本底的发展理念、机制和行为仍然存在，规划混乱、乱搭乱建、杆线乱拉、环境污染等问题，极大地影响和破坏了生态环境质量。

第二，要深刻理解"以生态文明建设力促转型升级"这个中心任务。抓生态文明建设不是不发展经济，而是要研究如何实现可持续发展。要通过生态文明建设，力促一、二、三产业发展，力促城市转型、产业转型、园区转型、企业转型。实现这些转型的关键在于干部的转型。

第三，要深刻理解"根本靠改革、关键在落实"，切实把《决定》的目标、任务和重点工作落到实处。

对市委的重大决策部署，政府系统要全面领会好、理解好、贯彻好、执行好。在政府工作的理念、作风、思维方式和工作重点的把握上，都要体现市委全会的精神。只有在理念、思维方式、工作重点上实现转变，才能在具体行动上少走弯路。

结合到市政府工作后近一个月的调研，加上长期以来对衢州的了解，也站在企业的视角看政府运行，今天主要从政府工作理念、思维方式、重点环节的把握以及下半年工作这两个方面谈些想法。具体讲五个问题：

一　要牢固确立政府工作的四个理念

在市政府第83次常务会议上，我提出政府工作要确立四个理念，引起了强烈的反响。今天，从新的视角再加以阐述。

（一）全局统筹的理念

在衢州传统文化中，最主要的就是儒学文化和棋子文化。棋子文化的基本内涵就是要有全局观和时序观。全局观就是要知己知彼、把握全局；时序观就是要走一步、看三步、想五步，步步为营。如果一步走错，就会全盘皆输。政府运作就好比下棋，我们下的是区域经济、市域经济发展这盘大棋，下的是中心城市建设的这盘棋。如何走好这盘棋？

首先，要有全市一盘棋的思想。要自觉地把衢州放在四省九地市、长三角乃至全国、全球的大棋盘中去分析、研究，跳出衢州看衢州、想衢州、抓衢州。要自觉地落实省委提出的"破除对县域经济的路径依赖，加快向城市经济、都市圈经济转变"的重大决策部署，着眼于提升衢州整体形象，在促进基础设施共享、优化产业空间布局、推动重大规划有序衔接等方面认真加以分析。如对天然气发电、光伏发电、物流等产业的统筹发展问题，市发改、经信、规划等部门要高度重视，并认真加以研究。

其次，要有市区主体化的思想。市政府工作的重心和重点在市本级，只有做强做大市本级，才能提高中心城市首位度，才能提升对市域经济的带动力，才能带动县域经济发展，也才能有效指导和服务于县域经济。对于市区主体化，必须强化四个方面的认识：

第一，定位要准。市区主体的空间范围有三个层面的概念，第一个层面是包括柯城区、衢江区行政区域的2300多平方公里的范围，重点是如何加强城乡统筹；第二个层面是市区规划区640多平方公里的范围，重点要加强控制；第三个层面是城市总体规划用地255平方公里的范围，这是核心和重点，是我们的主战场，在这个范围有柯城区、衢江区、绿色产业集聚区、西区四个开发主体。四个主体的定位不同于作为独立行政区域的县（市），四个区块是一个整体，要紧紧围绕做大做强中心城市，实现城市功能互补，形成发展合力。

第二，品位要高。我们要建设的是一个有品位的中心城市、幸福城市，而不是县城、更不是集镇，四个区块作为中心城市的重要组成部分，不能降低自己的品位。

第三，整体感要强。城市是一个系统工程，是一个体系，各主体必须自觉地服从、服务于整个体系，自觉地服从总体规划，否则发展可能就不是正向的，而是反向的。有很多事情，脱离了整个体系，干了比不干更可怕，有的甚至会给一座城市带来刚性的、恶性循环的结果。

第四，关系要顺。有的人说我们主体太多、难管理，有碎片化的现象。我认为，一个城市不在于主体的多少，关键在于市区各主体、各部门之间在统和分上的治理。"统"，就是要有科学管用的规划编制方法，编制相对科学的规划，把规划编制的过程转化为专家、领导、群众集思广益、统一思想、形成共识的过程。只有市区各部门、各主体在理念、规划、思路上形成共识，确立局部服从全局、全局服务于局部的思想，在服务中引领和管控，才能做到"上下同欲者胜"。

（二）产业思维的理念

政府分管领导以及大多数部门的工作，其实都是在研究产业、培育区域产业、发展壮大产业，如农业、工业、服务业等等。要深刻了解产业本质，不断提高产业思维的能力和水平。包括社会事业领域，也要坚持事业、产业双轮驱动；监管部门在做好监管的同时，也要研究区域产业发展。

如文化事业方面，要研究如何把衢州日报报业集团和市广电总台发展成我市文化产业发展的重要平台，如何把衢州的古城文化做成"城文景游一体化"的旅游产业。在教育、卫生、医疗、健康、养生养老、旅游产业方面，要研究如何把改革与产业发展有机结合起来。在环保产业方面，环保部门要在做好监管、服务的同时，研究我市环保产业发展的课题。这些都是产业思维理念的体现。

（三）整合推动的理念

一个区域在一定时期，资源永远是稀缺的，如何把有限的资源配置好、整合好，是评判一个区域领导人能力水平的重要标志。

首先，要配置好资源。在城市建设当中，科学配置资源就是要注重空间布局，要把学校、公园、医院等作为城市发展的重要启动点，其布局和时序会对城市发展带来完全不同的效果。如衢州工程技术学校二期工程，在布局上是不是可以再作探索和研究？对于类似项目的布局，要通过高品位、大区块的规划设计，来解决科学布局、建设时序的问题。

其次，要注重内外资源的整合。最近，根据陈新书记的指示精神，我们对集聚区的管理体制改革进行了研究，总体上要按照大部制改革、扁平化管理、公司化运作的要求去设计组织架构；要按照环境为基、产业为本、开放开发、创新为要的定位，整合方方面面的资源。通过对市本级产业人才资源的整合，加快产业招商；通过市本级大企业的资源整合，推动企业招商；把工业项目决策咨询服务提前同步介入到招商引资当中；把市经信、科技部门的力量全面融入到集聚区的招商工作体系和项目服务工作体系当中，并集中到集聚区办公；集聚区的社会功能要与柯城区的社会管理职能有机融合；高新园区的安全环保公用设施要与巨化有机结合起来；等等。实践证明，领导者具备开放和整合的理念、思路，通过内外资源的有效整合和各个主体、各个部门的密切配合，将会发挥很好的作用。

在此，特别强调一下政府机构改革工作。省政府对此已作了全面部署，重点是精兵简政、合并职能、综合设置机构，其实质也是整合。一是要"转"，就是转变政府职能，正确处理好政府与市场、政府与社会、政府层级间的关系，该放的放到位，该管的管住管好。二是要"合"，就是要综合设置机构，切实解决设置过多、分工过细、力量分散的问题。三是要"控"，就是要严格控编减编，做到"两个不突破"：行政编制控制在核定的总数内不得突破；事业机构编制控制在2012年底统计数内不得突破，并要有所减少。在内部挖潜、动态调整、统筹整合上下功夫，通过改革和机制创新，着力解决机关单位人力资源科学设置的问题。

（四）素质提升的理念

二　要确立政府运行的四种思维方式

"四个理念"主要是宏观层面政府运作如何创新的问题。具体到实践中，我们推进一项工作、落实一个举措、实施一个项目，应该确立什么样的思维方式？思维方式正确与否将决定方向、决定成败。日本企业家稻盛和夫提炼了一个人生成功方程式，即"成功＝思维方式×能力×努力"。积极的思维方式是正向的，不然就会走向反面。结合自身实践，我认为政府运行中应关注四种思维方式。

（一）重视开头

万事开头难，良好的开头是成功的一半。《孙子兵法·形篇》讲，"胜兵先胜而后求战，败兵先战而后求胜"。现实运行中我们目睹了许多的"夹生饭"项目、半拉子工程，这些项目除了市场主体的原因外，有相当一部分是因为没有很好的开头，前期论证不到位，方向、方法不对头。这与我们长期形成的思维方式有关。长期以来，我们在具体工作中，特别是碰到一些新事物、新机遇来临时，往往是"先干起来再说"，匆匆决策，匆匆上马，似乎今天不定下来、不赶快上马，就会失去机遇，可是到了后面却发现方向错了、方法偏了，结果也就可想而知。

重视开头，就是要重视前期工作的科学性，对新事物要作出基本的、趋势性的判断和分析。一是从趋势分析中看要不要干，方向是否对头；二是从系统分析中看是否合理科学；三是从条件分析中看是否可行、时机是否成熟。

重视开头要加强机制保障。一是要坚持和完善工业项目决策咨询服务机制。要在总结近十年运行的经验教训的基础上加以完善，把好产业关、布局关、企业及企业家的素质关、政策关和服务关。二是要探索重大政府性项目和其他项目的决策机制。通过完善机制，做到信息同步、专家咨询，不断完善评判标准。

（二）回归本源

有位哲人曾经说过："我们已经走得太远，以至于忘记了为什么而出发。"现在有一种现象，初衷很好，但发展到最后离出发点越来越远，离开了事物的本源，忘记了经济社会发展的基本原理、基本规律和出发点、归宿点。企业存在的价值是什么？就是要赚钱，这就是企业的本源、本质。政府存在的价值是什么？政府就是要创造良好的环境，提供有效的服务，推动经济社会的发展。离开了这个本源，我们很多工作就会走偏。现实中，有很多现象值得我们去深思和反思。

比如，招商引资为了什么？是为了培育区域产业，提高产业核心竞争力，推动企业稳步持续发展。但在实际工作中，很多是在比数字。一些项目投产之日就是破产之时，再盘活、再引进、又失败。政府得到了什么？老百姓又有什么好处？

又如，"三改一拆"为了什么？是为了拆出发展空间，拆出法治环境，拆出公平正义，拆出幸福美丽的城市。这两年，我们的工作力度是大的，但农村拆违仍然任重道远，城市拆违还有待破题。接下来，"三改一拆"工作不仅要在农村继续加大力度，更要向城市进军。

再如，"五水共治"为了什么？是为了转型发展。水是流动的，治水是系统工程，做表面文章是难以为继的，根本还是要从源头、从岸上入手，在转型升级上下功夫。

还有，医改为了什么？是为了解决看病难、看病贵的问题。但现在改了以后，乡镇卫生院门可罗雀，中心医院人满为患；绩效工资成了典型的平均主义。

对这些工作，我们一定要结合自身实际，从事物的本源去分析和思考问题，找准改革的出发点，确保政府工作更加管用、实用、有效。

（三）学会算账

今天我着重讲的是政府工作的同志要学会算经济账。从广义上讲，政府也是一个主体，要有投入产出的概念。但一讲算经济账，有些人就觉得庸俗，也有专家对经营城市提出了不少疑义。城市不经营、不运作，钱从哪里来？我认为，经营城市就是在市场经济条件下，有效运用经济、行政、法律等手段，使城市资源的潜在价值显现化，并不断加以实现，达到经济效益和社会效益的高度统一。如果一座城市通过科学经营、有效运作，群众生活环境能够得到改善，政府能够实现可持续发展，我们何乐而不为？在具体工作中有两种现象：一种是算账太精，算小账不算大账，算得主体都不愿意和你打交道了；另一种是大手大脚，不计成本，什么事都要优惠政策，什么项目都要税收减免，什么工作都要资金补助，政府不堪重负、难以为继。

那么，如何提高算账的水平？就是要做到开明、高明、精明的统一。

一是大格局要开明，就是要算战略账。区域经济发展过程中，当一些重大项目、重大决策来临的时候，我们必须具备长远眼光，算大账和战略账，做出果断的、科学的判断，这就要开明，而不能用财务投资的标准来评判。

二是中格局要高明，就是要把握大区块规划设计中的资源配置、功能布局和建设时序。比如，西区一期 10 平方公里，功能如何布局、建设时序如何把握，不同的安排，结果是完全不一样的。

三是具体事要精明，就是要加强具体项目的成本核算。要探索如何少花钱多办事，甚至不花钱办好事。

当三者发生矛盾的时候，具体事要服从中格局，中格局要服从大格局，在算战略账时又要算好具体事的账，这就是算账中的辩证法。具体实践中，要善于在战略的谋划中去算账，在优化规划设计中去算账，在研究政策中去算账。

（四）开放发展

开放是一种姿态、一种胸怀。我们不能关起门来研究问题。要始终关注趋势的变化，始终看到人家的优点，只有宁静致远，才能学到人家的好东西。

开放关键在于和谁比，确定什么样的标杆。我们不仅要与周边地区比，更要与标杆城市比，比先进理念、比先进做法、比发展特色。

开放更是一种能力。对一个区域来说，开放力实际是硬环境和软环境的创造；对一个干部来说，开放力在于知识、能力、素质，在于和高手的沟通对话能力。要通过开放，进而走出合作发展、协同发展的路子。

三　要把握政府运作的四个重要环节

政府工作千头万绪，在新的历史时期，特别是在市场经济条件下，政府工作重点要把握四个环节：

（一）把好规划关

企业重战略，区域重规划。规划是政府的调控之手，是区域未来经济社会形态的描绘，是经济社会资源整合的思路。规划的功能就是开好头。领导干部要提高学规划、懂规划、用规划的能力和水平。

一是要控制为先。在城市建设与管理中，没有控制就没有发展。从某种程度上讲，控制比发展更难。陈新书记在市委全会上提出，城市总体规划区用地范围内一律禁止农民自建房，全面实行公寓式安置，柯城、衢江、集聚区和西区要认真抓好落实，各县（市）也要认真参照执行。另外，还要抓好"赤膊墙"整治工作，让城市风貌得到改善。

二是要创新规划编制方法。市区的城市规划形态应该是什么样的？通过近段时间的调研，我认为应把握四个特征。

一是紧凑型。就是要从量的扩张转变到质的提高上来；要从土地的城镇化转变为人的城镇化；要由农民转变为市民。

二是组团式。就是要推进组团功能特色化，根据城市每个组团的不同风格，进一步凸显、强化特色，如老城区要不断强化历史文化特色；要推进特色功能混用化，混用就是融合，是实现便捷生活的基础，是服务业发展的基础；要推进组团区块分类化，对组团内各区块进行分类规划、设计和建设。

三是田园化。要体现生态绿色的嵌入化，将绿色、水系、人文等生态嵌入城市；要体现组团间隔的田园化，城市组团之间的间隔要尽可能露出田园、露出青山绿水，形成田园城市的风光。

四是统筹化。要做到区块规划规模化，加强大区块的概念性设计，以此来统一小区块的定位，从而更好地评判具体项目和空间布局；要做到专项规划综合化，通过专项规划与大区块城市设计的综合，为城市建设发展问题提供系统解决方案。

三是要创新城市建设管理发展模式。城市建设要在点和线发展的基础上，逐步转向成片成块推进建设。一片一片地征地，一片一片地拆迁，一块一块地建设，做到点、线、面的统一。这不仅有利于政策的统一和把握，也有利于形成城市发展的气候。在具体实施中，特别要解决好局部利益和全局利益的关系问题，更多地从中心城市全局的视角去考虑、谋划、推进，而不能因为某个区块的小平衡来影响大规划，影响我们的建设格局和建设方式。如巨化西路道路两侧的绿化带建设，必须要按照两侧 15～20 米的宽度同步建设；西区严家淤的征迁等，要尽快启动、一次性完成。要形成规划导向下的投资决策体系，增强政府工作的统筹性和计划性，特别是要形成市区房地产"一个龙头出水"的管理格局。

（二）把好项目关

规划要转化为项目，项目是一切工作的载体和抓手。要提高重大基础设施和重大产业性项目前期研究的有效性、针对性和实效性。

要结合"十三五"规划的编制，重视研究交通、水利、电力和电源点布局、养生养老健康、旅游等一批重大战略性项目规划，特别要眼睛向上，深入研究国家和省级层面的专项规划，把握政策走向，从中孕育出一批对区域发展有重大影响的大项目。要重视制造业重大项目的前期研究，特别是要盯住与衢州产业发展相关的大企业，深入研究这些企业的发展战略，从中寻求与区域经济发展战略的融合点，从而孕育出一批重大产业性项目。还要高度关注制造业项目与养生养老、休闲旅游等项目联动发展的趋势，紧紧盯住北京中关村、上海、杭州等一批重点企业，在研究企业发展战略中寻找合作机会。

（三）把好国资关

国有资产营运管理体系是新时期政府治理的重要内容。为什么这么说？**首先**，随着经济社会发展，国资总量在不断增加。如何营运好、管理好、发挥好这些资产的作用迫在眉睫。**其次**，在目前的国资管理工作中，仍存在部门单位分割、功能布局分散、效率效益低下的问题，必须实行有效管理和盘活，使其成为区域经济发展重要的财力来源和融资平台。**第三**，国资营运管理体系实质上是一个管控、服务的体系。从投资、监管到营运都要有一套完善的体系，要着力构建大国资、大运作、大管控的国资营运管理体系。

要着力做好"四资"文章：

一是资源要企业化、资产化。要把政府手中管理和管控的自然资源、矿山资源、行政资源、公共资源等，分好类、重整合，通过企业化、主体化实现资产化。比如各类政府机关办公用房就是一笔巨大的行政性资源，下步要切实在搬盘、盘活上下功夫，使其发挥资产的效用。

二是资产要资本化、民营化。资本化，就是要使国资在流动中实现保值和增值。民营化，就是要探索国有民营、公建民营等形式，搞活国有机制。

三是资金要商品化、资本化。商品化就是要提高资金的归集率、集约率和效率。市国资委、财政局要进一步提高市本级资金归集率，确保年底前达到100%。资本化就是要增强国资的投资功能。

四是资本要证券化、金融化。证券化包括被证券化和主动证券化，被证券化就是被上市公司收购、整合，通过被证券化实现国有资产变现；主动证券化，就是我们的国资公司要主动谋划上市。要通过证券化和金融化，实现国资的放大效应。

（四）把好政策关

政策是塑造未来的工具，是调节的杠杆。政策的关键是要合理合法、公开公平、统一有序。合理合法就是要兼顾各方利益，算好经济账。公开公平是社会和谐稳定的基础，在经济政策和城市建设管理等政策上，市区四个主体必须一个口子，切忌政出多门、搞变通、互相攀比。市政府要加强对政策的研究、统一和协调。统一有序关键靠机制，要形成碰到一个特例、研究一项政策、推动一片改革的机制。对于政策上的特例问题，要由市政府来研究，各个主体绝不能擅自突破政策。

　　以上是我对政府工作运行当中关于理念、思维方式和运行方式的一些认识和体会，和大家分享，希望能引发大家的一些思考和讨论。这些问题看似是务虚的，但很重要，只有通过理念的认同、思想的统一，才能促成团结的氛围、工作的合力，从而开创政府工作新局面。

四　以改革的精神突破近期　一批重点课题

　　今年是全面深化改革第一年，市委作出了关于全面深化改革的总体部署和分工抓落实的安排，市政府明确了 2014 年 58 项重点突破改革事项，各级各部门要按照既定部署，全力抓好落实，确保取得实效。同时，结合近段时间对工业、招商和城市规划建设领域的调研，市政府形成了一批近期要重点研究和突破的课题。

　　（一）城市规划编制管理方法的创新。一是要重视市区空间发展战略研究；二是要抓好市区空间主体多规融合的改革，由市发改委、规划局负责抓紧研究，先行先试；三是要抓好中观领域的规划设计工作，开展大区块、大专项规划设计工作；四是要建立规划土地联席会议制度，实现"空间一张图、规划一支笔、建设管理一个口"。

　　（二）城市总体规划用地范围内农村管理体制改革。要控制为先、疏控结合，加快推进农民公寓安置小区市场化建设和市场化分配体系构建，抓好村改居和村集体资产处置工作，加快推进新型城镇化。

　　（三）以智慧城市建设为重点的城市管理体制改革。整合"智慧城管"、"智慧环保"、"智慧安监"、"智慧交通"、"智慧水利"、"智慧医疗""天网工程"等数据资源，促进跨部门、跨行业信息共享、协同，打造"智慧城市"统一运营平台，推动城市管理向系统化、信息化、智能化、精细化转型。

（四）规划导向下的国有资产营运管理体制改革。以城市规划体系为引领，做好"四资"文章。

（五）推动新一轮的衢州——巨化一体化发展。开展以平台经济建设为重点的合作，支持、服务、推动巨化集团发生裂变效应，在裂变中实现衢州——巨化融合发展。

（六）衢州绿色产业集聚区管理体制改革。加强顶层设计，实行大部制改革、扁平化管理、公司化运作，建立现代管理制度，提升绿色产业集聚区运行效率和工作活力。

（七）衢州绿色产业集聚区空间和产业布局改革。从全局视角定位绿色产业集聚区空间布局，统筹研究集聚区产业发展方向和功能特色，优化集聚区空间格局和产业布局，形成一批产业集群发展平台。划出高新园区二期发展红线，严格控制化工总量和污染物总量。

（八）重点产业研究工作机制以及产业招商体制改革。加强化工新材料、水资源、新能源、特种纸、生物医药、信息技术、节能环保、休闲旅游、养老养生和健康服务业等重点产业研究，深化产业领域龙头企业的战略研究，加强信息会商研判，促进研究成果转化，构建产业研究——产业招商——项目决策咨询的系统工作链。围绕形成区域特色产业集群，确立战略招商理念，整合产业人才、大企业招商资源，创新产业招商方式。

（九）完善工业项目、政府性投资项目和其他项目的决策咨询服务机制。围绕科学决策、优化服务，完善项目决策咨询服务机制，进一步明确评判标准，优化运行体系，整合工作力量，实现招商、咨询、服务一体化。

五　关于下半年工作

上半年，政府系统认真贯彻市委各项决策部署，紧紧围绕干好

"四件大事"，全力落实人代会确定的目标任务，经济运行保持平稳，结构调整加快推进。上半年全市生产总值增长 7.3%，投资增长 16.8%，消费增长 12.7%，出口增长 13.9%，公共财政预算收入增长 11.2%，城乡居民人均收入分别增长 9.8% 和 11.3%。

但我们要清醒看到，当前经济下行压力仍然较大，面临的困难和问题还不少：一是主要经济指标仍有差距。上半年 GDP 增速低于全年目标 1.2 个百分点，其中工业增加值低于目标 3.6 个百分点；投资增长距离省定的 18% 的目标和 20% 的争取目标还有差距。二是部分为民办实事项目进展较慢。主要是黄标车整治、城乡社区居家养老服务照料中心建设等未达到进度要求。三是安全生产、环境整治压力仍然较大。安全生产事故时有发生，治水进入攻坚期，PM 2.5 处于临界点。

下步，要紧紧围绕"决战三季度、冲刺四季度、确保全年红"要求，狠抓各项工作落实，一月一督查、一月一通报，确保实现全年目标任务。

——对人代会确定的各项目标任务，以及人大议案和政协重点提案，要坚持目标不变、全力推进、确保完成。

——对省市签订的各项责任书，要逐项认真对照检查，强化薄弱环节，确保好的结果。

——对市委、市政府确定的改革任务，要攻坚破难，自我革命，不断激发活力。

——对为民办实事计划，要一项一项抓落实，不折不扣抓完成，履行好向全市人民作出的承诺。

下半年要围绕"一个中心、两大战役"，紧紧抓住"四件大事"，突出抓好以下重点工作：

一要全力以赴稳增长。经济平稳增长是深化改革、加快结构调整的重要基础。从当前看，还是要充分发挥投资的拉动作用。要全力推进"大干项目、干大项目",大力实施项目清单、问题清单、业绩清单和招商清单,抓好"在谈项目抓立项、立项项目抓开工、在建项目抓进度"等各项工作,近期要梳理组织一批企业和项目集中开工、竣工,营造氛围,提振信心,确保投资目标完成。要切实加强企业服务,当好"店小二",帮助企业解决实际困难,保障企业正常运行。要注重防范和化解企业资金链、担保链等各类风险。

二要大力推进转型升级。按照市委"打造生态屏障、建设幸福衢州"的决策部署,以生态文明建设力促转型升级,推动企业、园区、产业转型。深入实施"四换三名"工程和"五个一百"工业项目,优化要素资源市场化配置,加快工业结构调整和转型升级步伐。加快构建创新驱动发展生态体系,抓好浙江中关村科技产业园建设。以大企业为依托,细分产业平台建设,着力打造静脉产业园、新材料产业园、电子材料产业园、水产业园等,走出产业平台、产业资本和产业招商相结合的创新之路。要加快农业转型升级。重点是提升"一村一品"和家庭农场发展水平,大力推进绿色有机农产品品牌,抓好有机农产品市场营销,提高衢州有机农产品的市场知名度和影响力。要大力发展生态旅游。深化推进首个国家休闲区试点工作,谋划建设一批重大休闲旅游项目。

三要持续推进城乡环境整治。治环境是稳增长、促转型的重要举措。"五水共治"、"三改一拆"、"大气治理"、"节能减排"等是治环境的主要工作抓手,各地要全面抓好落实,确保生态环境不断改善。同时,要在加快推进"十大专项"工作、确保年底基本完成的基础上,紧紧围绕城市管理中的突出问题,举一反三,完善机制,强化责任,确保取得实效。

四要确保社会和谐稳定。要紧紧围绕群众增收这个重点,扎实做好就业、社保、教育、医疗卫生等各项工作。要守牢环保和安全两个底线,站好岗、放好哨。要切实化解社会矛盾,做好群众信访工作,加强社会治安综合治理，确保社会稳定。

五要及早谋划明年工作及"十三五"规划。特别是要谋划、策划一批大项目。

六要切实加强机关作风建设。各级干部要深刻理解开展党的群众路线教育实践活动的本义，做到"想得深、看得多、贴得近、敢担当"。

同志们，下半年任务非常繁重，时间十分紧迫。我们要坚决贯彻落实市委全会精神，进一步创新政府工作理念，以更加有效的运行机制，紧紧抓住关键环节，狠抓工作落实，确保圆满完成各项目标任务，向全市人民交出一份满意的答卷。

衢州市人民政府办公室

2014 年 8 月 19 日印发

衢州市委副书记江汛波对农村生活
污染治理工作提出四点要求

    2014 年 3 月 21 日上午，市委副书记江汛波主持召开了全市农村产权制度改革和农村生活污染治理工作推进会，听取了有关工作汇报，对前期工作表示肯定，对下一步农村生活污染治理工作提出了四点具体要求。

    一、把畜禽污染治理作为农村污染治理的先行之举，加快推进生猪养殖"移栏出村""移栏入园"。农村畜禽污染是衢州市最大的污染源，要大力开展重点区域集中整治，重拳出击，抓紧抓好。对衢江信安湖流域、铜山源库区等重点流域干流、支流沿线两岸禁限养范围内的养殖场户，年内要全部关停；对 572 个共建生态家园整治村的养殖污染整治工作，要抓紧组织实施，做好"移栏出村""移栏入园"的引导工作，并采取循环利用、"开启模式"等方式确保畜禽污染处理到位。

    二、把集镇所在村、中心村生活污水治理作为农村污染治理的重点，加快推进美丽集镇的建设。要积极推进集镇污水处理厂（站）的新建与升级改造工作，探索研究资产整合、服务外包、打包捆绑招商等市场化运作模式。在兼顾全面的同时，将集镇所在地村、中心村治污作为重点，集中有限资金、力量，下决心抓实抓好，实现重点突破，发挥最大效益。4 月底市农办要对这项工作组织专项督察。

三、合理安排农村污水治理的时序，严把工程建设"四道关"。各地要把握时间节点，明确完成时限，6月底前必须完成项目前期工作。今年特别要集中精力抓好重点村，不要急于全面推开，积累经验，分步推进。村庄撤并等规划工作要提前考虑，要撤的村、偏远小山村先暂缓上项目。同时，农村生活污水治理设施建设要严格把好工程设计、材料质量、招投标、施工监管四道关。污水处理设施主要建设材料和建设施工要由县域统一招投标，建设过程中，要探索建立施工质量由乡镇政府主管、第三方监理、村民代表监督的全方位监管体系，委托具有丰富污水处理工程建设监理经验的监理单位进行专业监理，确保终端处理设施等主体工程的使用寿命在20年以上、管网等隐蔽工程的使用寿命在30年以上。市治水办每月要对该项工作组织督查，内容要量化、要排名、要通报，要亮指标、晒成绩、比进度、严考核。

四、抓好农村垃圾处理这一基础性工作，确保面上干净整洁。一要加快推进集中收集处理体系建设。6月底前，50%以上乡镇的农村垃圾要实现县处理，特别是饮用水源地所在乡镇，要率先实行外运县处理，年底前实现全覆盖。二要加快乡镇垃圾中转站建设，3月底前，各县（市、区）要完成中转站建设规划方案，年底前确保完成建设。同时，要配足垃圾转运车，确保垃圾运得出、运得净。三要在全市推广"源头分类可追溯、减量处理再利用"的"贺田模式"，188个重点村要率先实现垃圾分类处理全覆盖，并引入市场化运作机制，积极创新垃圾处理模式。四要加大各级财政投入，切实把有限的资金用在刀刃上，确保面上干净整洁。

衢州市人民政府市长沈仁康在全市生态文明建设现场会上的讲话

2012 年 10 月 22 日

今天，市委、市政府在此召开全市生态文明建设现场会，深入研究部署全市生态文明建设工作。等一下，陈新书记还要作重要讲话。下面，我先讲两个方面意见。

一　坚定信心，正视问题，切实增强推进 生态文明建设的责任感和紧迫感

多年来，市委、市政府高度重视生态文明建设，始终把构筑浙江"生态屏障"作为一项政治责任，坚持经济、生态与民生互促共赢，采取一系列政策举措，大力推进生态市建设，取得了初步成效。

一是生态环境质量全省领先。始终坚持发展和保护并重，在全市工业总量连年保持 30% 左右高增长的同时，区域环境质量总体稳定，部分指标持续改善。全市饮用水源水质、出境水水质已连续 7 年100% 达标，市区空气质量优良天数从 2004 年的 339 天提高到 359天，生态环境状况指数名列全省第二。

二是生态产业体系逐步形成。生态工业、生态农业、生态旅游等绿色产业逐步发展壮大，累计认证有机食品、绿色食品、无公害

农产品 328 种，创建省级生态循环农业示范区 6 个，江郎山建成了省级生态旅游区。完成清洁生产审核企业 150 余家，巨化生态化改造、元立循环经济成为成功样板，其中巨化通过淘汰落后产能，腾出大量土地用于植树绿化；元立通过余热利用，实现用电自给，不仅每年节省电费 4 亿~5 亿元，而且提高了企业竞争力。龙游兴泰牧业农业废弃物资源化及沼气发电项目成为全省循环经济示范典型。

三是生态创建活动持续推进。全市所有县（市、区）均获得国家级生态示范区命名，在全国率先实现"一片绿"，市区获省环保模范城市命名，开化县获国家生态县命名并被列入全国生态文明建设试点县，柯城、龙游、江山、开化建成省级生态县（市、区）。全市累计建成全国环境优美乡镇 27 个、省级生态乡镇 74 个，今年还成功创建了国家森林城市。

四是环境污染防治不断深化。坚持治老控新，严格执行"三位一体""两评两结合"的环境准入制度，全面推进水源、空气、土壤"三大清洁行动"，率先在全省开展水泥行业脱硝治理，江山南方水泥建成全省首个水泥炉窑烟气脱硝示范工程。扎实开展衢化片区安全环境大排查、大整治活动，铅酸蓄电池、电镀行业整治基本完成。深入实施危险废物"双达标"创建工程，建成了处理能力 20 吨/日的市"两废"处置中心。

五是生态文明氛围日渐浓厚。积极采取灵活多样的宣传活动，公众生态文明意识进一步增强，环境保护观念已逐步成为广大干部群众的共识，生态建设已成为公众的自觉行动，群众对环境污染、企业偷排漏排等问题监督举报的自觉性不断提高，全社会关心、参与生态建设的氛围日益浓厚。

在肯定成绩的同时，我们也要清醒地看到，衢州市生态文明建设过程中，还面临着巨大挑战和突出问题。

一是产业结构调整任务异常艰巨。衢州市产业结构偏重，能耗高，排污强度大。2011 年衢州市工业增加值能耗、万元 GDP 水耗、万元工业增加值废水、COD 排放强度分别为 2.3 吨标准煤、16.34 吨/万元、1.74 千克/万元、4.15 千克/万元，远远高于全省和全国平均水平；清洁能源利用率仅为 42%，也低于国家 50% 的标准。上述指标成为衢州市创建国家环保模范城市最大的制约因素。

二是公共环境基础设施相对滞后。主城区污水收集管网严重滞后，市本级城区污水集中处理率约为 76%，市区水环境功能区水质达标率仅 28.5%。工业园区污水集中处理能力不足，衢州市区 3 座集中式污水处理厂日处理能力远不能满足需求。各县（市）的污水处理率、收集率与要求相比，仍然存在较大差距，特别是各建制镇的污水处理设施虽然都基本建设到位，但管网不配套导致污水收集率、处理率低等问题普遍存在。

三是局部地区环境质量不容乐观。突出表现在各工业园区、畜禽养殖密集区等区域，群众信访投诉不断。自 10 月 1 日起开始发布的市区 PM 2.5 数据显示，市区空气质量处在全省中上水平。城区周边 18 个乡镇的养殖污染，乌龙沟、信安湖黑带等环境问题，以及常山辉埠镇、衢江上方镇的钙产业污染仍然比较突出。

四是环境风险安全压力仍然突出。环境监管仍在存在较多漏洞，部分企业环保观念薄弱、环境责任意识淡薄。随着环境安全隐患的增多，环境违法行为高发、环境事故高发的特征仍较突出，环境风险防范工作压力越来越大。

总之，对过去所取得的成绩和成效，我们要充分肯定，以进一步坚定发展信心。同时，对存在的困难和问题，我们更要有清醒的认识，进一步增强紧迫感和责任感，在下步工作中采取积极措施，加以克服解决，切实保障区域生态环境质量稳定，并持续改善，保障经济社会加快、高质量发展。

二 明确方向，突出重点，全力推动
生态文明建设各项措施落实

要按照"绿色发展、生态富民、科学跨越"的总要求，强化"钱江源头筑屏障，一江清水送杭城"的责任意识，以绿色发展为引领，以项目推进为抓手，以民生改善为根本，以体制创新为动力，坚定不移走出一条具有衢州特色的"三生"融合、"三宜"统一的生态文明发展之路。

具体工作中，要突出以下四个方面工作。

（一）加快经济转型升级，着力构建符合生态文明要求的现代产业体系

建设生态文明，第一位的是生产发展，且这个发展必须是与生态文明建设相协调的发展。

1. 要以"高端"为取向，大力培育新兴产业。坚持规划引领，强化产业选择，重点扶持新材料、新能源、装备制造和电子信息四大战略性新兴产业，同时大力发展金融、物流、文化创意等现代服务业。充分发挥专业招商局的专业招商作用，进一步明确招商方向和重点，突出招大引强，以大项目、好项目带动、支撑新兴产业的发展。强化创新驱动，加快推进慧谷工业设计基地、大学科技园等创新平台建设，切实为高端高新产业发展提供支撑。

2. 要以"循环"为目标，改造提升传统产业。延伸产业链条，这是提高资源利用率、增强抗风险能力的最直接、最有效的途径。特别要加快培育和引进，推动钢材、水泥、造纸、化工等高耗能企业向深加工、后端加工发展，降低能耗，促进减排。推动技术改造，支持企业采取适用技术，推行清洁生产，实施生态化改造。加快"腾笼

换鸟"，下定决心，加大力度，淘汰落后产能。近期省政府专门下发关于促进"腾笼换鸟"工作的政策意见，对盘活土地、节能减排都有具体指标要求，任务很艰巨，但这是硬任务，必须确保完成。下步我们将把指标分解落实到各县（市）区和绿色产业集聚区。

3. 要以旅游业为突破口，大力发展绿色产业。把旅游业作为"生态富民"的着力点和突破口，全力打好旅游业大发展战役。下步，重点要落实好旅游发展政策，特别要把旅游业发展大会部署的各项工作加快落实到位，加快推动衢州市旅游业的快发展、大发展。

（二）狠抓环境污染整治，着力构建山清水秀的自然生态环境体系

1. 狠抓信安湖流域污染整治。信安湖的水质问题，已经引起社会各界的广泛关注。上半年，市委常委会、市政府常务会议专题研究了信安湖流域污染整治问题，形成了信安湖流域十大水系环境综合整治的初步方案。一要咬定目标。按照"到 2013 年底水质明显好转，2015 年底十大水系水质稳定达标"的目标要求，坚持"标本兼治、远近结合、软硬兼顾"的原则，倒排计划，强化举措，确保按期完成。二要分工落实，市环保局要抓紧研究和完善"整治方案"，各级各部门要严格按照方案要求，分工抓好落实。特别对存在的污染企业偷排漏排行为，要通过智慧环保建设，实现有效监控监管，确保企业的达标排放；对市区及城郊的各类污水污染问题，要抓紧制订三年截污纳管的行动计划，加快完善污水处理设施；对各相关区域的畜禽养殖，要切实按照禁养区、限养区的要求，确保措施落实到位。

2. 狠抓饮用水源保护。此项工作事关重大。要突出抓好乌溪江库区水源保护。乌溪江库区是市区及下游 50 多万群众的唯一饮用水源地。一要持续开展库区环境综合整治，从严控制畜禽养殖，限期关停或搬迁一、二级保护区范围内的现有养殖场及玻璃拉丝企业；库区

旅游业要适度发展，并在旅游业发展的同时，及时跟进垃圾、污水处理等措施，确保饮用水源地排污量的有效控制，保障饮用水安全；在建的市区居民饮用水工程要加快进度，确保年内建成使用。二要加快合格规范饮用水源保护区建设。今年年底前，要完成市、县、乡三级饮用水源保护区的划定或优化调整工作，明确保护范围；各级水源保护区要加大保护设施建设力度，限期达到合格规范饮用水源保护区要求。三要强化水源地监测监控。环保部门要加密饮用水源水质监测频次，定期开展隐患排查整治，严格落实风险防范措施，确保水质安全。

3. 狠抓农村面源污染治理。重点加强畜禽养殖尤其是生猪养殖管理。2011年生猪养殖业 COD 排放达 7.7 万吨，占全市 COD 排放的50%以上，已成为衢州市目前农村最突出的污染源。刚才，市农业局就此讲了很好的意见，具体工作中，一要控制总量。根据衢州市生猪产业现状、区域环境承载力以及禁限养区规定，严格控制养殖总量，市农业局要会同相关部门深化研究，抓紧提出控制方案。二要优化布局。科学划定并严格执行禁养、限养区制度，各地要结合本辖区现状，制订生猪养殖禁养、限养区实施方案，优化布局。适养区要建立生态养殖小区，实行农牧、种养结合，养殖废弃物集中治理、就地消化、资源化利用。生态化养殖，衢州市有很多成功典型，包括龙游县以及上午考察的开化县，下步要整合各方面政策资源，给予支持和推广。三要强化治理。探索建立生猪养殖项目联合审议、环保管理、用地审批和工商登记等制度，推动生猪规范化养殖。各县（市、区）要积极借鉴江山市的经验做法，加大工作力度。要落实属地管理责任，由地方政府负总责，并列入市政府年度生态责任书考核。

4. 狠抓重点污染企业整治。"十一五"期间衢州市通过对污染工业企业的整治搬迁，企业污染明显减轻，但污染物排放强度仍然很高，且稍有松懈就可能出现反弹。一要全面开展电镀、化工、造纸、印染、制革五大行业整治，其中电镀行业整治年内要全面完成，年底未完成的企业一律关停；化工、造纸、印染、制革四大行业整治须在2014年底全面完成。二要巩固和推广水泥脱硝治理成果，继续加快推进燃煤电厂、水泥企业等低氮燃烧、脱硝及热电厂脱硫设施建设。这些都是硬任务，每年都要有具体计划，加以落实和推进。三要加强重金属、放射性物质、持久性有机污染物等排放企业整治，巩固固体废物"双达标"工程。特别要高度关注"771"矿环境信访问题，各部门单位要督促企业整治，并强化辐射知识宣传，消除群众恐慌疑虑，保障社会稳定。

5. 加大河道采砂整治力度。衢州市区域内河道众多，但河道很多区段可谓千疮百孔。当前，衢州市要加快发展旅游业，并提出要把整个区域作为一个大景区来建设，就必须下决心整治河道采砂问题。同时，河道禁止采砂条件也已具备，无论是从价格还是从质量来看，机制砂已经完全可以替代河道自然砂，在此背景下，我们务必要加大此项工作力度。具体工作中，一要下定决心，加大力度，坚决取缔未经批准的采砂点，坚决扭转无序采砂、违法采砂的局面。二要严格控制批准新的采砂点。要科学编制采砂点的规划，特别对禁采区一律不得批准采砂点。三要抓紧研究机制砂替代河道砂相关工作。市国土局要及早开展地质勘查，做好机制砂石矿资源储备等基础性工作，各县（市、区）可同步开展研究。对河道砂禁采的时间节点，请市水利局充分征求各地意见建议，各县（市、区）也可先行研究，总的就是要通过若干年努力，最终实现机制砂替代河道砂。

6. 加大污染减排力度。做好污染减排"一票否决"工作。上半年，衢州市减排进度在全省排名靠前，但第三季度以来，排放总量快速增长，前三季度全省能耗"亮红灯"的只有衢州，全年形势不容乐观。各级各部门务必要高度重视，综合采取工程减排、结构减排、监管减排等措施，切实加大各类污染物排放总量控制。各县（市、区）政府主要领导作为第一责任人，要切实加强领导，确保区域减排年度指标任务完成。各相关部门要分工抓好落实，其中，市环保局要做好总协调和技术指导；经信、农业、住建、公安、统计等部门要按照各自职责，抓好措施落实。

7. 严格环境准入制度。进一步强化源头治理，认真实施主体功能区、生态环境功能区规划，严格实行空间准入、总量准入、项目准入"三位一体"环境准入制度和专家评价、公众评估"两评结合"的决策咨询机制，严把项目环保准入关。

（三）全力推进生态创建，着力构建绿色优美的城乡生态人居体系

1. 加快城乡宜居环境建设。扎实抓好城市环境整治优化，着力破解保洁难、停车难、治污难、拆违难等问题，全力提升城市的绿化、亮化、美化、秩序化水平，扭转"脏、乱、差"局面。要加快美丽乡村建设，扎实开展"四级联创"，深入推进村庄整治，加强历史文化村落保护，打造宜居、宜业、宜游的美丽乡村。特别是美丽乡村"四级联创"工作，目前各地进展还不平衡，首要的就是抓好洁化工作，这项工作有工作机制，钱也投下去了，下步要切实抓好落实。

2. 全面实施智慧环保工程。此项工作上半年启动，目前已完成试点方案的编制，并与中国电子科技集团公司第52研究所、省电信公司签约，同时省政府原则同意将该项目列入省试点。智慧环保工程总的目标是：2013年完成项目一期，初步建成24小时实时监测、实用高效的监控网络；2014年完成项目二期，建成全面监控、应急预警、高效指挥、教育展示等系统网络。近期工作重点：一是细化方案，尽快组织专家评审，加快项目立项审批；二是组建运营公司，加快智慧环保建设运营服务公司组建步伐，对于项目投资、运营模式、

相关力量到位等，要与两个公司进一步衔接好；三是落实责任。各相关单位要按照目标要求，倒排计划，确保按期完成。特别要按照高标准的要求，确保运营公司真正有效运转，真正将此培育成为一个产业，力争把衢州市的智慧环境工程建设成为全省、全国的示范工程。

3. 深化环保模范城市创建。创模工作程序多、要求标准高、考核指标细，任务异常艰巨。创建工作从正式申请到完成达 10 多道程序，考核指标包括 5 大类 26 项 165 个细则，而且创建工作不仅考核市区，还有 19 个指标覆盖县（市）。结合衢州市实际，重点要抓好产业结构调整升级、环境质量达标、基础设施建设、环境防治系列等四大工程。各级各部门要结合实际，对照标准、找准差距、突出重点，强化落实，确保如期创建成功。

4. 扎实推进"四边三化"行动。这是省委、省政府部署的一项重要工作，也是加快改善衢州市城乡环境的一件大事、实事。市政府已作了专题动员部署，各级各部门要按照会议要求切实抓好落实，同时积极借鉴龙游县的经验做法。具体工作推进中，一要因地制宜。科学编制规划，根据不同地段、不同实际，制订相应的方案和措施，确保质量和效果。二要整合资源。充分整合市、县、乡、村和各部门的工作力量，整合美丽乡村、绿色城镇等相关政策资源和建设资金，统筹谋划，整体推进，实行新建和改造，建设和管养，绿化、洁化和美化"三个同步"。三要加快推进。此项工作各县（市、区）、市绿色产业集聚区、西区、巨化集团公司都有具体任务。市政府动员部署会后，龙游县抓得比较紧。各级各部门要按照属地管理、部门参与的原则，切实加强领导，加快进度。后天，省委、省政府将在龙游县召开"四边三化"的现场会，"四边三化"是省委赵书记在龙游调研时第一次提出来的，这就更加要求我们进一步加大工作力度，确保此项工作走在全省前列。

5. 广泛开展绿色创建活动。深入推进生态县市、生态乡镇等建设，广泛开展绿色企业、学校、社区、饭店、医院、家庭、矿山等创建活动，并强化创建实效。扎实开展省级以上生态文明建设试点，及时总结推广开化县等先行试点经验，深入推进全市生态文明示范创建活动。

（四）建立健全长效机制，着力构建强有力的生态建设保障体系

建设生态文明，是一项全民和全社会的事业，需要各级各部门承担责任，需要充分发挥社会各界和广大人民群众的积极作用。

1. 健全完善齐抓共管的组织体制。各级各部门要切实加强领导，常抓不懈，及时研究和统筹解决生态文明建设的重大问题。要按照"属地管理与分级管理相结合，以属地管理为主"的原则，健全完善部门联动体系，建立健全部门联动机制，进一步落实部门单位职责，有效整合资源，齐抓共管，形成合力。

2. 建立健全资源有偿使用和生态补偿机制。以全面推进排污权有偿使用和交易试点为切入点，积极开展相关政策研究，充分利用经济、法律、行政等多种手段，协调解决生态文明建设过程中的矛盾和问题。特别对排污权有偿使用和交易试点工作，请市环保局牵头，结合实际，抓紧研究。要在积极向省里争取加大生态补偿力度的同时，着眼衢州市各地实际，按照"谁开发、谁保护，谁破坏、谁恢复，谁受益、谁补偿"原则，积极探索建立科学合理的生态修复机制和生态补偿机制。

3. 加快完善多元化的投融资机制。既要重视运用政府这只"看得见的手"，充分发挥规划、财政、信贷在推动环境保护、生态建设、节能减排等方面的引导和激励作用，又要注重借助市场这只"看不见的手"，以市场化方式推进生态环保建设，鼓励、引导各类社会资本参与生态文明建设。

4. 深化基层创建和公众参与的长效机制。大力培育生态文化，倡导生态文明的生活方式。加大环保法律法规宣传力度，增强全社会环保意识、法律意识。积极引导民间环保组织健康有序发展，组建生态环保志愿者队伍，调动全社会关心、支持和参与生态文明建设的积极性和创造性，营造全社会参与的浓厚氛围。

沈仁康同志在推进"五水共治"共建
生态家园专题会议上的讲话

2014 年 2 月 19 日

同志们：

为深入贯彻落实市委常委会和全市推进"五水共治"共建生态家园动员大会精神，市政府决定今天召开推进"五水共治"共建生态家园专题会议，这是一个抓落实、抓推进的会议，主要目的是进一步明确目标任务，明确工作重点，明确工作责任，迅速掀起治水、共建的高潮。刚才，县（市、区）和相关专业工作组汇报了前期工作和下步计划，总的看，全市动员大会后，各单位行动比较迅速，在较短时间做了大量工作，也取得了初步成效。

省委、省政府明确把"五水共治"作为今后一个时期最重要的工作事项之一，并提出"三年要初见成效、五年要大见成效、七年要重整山河"的目标，我们要按照省委、省政府的要求，以重整山河的气度，以壮士断腕的勇气，按既定的工作目标，大力度推进，不达目标决不收兵，确保"五水共治"各项工作任务落到实处。要坚持用科学的办法推进"五水共治"共建生态家园工作，必须把广泛发动群众、教育群众、引导群众作为最重要的基础性工作来抓，要通过有效的宣传发动、教育引导，让群众有积极性，让村两委有主动性，让企业有责任心，只有这样，推进"五水共治"共建生态家园各项工作才能事半功倍；必须着眼源头的预防和治理，从源头来思考、筹划和解决问题，重点要统筹抓好企业准入和达标排放、农村面源污染、农村生活污水治理、洁水养鱼、城镇污水收集率和处理率以及处理水平提升、垃圾收集体系建设、城乡垃圾分类收集处理等工作；必须重视管用的、可持续的机制建设，在开展治理的同时，要同步跟进机制建设，完善制度，确保推进"五水共治"共建生态家园各项工作真正有效落实。

对下步的具体工作，我再强调三个方面要求。

一　咬定目标，突出重点，以"争先"求氛围求前列

"五水共治"有效推进，就是要把治污水作为龙头，这件事衢州市见势早、行动快，在去年就启动了以治污水为重点的共建生态家园行动，并向每个村选派了生态指导员。当前，在"五水共治"总要求下，各地各部门要进一步增强紧迫感、责任感，以高于、快于、好于省里标准为要求，强势破局破题，力争污水治理和共建生态家园行动走在全省前列，带动其他"四水"治理，形成更好的工作氛围。

（一）刚性启动"三河"治理

省里对"三河"治理高度重视，对完成时限作了提前，要求各地今年 6 月底前要全部消灭垃圾河，年底前完成 60% 的黑臭河治理。对这项工作，我们既要高度重视、大力度推进，又要合理地确定目标、确保工作质量。近期省里还将组织暗访，如发现各地在上报的黑河、臭河、垃圾河名单外，还存在这三类河流，将实行考核倒扣分。这项工作我们虽然启动比较早，也梳理了"三河"名单，但对照省里要求，我们的底子摸得还不清，一部分黑河、臭河、垃圾河至今还标不上图、挂不上墙，落实不了责任。接下来，各地各部门务必要严格按照任务时限，倒排计划，抓好落实。

一要全面落实河长制。全面建立"河长制"的文件早已下发，现在关键要把"河长制"实施的具体内容、考核办法、监督体系落实下去，从目前掌握的情况看，还有一部分河流到现在还未确定责任河长。各地必须在今年2月底前，实现市、县、乡、村四级"河长制"全覆盖，对黑河、臭河、垃圾河要在河段内竖立标志牌，明确责任河长及整治时限，这也是省里的要求。要以治"三河"为抓手，建立黑河、臭河、垃圾河电子档案，实行挂图作战，每条河都要有一张污染源分布图，每位河长都要有一张作战图，要围绕污染河段开展"拔钉子"行动，每个乡镇都要学习衢江区的做法，明确乡镇范围内的污染源、污染点。具体工作中要做到"五个一律"，对沿岸各类非法企业一律予以取缔；对恶意环境违法企业一律实施高限处罚，而且要曝光；对破坏环境的违法排污企业一律移送司法机关处理；工业企业、餐饮业和各类服务业有纳管条件的，一律要求限期纳管排放；所有向水体直接排污的企业一律要求做到稳定达标排放。还要加强机制建设，建立联席会议制度和市查县、县查乡镇、乡镇查村的巡查机制，建立健全河长考核机制，促使河长制有效运行。

二要强化排查全力攻坚。要对全市所有黑河、臭河、垃圾河再作一次全区域、全方位的排查，对已上报市里的黑河、臭河、垃圾河名单要进一步核实确认；对新发现的黑河、臭河、垃圾河要及时落实责任，及时组织整改，及时组织督查暗访，如因发现不及时、整治不到位被市里查到的，要在全市进行通报；被省里暗访查到的，要追究相关责任人的责任。这是最基础的工作，各地必须做好排查，不能有遗漏。垃圾河治理工作今年3月底前要初见成效，5月底前要全部消除垃圾河。6月底前每个县（市、区）都要有一批能够游泳的河，年底前完成60%以上的黑河、臭河治理。届时，市委宣传部、市旅游局要组织策划"今夏到衢州游泳"等活动，打响衢州水环境品牌。

三要管治并举抓好长效。要同步研究、跟进长效机制，在2014

年 3 月底前全面建立河道管理长效机制，确保河道保洁经费、保洁人员、保洁设施、保洁制度"四到位"，切实防止出现边治理边污染的现象。这项工作大家要重视，光靠钱不能解决问题，必须要依靠有效的办法和机制。各地要抓紧探索研究，提出管用的办法。

（二）率先推进共建生态家园

共建生态家园作为衢州市治水工作的特色亮点，全市 1480 个行政村，按照 3 年时间内每年改造提升 1/3 的要求，2014 年首批启动实施的行政村有 572 个，其中生态环境最优美的、水体环境最敏感的、污染最严重的三类重点村 188 个。

一要全力打造三类重点村。今年年底前，188 个重点村都要达到市级生态村标准，其中一半左右重点村要打造成为可看可学的"样板"，并力争成为休闲观光的乡村旅游景区，3 年内所有重点村要达到省美丽乡村标准。今年每季度要从重点村中选择工作进展快、面貌改观大的村召开现场会，凡是召开现场会的，对所在的县（市、区）予以考核加分。同时，其他 384 个整治村，到年底 80% 以上要达到市级生态村标准。3 年内，1480 个行政村 80% 要达到市级生态村标准。

二要认真组织农村生活污水治理。农村生活污水治理要按照"七统一"要求，根据村庄地貌、居住人口集中度、居住人口季节性变化等情况，并结合农家乐污水处理和餐厨垃圾处理问题，制订科学、有效、管用的规划方案。我们和平原地区不一样，我们的村庄比较分散，不少村青壮年大量外出务工，平时在村里居住的人比较少，因此要针对这些村的特点来提出治理污水的办法，该用分散式治理的就分散治理。今年 3 月要有一批整治村率先启动；5 月底前要全部编制完成今年的整治村污水治理项目设计，原则上 10 月底前要建成，而且要达标验收。为解决基层技术力量薄弱问题，在建设过程中，可以邀请第三方机构提前介入，参与规划、设计、监理。各地还要抓紧研究、积极推行"村庄工程大家建",以县为单位集中采购"五水共治"建设材料,交由村里自己建设,既让村民参与建设、监督,又能节省工程建设时间和成本。

三要积极争先创优。各地各部门在工作中要提炼总结特色亮点工作,积极与国家部委、省里厅局对接,争取上级支持肯定,争取试点项目,争取政策倾斜。当前的重点是要争取全国非点源污染治理试点、乌溪江库区良好湖泊保护试点、土壤涵养项目试点和全国水生态文明建设试点等一批国家级试点。

(三) 尽快全面开展"五水共治"

"五水共治"中的其他"四水"治理工作也要尽快启动。各地要参照省、市机构设置,抽调精兵强将集中办公,实体化运作,还要围绕省"五水共治"项目要求,全力向上争取。这项工作的基础在于项目包装和主动有效的对接,谋划的项目要符合上级部门的要求,要有质量。市、县两级都要形成项目库,在分部门、分专业编制的基础上,由市、县两级治水办负责汇总,首批项目库必须在2月底前建成,然后实行动态管理,每月进行深化和增补。从现在开始,还要就明年及今后几年的项目组织做好包装、对接工作。

二 围绕问题,马上就干,以"创新"求突破求实效

教育实践活动提出要以问题为导向,"五水共治"也要以问题为导向,创新机制办法,主动攻坚克难,在限定时间内,抓出成效,抓出结果。下面重点讲8个问题。

(一) 关于工作推进力度问题

行动半年来,市里出台了多项政策机制,布置了系列工作任务,

组织了多次督查督办。但从目前情况看，市和县（市、区）包括集聚区、西区比较热，乡村比较冷，有的还毫无动静，还在观望等待，没有真正急起来、动起来。在县级层面，有的对这项工作重视还不够，谋划比较少、手段比较弱、步子比较小，分管领导投入精力不足，机构没有真正设立、集中办公人员没有真正抽调到位、没有真正实体化运作，对上停留在应付上，对下更谈不上指导，对乡镇、村没有建立有效的督查推进机制。在乡镇层面，思想认识还不够到位，认为上有市县出政策，下有村干部、生态指导员抓落实，乡镇领导对工作过问少、缺思路，具体工作研究还不够深入。在村级层面，"等、靠、要"的思想比较严重，主动作为不够，等着上级出政策、出资金。因此，宣传发动工作很重要，我们不光要宣传发动群众，还要发动我们的干部。一要在思想上真正动起来。迅速形成齐心协力抓治水的良好局面。二要在行动上真正动起来。特别是垃圾河、黑河、臭河整治要在 3 个月内明显见成效，这是硬任务、死任务，各地要抓紧行动。市里也要及早成立 10 个督查组，配 10 个曝光组，进行督查、曝光。三要在措施上真正动起来。在具体工作中，要破解乡村"等、靠、要"难题。把乡村里的积极性调动起来，特别是村一级可以实行"以奖代补"机制，要变"要我干"为"我要干"。要充分发挥生态指导员的作用，组织部门要加强对生态指导员的培训，引导其成为生态文化和生态技能的宣传员、村庄生态环境的巡查员、项目施工质量进度和资金使用的监理员、重点整治任务跟踪的监督员、村庄生态建设制度建设的辅导员。要对生态指导员提出更高的要求，帮助他们锻炼成长，使其成为"五水共治"特别是治污水的行家里手，使这支队伍真正有用武之地。

（二）关于城乡生活垃圾问题

在全省农村工作会议上，李强省长要求，农村垃圾"户集、村收、镇运、县处理"的机制今年必须实现全覆盖。目前，衢州市乡镇垃圾中转站只有39个，覆盖率仅37%，设备陈旧老化，规模小。垃圾中转站到县以上填埋场的垃圾转运车数量不足，难以及时清运，垃圾收集体系尚未建立，进入县以上垃圾填埋场的垃圾不到总量的15%。而且我们还面临一个严峻的形势，市、县两级垃圾填埋场容量不足，最短的只能用2年，最长的也只能用8年。市政府和县（市）政府都必须把这件事作为一件大事来抓，市住建部门要牵头整体研究，为县（市）提供指导。各县（市）政府也要专门组织研究、抓紧启动县级垃圾填埋场兴建扩建的前期工作。具体来讲，一是由市农办牵头，住建局配合，抓紧提出"户集、村收、乡镇中转、县处理"机制全覆盖的实施方案和工作时间表。二是各县（市、区）要树立主体意识，加快推进集中收集处理体系建设，6月底前，50%以上乡镇的农村垃圾要实现县处理，特别是饮用水源地所在乡镇，要率先实行外运县处理，年底前实现全覆盖。农村垃圾原则上一律不得就地填埋，不得就地进行焚烧。三是加快乡镇垃圾中转站建设，3月底前，各县（市、区）完成中转站建设规划方案，年底前确保完成建设。同时，要配足垃圾转运车，确保垃圾运得出、运得净。这项工作我们是滞后的、是欠债的，很多地方在千万工程建设时就已经完成，我们下决心、高质量还掉"欠账"。四是要在全市推广"源头分类可追溯、减量处理再利用"的"贺田模式"，实现源头垃圾减量化和资源化利用，有效减轻转运和县处理压力。今年188个重点村务必实现垃圾分类处理全覆盖。龙游县推进力度很大，今年要在全县所有村庄推广"贺田模式"，这件事如果干成了，年底要好好总结，明年向全市推广。五是抓紧启动市区垃圾焚烧发电项目，今年要开工建设，力争明年建成。

（三）关于集镇污水处理厂问题

我们的集镇污水处理厂问题比较突出，普遍投入不足、运营不到位，设备老化、管网缺失，平均每座集镇污水处理厂配套管网不到10公里，大部分集镇的污水处理厂现在都不能正常运营。下步工作中，一是由市住建局牵头，按柯城区完成50%以上、其他县（市、区）完成1/3以上的要求，列出今年各地需改造提升的集镇污水处理厂清单。二是要加快集镇污水收集管网的建设。各地要安排专项资金，要有具体的计划，确保年底前列入名单的集镇污水处理厂管网收集率达到90%以上。收集管网必须实现雨污分流。同时，集镇所在地的村庄污水要尽可能纳入统一处理，集镇周围有条件的村庄也要尽可能纳入污水收集范围。三是城镇污水治理要施行"四统一"机制。巨化集团公司正在发展这方面产业，要加强对接。同时，由市治水办牵头，抓紧与县（市、区）对接，研究集镇污水处理厂统一打包实行服务外包、市场化运作的新机制。

（四）关于生猪养殖污染问题

生猪养殖污染是污水源头之一，要下决心落实好禁限养区的规定，抓好"移栏出村"、"移栏上山"和生态循环养殖模式的推广。下步工作中，一是各地要再接再厉，借"三改一拆""五水共治"的东风，强势推进生猪养殖污染整治，禁养区年内必须全面禁养，黑臭河沿线村庄、信安湖流域、铜山源库区等区域的生猪规模养殖场不能达标的就要关停。完成整治的乡镇每个季度要组织一次"回头看"，落实监管责任人，切实防止出现反弹。二是要着力解决村庄内养猪问题，各地要抓紧研究制定"移栏出村"的政策意见，要充分发挥村级组织的自治作用，发挥村规民约的自我约束作用，抓出一批样板村。今年年底前，启动实施的整治村必须实现规模养殖"移栏出村"。这件事要下决心，村两委要发挥作用，要通过村规民约来约束。三是要紧紧抓住与北京中关村嘉博文公司的合作机会，在常山县生猪排泄物资源化综合利用试点成功的基础上，年底前各县（市、区）都要谋划布局一个试点项目。这项工作由市农业局牵头，各县（市、区）要主动对接，推进全区域全产业链打造生态高端农业，这也是向国家争取土壤涵养与改良试点城市的基础性条件。四是要加快推进病死畜禽无害化处理项目建设。今年 6 月底前，衢江、柯城、龙游、江山 4 个县（市、区）要全部建成投入使用。

（五）关于农村工业企业问题

前期我们排摸了 3061 家（含作坊）农村工业企业，绝大多数工业企业都没有经过环保评审，乡镇工业功能区污水处理设施缺失，存在不同程度的污染问题，是造成黑臭河的重要原因，特别是村内小作坊，"一个作坊污染一个村"的现象突出，目前各地还没有解决的硬措施、硬办法。下步工作中，一是由市环保局牵头，对排查出来的污染情况和污染企业抓紧进行核实，并按整治 1/3、力争 50% 以上的要求，列出今年各地乡镇工业功能区整治名单。要发挥乡镇污水处理厂的作用，解决"一家一户"污水处理问题，除了有特殊污染物的企业必须进行预处理以外，一般的企业都要进行集中处理。二是各县（市、区）要制定政策，堵疏结合，倒排时间表，严格按照"三个一批"的要求来推进这项工作：就是要关停淘汰一批，对低小散、污染大、不能获得环保审批的小企业、小作坊，特别是饮用水源地的工业企业要坚决关掉；搬迁入园一批，对有转型升级意向的工业企业，按照"工业企业进工业园区，化工企业进化工园区"的要求，引导其到园区落户；整治提升一批，对通过技术改造能够解决环境问题的，要加快推进技术改造，提升工艺水平。三是对企业搬迁后的土地，要因地制宜，充分利用。

（六）关于饮用水源问题

衢州市饮用水源总体情况良好，城区饮用水水质排在全省前列。

但农村饮用水问题较多，部分饮用水项目建设标准低，基层管理力量薄弱，管理不到位，局部地区在局部时段因农业面源污染存在严重的水质性缺水情况。下步工作中，一是各地要切实加强对饮用水源地的保护。要把减少库区人口作为根本举措，进一步制定完善下山发展的政策意见，特别是对乌溪江库区，要有长期的、可预期的导向性政策，要排出下山脱贫的计划和时间表，下山脱贫安置区要尽可能安排在城郊、集镇和工业园区附近等有就业机会的地方，确保他们搬得下、稳得住、富得起。对保留的库区居民点，要确保生活污水治理达到100%。二是针对局部的饮用水困难地区，城市自来水管网能够延伸的要尽量延伸，这是治本之策，必须下大决心、舍得花钱。对城镇管网难以延伸的，要抓紧落实合适饮用水源地，抓紧建设饮用水供水项目。三是加强备用水源项目建设。对此省政府有明确要求，必须要有第二水源，以确保城市供水安全。各地要抓住省里"保供水"的机遇，抓紧谋划研究，积极向上争取项目资金支持。

（七）关于河道采砂问题

河道采砂整治工作取得了明显成效，面貌大为改观，但是还有一些问题需要我们重视。一是要坚决取缔非法采砂场，取缔的相关设备必须拆除到位。特别是国土部门要加强收储土地、建设用地上的砂石资源管理，严肃查处盗采、乱采等非法采砂行为。有的地方甚至有侵占基本农田采砂的，这绝不允许。二是要进一步加快机制砂矿山出让工作。这项工作去年已做出部署，机制砂要替代河道采砂，相关工作必须加快进度。机制砂矿山出让工作，要在今年上半年完成，市里要组织专项督察，确保明年全面取缔河道采砂这项重大工作部署的完成。目前进度较快的江山市已有2家机制砂矿山投入生产。三是对过渡期采砂场要加强管理，按规范要求整改到位。四是要坚决防止非法采砂反弹，坚持"露头"就打，打早、打小，绝不能再形成反弹。

（八）关于洁水养鱼问题

老百姓现在对山塘养殖、投料养殖的污染问题意见很大。发展洁水渔业，既是水生态环境保护的需要，也是水产养殖转型提升的需要。一要全面排查。要像"清三河"一样，排查摸清全市山塘水库水产养殖污染情况。二要建立部门联合执法机制。以属地管理为主，建立水利、环保、农业多部门联动执法机制。要找出有效管理办法，依法依规来推进。三要有倒逼措施，严控施肥养鱼，加强水产品质量安全管理。6月底前，全市大中型水库、饮用水源地及重要生态功能区要全面禁止网箱养鱼与施肥养鱼，完善落实渔业增殖方案；年底前，其他各类水库山塘实现禁止施肥养鱼。四要开展专项整治行动。从2月底开始，全市水利部门要组织开展一次水产养殖污染整治专项行动。五要着力打响衢州洁水渔业高端品牌，通过利益驱动促进洁水养鱼长效化。

三　明确职责，理顺关系，以"机制"求合力求落实

"五水共治"工作要统分结合。统就是市治水办要负责综合统筹协调、督查、考核、宣传以及技术模式研究创新等工作；分就是要将工作责任、工作任务分解落实到各县（市、区）、各区块、各专业工作组，要依靠部门专业力量，各负其责，抓好治水工作。

市治水办，目前已经实体化集中办公，下一步重点要在五个方面发挥作用。一是抓统筹。要与省委、省政府、省治水办保持畅通联系，主动对接，及时传达贯彻省里的指示精神和工作要求，统一安排部署工作任务，统筹制定政策指导意见，统筹全市工作情况和信息。二是抓督查。要每月组织督查，督查内容要量化、要排名、要通报。

同时，还要组织好市领导带队督查暗访活动。三是抓考核。市委、市政府将加大"五水共治"在综合考核中的权重，突出抓好一类指标考核，并与财政转移支付、用地指标、"以奖代补"资金和干部实绩考评相挂钩。对干得好、有创新的单位给予奖励和政策倾斜；对考核不合格、整改不力的单位一票否决、全市通报。四是抓宣传。要进一步加大宣传力度，引导群众自觉参与"五水共治"。要积极主动与媒体进行衔接，我们的"五水共治"特别是治污水工作是走在前面的，要有声音、有亮点。五是抓谋划。要牢牢把握治水工作的方向和重点，谋划创新"五水共治"机制模式，切实发挥好专家组的作用，积极提供成熟可行的技术支撑，创造科学治水的特色样板。

专业工作组层面，一是要主动履行职责。各专业工作组要明确分工，主动作为，发挥职能作用。"五水共治"工作分到 5 个专业工作组，刚才各专业工作组都作了很好的发言，希望按照要求抓好落实。二是要加强与对口厅局的对接联系。省"五水共治"的主要载体是"十百千万"工程，"五水共治"省里已经要求申报项目，我们春节前已经报了一批项目，接下来每年都会有项目。除了治污水以外，防洪水、排涝水、保供水、抓节水，都有项目，都有政策支持。各县（市、区）和市里要抓紧包装谋划项目，向上对接，争取支持。三是要加强机制创新。专业工作组对各县（市、区）、各区块的指导督促关键在于机制，要善于学习外地先进经验，善用拿来主义，并结合衢州实际，制定一整套有效的治水机制，指导帮助各区块推进工作。四是要分工抓好落实。按照市委常委会精神，村庄整治提升，也就是农村生活污水治理、垃圾收集等工作，由汛波同志负责联系，建民同志配合，这块任务最为艰巨；城镇污水收集、城镇污水处理厂改造提升、市里和县（市、区）垃圾填埋场规划建设、市区垃圾焚烧发电项目的推进，由建林同志负责联系；乡镇工业功能区和农村工业企业环境污染整治，当然还有工业企业的治水治污，由仲明同志负责联系；生猪养殖污染整治和渔业养殖环境专项整治，由建民同志负责联系。

在县级层面，包括集聚区、西区，作为实施主体，一要落实规定动作。省里和市里的工作任务都已经明确，接下来就是要甩开膀子，不折不扣去完成。①迅速抓行动。各地要尽快制定落实对乡镇、村的考核办法，并按刚性、量化的要求，组织好督查推进工作。②立即建机构。各区块要按照市里的规格调整和健全机构，确认一名县领导担任县级"五水共治"领导小组办公室主任，负责组织推进该项工作；各乡镇要建立专门机构，明确一名领导专门负责，现在看来乡镇层面工作还不到位，要尽快加强。③抓紧下指标。按照省委、省政府明确的"十百千万治水大行动"和"两覆盖"的指标任务，结合各地实际，抓紧确定"五水共治"的量化任务指标，细化分解到部门、乡镇、村，形成工作表、项目表、责任表。④足额筹资金。各地要按农业人口人均800元，最低不少于2亿元的要求足额筹措资金，重点放在治"三河"、农村污水治理、集镇污水处理厂改造提升、垃圾集中收集处理等工作上。二要创新自选动作。①要因地制宜，根据各地不同地形地貌、流域水系、污染特点，研究解决对策。②要以管用为目标，走出真实有效、切实可行、群众支持拥护的路子，体现出地区特色，如龙游县推行"八个一"落实"河长制"的做法就值得学习。

总之，希望大家按照要求抓好落实，确保"五水共治"工作在全省争先，这是市委提出的要求，也是衢州作为钱塘江源头区域、生态屏障地区应该实现的目标。

另外，借今天会议的机会，就今年的"三改一拆"工作强调几点意见。

去年一年，全市"三改一拆"工作总体完成不错，特别是在省里追加任务的情况下，我们拆违三年计划一年完成，"三改"工作超额完成年度任务。但现在看，去年我们拆违调查摸底的数据与实际情况存在较大的出入，仍然有不少违章建筑没有拆除，很多地方还只是开了一个头，特别是农村大量的"一户多宅"违章建筑还没有真正大规模拆除。我们启动拆违的时候就提出要拆出发展空间、拆出公平正义、拆出法治理念，但现在公平正义这一条还有一定差距。同时，今年1月份，全市只拆除违法建筑3.45万平方米，进度明显减缓。对今年的"三改一拆"工作，省里已经明确不再下达具体的指标任务，市里也不再给县（市、区）下达具体指标任务。目前最大的指标就是拆出公平正义。"三改一拆"能不能拆出公平正义，事关党委政府的形象，事关农村建设秩序，也事关社会稳定。应该说今年的拆违工作要求更高、任务更重。一方面，省委、省政府今年把创建"无违建县（市、区）"工作纳入对各级党委、政府的工作目标考核，并已组织了30个督查组，将对各地的"三改一拆"工作开展暗访督查，省级新闻媒体也将进行跟踪报道、即时曝光，对此，我们绝不能有侥幸心理。另一方面，"三改一拆"已成为一项民生工程和民心工程，如果不继续推进，做到应拆尽拆，不仅之前取得的拆违成果、形成的拆违氛围将前功尽弃，而且政府也将失信于民，违建仍未拆除的将会更加肆无忌惮，原来积极配合拆违的势必反弹。因此，各地各部门必须坚持思想不松、力度不减、强力推进，重点抓好三个方面。

一要以县（市、区）、乡镇、村"无违建"三级联创为抓手，巩固推进"三改一拆"的大好形势。要坚持高标准，做到"三无一稳"，基本实现无既有违法建筑、无新增违法建筑、无非法"一户多宅"，确保社会平安稳定。各地要抓紧制订出台"无违建"创建实施方案，今年要确保创建1～2个"无违建县（市、区）"，其他县（市、区）至少50%的乡镇（街道）要成为"无违建乡镇（街道）"。创成"无违建县"，在综合考核里面要给予加分。

二要重点突破"一户多宅"整治，做到应拆尽拆，继续保持"三改一拆"的强大声势。要把深化"一户多宅"整治作为重要突破口，按照"堵住当前、清理过去，堵疏结合、着眼长远"的要求，实现违法"一户多宅"应拆尽拆，坚持建新拆旧，严控新增"一户多宅"违法建筑，有效解决农村宅基地使用不公等历史遗留问题。各县（市、区）要深入研究农村建房的问题，切实满足农民合理建房诉求。同时，还要抓好城区住宅小区屋顶违建、单体住宅改建扩建整治，开展涉及宗教和民间信仰场所违法建筑处置工作，高度重视各类违法建筑举报信访的处理，确保拆违工作公平公正、到点到位，为下一步美丽乡村建设打下良好的基础。

三要加快推进"三改"项目实施，做到应改快改，确保"三改一拆"取得民生实效。去年"三改"的政策和三年计划都已经下达，各地要切实抓好落实。要改出效益，把"三改"与城市改造、环境提升、"五水共治"、交通治堵、地下空间开发利用、工业园区环境功能提升等有机结合起来，加快工作进度，促进民生改善，改出发展空间，推动转型升级。要坚持连片改、沿线改、一体改，市和各县（市、区）都要把城市入城口改造作为一项重要内容，高水平规划、高标准改造。由市规划局牵头，市住建局配合，抓紧形成市区几个入城口区块的改造方案。同时，要加快推进"村改居"工作，推动农民市民化步伐，切实提高衢州市城镇化水平。

创建绿色衢州　建设生态文明

衢州原市委书记　孙建国

衢州位于浙江西部、钱塘江源头，是国家历史文化名城，是浙江省的重点林区和重要生态屏障，所处的浙闽赣交界山地区域是《全国生态环境保护纲要》所确定的 9 个全国性生态良好地区之一。全市共有林地面积 980 万亩，占全市土地总面积的 73.6%，是林业部门 6 个国家级林业科技示范区之一；拥有 1 个国家级自然保护区、5 个国家级森林公园。衢州水资源丰富，水质优良，地表水绝大部分是一、二类水，饮用水源水质合格率 100%，是全省唯一饮用国家一级水源的城市。大气环境质量全年保持在二类以上水平。

2003 年，衢州在浙江省率先启动了生态市建设，提出了生态市建设"三步走"的战略目标，即：第一步建成国家级生态示范区，这个目标已在 2006 年实现，衢州已成为浙江省首个实现"一片绿"的地级市；第二步是到 2009 年建成环保模范城市；第三步争取 2010 年，最迟到 2015 年，建成国家级生态市。

几年来，衢州全面实施《衢州生态市建设规划》，围绕生态文明建设，以科学发展观为统领，进一步强化大局意识和责任意识，紧紧围绕"生态建设为全省多作贡献"目标，全方位扎实推进生态市建设，坚持在发展中既要金山银山，又要绿水青山，力争走出一条经济社会发展与生态环境建设互促双赢之路。

一 统一思想 认清形势 进一步 强化生态市建设的责任意识

生态建设事关全局，事关未来，事关民生。首先，衢州始终把思想统一到中央的要求和省委的决策部署上来。中央顺应经济社会发展需要，适时做出了建设生态文明的重大战略部署，其核心是确立人与自然和谐、平等的关系，以实现经济社会全面可持续发展为根本目标，倡导尊重自然、保护自然、合理利用自然的理念。衢州市委、市政府从全面落实科学发展观出发，按照中央和省委、省政府的要求，充分认识衢州作为钱塘江源头地区，对整个流域的生态建设和环境保护，对浙江经济发展全局负有重大政治责任，同时生态建设也是衢州自身发展的需要，是衢州人民的愿望。衢州既要加快发展，做大总量，努力成为全省新的经济增长点，又要加快转变发展方式，保护好生态环境，在生态建设上走在全省前列。

其次，始终把思想统一到实施"三大战略"，实现"两大目标"上来。在近年的发展实践中，衢州始终坚持以科学发展观为指导，追求既有速度更有质量的发展，努力实现又好又快发展；始终把生态作为衢州经济发展的最大优势，长远发展的潜力所在、希望所在，努力保护好、发挥好这个优势，进一步发展生态经济，加强生态建设，全力推进生态文明。

最后，始终把思想统一到"以人为本、执政为民"的要求上来。创建生态城市，走生态文明之路，其目的是造福于人民。我们牢固树立"抓生态就是抓发展"的理念，坚持在发展中做到经济建设和生态建设一起推进，产业竞争力和环境竞争力一起提升，经济效益和生态效益一起考核，物质文明与生态文明一起发展，以实绩造福于民，让更多百姓在生态建设中得到更多实惠。

二　突出重点　狠抓落实　全力推进生态市建设步伐

衢州市在推进生态市建设过程中，始终高举中国特色社会主义伟大旗帜，以邓小平理论和"三个代表"重要思想为指导，深入贯彻落实科学发展观，解放思想，深化改革，突出重点，狠抓落实，全力推进生态市建设步伐。

坚持生态优先，扎实推进生态市建设步伐。近几年来，衢州市进一步强化大局意识和责任意识，切实加大了源头地区的生态建设和环境保护力度，深化生态市建设，扎实工作，开拓创新，取得良好成效。森林覆盖率不断提高，森林资源日益丰富。丰富的森林资源已经成为衢州的一张绿色名片，成为衢州市一大生态优势。

几年来，衢州从建设"生态文明"的战略高度出发，按照建设"生态市"的目标和要求，积极实施"五大生态工程"建设，切实加强生态建设力度。2003年以来，全市共投入建设资金4亿多元，建设生态公益林300万亩，实施百万亩针叶林改造工程和千里绿色通道工程建设，大力推进城乡绿化一体化工程建设，进行自然保护区建设和生物多样性保护工程。2004年以来，全市又建设了省级绿化示范村76个，市级绿化示范村173个，森林生态示范村88个。去年，衢州市有12个乡镇获全国环境优美乡镇命名，5个乡镇获得省级生态乡镇称号。衢州优美的生态环境，有力地促进了更加和谐的宜居条件，使广大人民群众在创建生态文明中得到了实惠。

衢州林业的大发展，促进了衢州环境美化和水资源的改善，人与自然得以和谐发展。山峦绿了，生态好了，全市水土流失面积由41.8%下降到20.8%；地表水质明显提高，地表水85%的河段水质控制在三类以上，饮用水质达标率98%以上。山绿了，水清了，空气也清新了，2008 年，衢州市地表水环境功能区水质达标率达到100%，全市出境水水质达标率达到100%，全市 5 个县级以上城市环境空气质量达到二级标准。

三 科学发展 和谐发展
加快建设生态文明

生态文明其核心是确立人与自然和谐、平等的关系，以实现经济社会全面可持续发展为根本目标，倡导尊重自然、保护自然、合理利用自然的理念。衢州始终站在全局和战略高度，对生态建设重新认识、重新定位，坚持在发展中力争物质文明与生态文明一同发展，努力走出一条经济社会发展与生态环境建设互促双赢之路。

林业是人与自然和谐的关键和纽带，是生态建设的主体，承担着生产生态产品、物质产品和生态文化产品的重大任务，具有巨大的社会效益、经济效益和生态效益。衢州一方面切实加强森林资源的保护，严厉打击滥砍滥伐等违法行为，不断加强森林病虫害的防治和森林防火工作。另一方面，充分利用森林资源，大力发展生态旅游，坚持走山水型度假旅游和乡村休闲旅游并重之路，初步形成了"休闲衢州、观光四省"的旅游品牌，2006 年成功创建中国优秀旅游城市。在建设生态城镇方面，按照"有特色、有实力、有品位、有魅力"的要求，强化城市功能，提升城市形象，塑造城市品牌，充分展示出山水园林、历史文化、现代气息等个性特征。继续抓好城市绿化，全市投入资金 7460 万元，新增绿地 52 万平方米。2008 年衢州市获得国家园林城市命名。在弘扬生态文化方面，衢州通过发展森林文化、花文化、竹文化、茶文化、湿地文化、野生动物文化、生态旅游文化、绿色消费文化等生态文化，大力弘扬人与自然和谐相处的核心价值观，在全社会牢固树立生态文明观、道德观、价值观、政绩观、消费观，形成尊重自然、热爱自然、善待自然的良好氛围。重点是充分挖掘、提升和弘扬钱江源文化深厚的文化积淀，培育以开化根雕、常山柚石、龙游竹海和江山古道为主体的生态文化产业。在打造生态品牌方面，坚持每年在上海举办生态衢州推介会，宣传衢州生态环境，推介衢州生态产品，扩大生态衢州的知名度和美誉度。

建设生态文明，我们坚持生态建设与产业发展有机结合，既增加了生态经济效益，又加快了山区农民脱贫致富奔小康的步伐。目前全市建成各类林业特色基地 220 个，面积达 150 万亩，其中笋竹基地 70 万亩，森林食品基地 55 万亩，花卉苗木基地 8 万亩，有效地发挥了示范辐射作用。全市已形成了木材、笋竹、干鲜果、森林食品、茶叶等为主的五大主导产业。商品林经营领域不断扩大，从原来的杉木、松木种植扩大到工业原料林、珍贵用材林、木本药用林、花卉苗木及各种干鲜果基地的发展。2008 年，全市有各类林产品加工企业 3027 家，规模以上企业 225 家，年销售额超亿元企业 7 家，全市林业社会总产值达到 138 亿元。目前，柯城的家具、衢江的竹炭、龙游的笋竹、江山的木门、常山的山茶油、开化的木制铅笔等区域块状特色加工业已初步形成。"十一五"末，全市生态林业经济年产值 5000 万元以上企业将达到 25 家；年森林旅游达到 300 万人次，年收入达到 10 亿元以上；林业社会总产值达到 150 亿元。

创建绿色衢州，建设生态文明，我们要努力实现"大林业、大生态、大产业、大跨越"的林业发展战略。规划建设生态公益林 458 万亩，森林覆盖率稳定在 72%，城市绿地率达 35% 以上，林业行业总产值达到 200 亿元以上，林木总蓄积量达 1700 万立方米，毛竹立竹量达 1.8 亿株，从而实现衢州山川秀美，生态状况步入良性循环，建成比较完备的森林生态体系和比较发达的林业产业体系；形成多层次、多样化，布局合理的绿色生态屏障，让衢州真正达到生态安全、生态文明、产业兴旺发达。

近年来，衢州在全力推进生态建设和加快建设生态文明上取得了一定成效，但任务还十分艰巨。我们将进一步牢固树立和全面落实科学发展观，牢记源头地区所负的重大政治责任，全面贯彻中央和省委、省政府部署要求，进一步提高认识，加强领导，狠抓落实，完善政策，创新机制，力争生态县（市、区）和环保模范城市创建有实质性进展，努力在生态文明建设上继续为全省多做贡献；同时积极促进产业结构调整、发展方式转变、经济转型升级，不断探索具有衢州特色的经济发展与生态环保互促共赢的新路子；进一步加大宣传教育引导力度，充分发挥人民群众在生态建设中的主体作用，努力营造全社会共同参与的良好氛围，从而形成生态建设的新格局。

发挥生态优势　建设美丽衢州

衢州市委副秘书长　　邵晨曲

党的十八大报告把生态文明建设放在突出地位，纳入社会主义现代化建设总体布局，提出努力建设"美丽中国"的奋斗目标，为中国未来的发展描绘了更加美好的蓝图。这说明党在重视加快经济发展的同时，越来越重视生态文明的自然之美、科学发展的和谐之美和温暖感人的人文之美。衢州地处钱塘江源头，是浙江省的生态屏障，这为我们进一步推进生态文明建设指明了前进方向，提供了强大动力。我们要以学习贯彻党的十八大精神为契机，始终坚持以科学发展观为指导，紧紧围绕"一个中心、两大战役"这一总体思路，加快建设"三生三宜"的现代田园城市，为努力建设"美丽中国"做出新的贡献。

一　推进生态文明势在必行

从衢州市改革开放以来的发展实际看，衢州较早认识到了生态建设的重要性，始终把生态文明建设走在全省前列作为价值取向，从2003年率先在全省提出生态市建设，到2010年市委工作会议提出衢州要成为全省、长三角乃至全国生态文明建设先行区和示范区，再到市第六次党代会明确要求坚持走生态立市之路，生态文明理念得到不断深化。

是实施"五位一体"总布局的必然要求。党的十八大把中国特色社会主义事业总体布局由经济建设、政治建设、文化建设、社会建设"四位一体"拓展为包括生态文明建设的"五位一体",体现了尊重自然、顺应自然、保护自然的理念,体现了为人民创造良好生产生活环境、为全球生态安全做贡献。一方面,社会主义经济、政治、文化、社会建设离不开生态文明建设。没有良好的生态环境,我们就陷于生存危机,更谈不上其他领域的建设。另一方面,生态文明建设的要求和成果必将体现到经济、政治、文化、社会建设的各个领域,体现到思想意识、政策法规、生产生活方式等各个方面。

是落实"绿色发展、生态富民、科学跨越"的必然要求。衢州的生态环境质量对全省生态环境安全具有重要影响。省委、省政府提出"绿色发展、生态富民、科学跨越"的总要求,把衢州建成全省富裕的绿色生态屏障的目标,核心就是实现生态经济化和经济生态化相互协调。但衢州在加快经济发展的同时,也存在着环境质量不容乐观、要素资源相对不足、可持续发展乏力等问题。要从根本上解决这些矛盾和问题,就必须把建设生态文明同转变经济发展方式、统筹城乡发展有机结合起来,确保衢州在未来继续保持高起点、跨越式、可持续发展的轨道。

是推进"一个中心、两大战役"的必然要求。市委六届二次全会提出"一个中心、两大战役"与建设"三生三宜"的现代田园城市是一个有机统一体,互为统一、互促共进。这说明城市不仅要有现代化的功能,也要有田园般的风情。这一定位,与我们建设"两地三城"、加快"后发崛起"和培育四省边际中心城市的奋斗目标一脉相承,充分体现了衢州独特的生态、人文、区位和自然禀赋等特色优势,从而实现城市繁华和乡村秀丽、历史文化和现代气息、经济繁荣和生态文明的有机结合。

是打响"南孔圣地、休闲衢州"品牌的必然要求。全市旅游业发展大会提出要打响"南孔圣地、休闲衢州"品牌,突出强调要把生态文明理念贯穿于旅游业发展全过程，大力倡导绿色生态休闲旅游，对于衢州这样一个生态资源良好的地区来讲，无疑是最为宝贵的财富和核心竞争力。而衢州旅游发展最大的优势是一流的生态环境，必须按照"生态、生产、生活"融合的要求，主打与周边地区差异发展、特色竞争，努力打造全国重要的生态休闲度假旅游目的地，让人人都知道衢州。

二　衢州市生态文明建设卓有成效

历届市委、市政府高度重视生态文明建设，坚持经济、生态与民生互促共赢，采取一系列政策举措，较好地实现了加快经济发展和环境质量持续改善的目标。在全市工业总量连年保持 30% 左右高增长的同时，区域环境质量总体稳定。全市饮用水源水质、出境水水质已连续 7 年 100% 达标，市区空气质量优良天数从 2004 年的 339 天提高到 359 天，生态环境状况指数名列全省第二。

着力加快生态经济发展。一是全力推进新型工业化。坚持以产业高端化引领转型升级。三次产业比例由 15.8∶44.7∶39.5 调整为 8.5∶55∶36.5，工业对经济增长的贡献率达 59%，工业经济综合效益得分跃居全省第一。新兴产业快速发展，传统产业优化提升，先后获得氟硅新材料、空气动力机械等 6 个国家级产业基地和光伏产业等 9 个省级特色产业基地命名，衢州经济开发区成为国家级经济技术开发区。**二是着力加快农业产业化。**大力推进农业提质增效，出台并落实粮食、蔬菜产业发展、新型农业培育等措施，加快"两区"建设，累计认证有机食品、绿色食品、无公害农产品 328 种，创建省级生态循环农业示范区 6 个。**三是全面提升现代服务业。**编制服务业发展规划和空间布局规划，出台加快现代服务业和旅游业发展的政策与意见。江郎山建成省级生态旅游区。2009～2011 年，全市接待海内外游客和旅游总收入年均分别增长 26.6% 和 25.2%。

扎实推进美丽乡村建设。一是突出内涵特色。突出"山水人居"和"和美家园"主题定位,做好山水融合文章,挖掘乡村文化内涵,致力打造衢州乡村"自然秀丽的天然花园,生机无限的美丽田园,绿意盎然的生态家园"。**二是打造节点亮点。**着力培育一批精品村和几条景观带,先后重点培育出如江山清漾、龙游天池,开化金星,柯城荆溪,衢江茶坪,常山砚瓦山等一批环境优美、服务配套、各具特色、人与自然和谐的精品村。全面提升经济强镇建设水平,在全市12 个中心镇开展"三强五争先"活动。**三是推进洁化绿化。**创新保洁机制,加大投入,大规模开展"见缝插绿""花开百户""美化庭院"活动,加强联查力度,促进农村环境卫生的改善。目前,全市已实现农村垃圾集中处理村 1621 个,行政村覆盖率达 93%,其中已启动农村清洁工程实施村 1480 个。

优化提升生态环境质量。一是调存优增。2003 年,率先全面平毁和关停 1.24 万个农村传统竹料腌塘及 200 多家土法造纸企业,关停 349 个土法小石灰窑、604 个各类灰钙棚以及拆除了 124 条水泥机立窑生产线。整体关闭沈家化工园区。决策咨询工业项目 3748 个,否决不符合产业和环保政策的项目达 1345 个。**二是改旧转新。**连续多年与中科院等大院大所开展全面合作,在企业实施 2000 多个技术进步项目。完成清洁生产审核企业 150 余家,巨化生态化改造、元立循环经济成为成功样板。扎实推进服务业领域的节能降耗工作。**三是重点治理。**扎实推进重点领域污染整治,完成巨化集团公司等 12 家省控氨氮等重点企业的治理。完善清污分流,全市工业废水、废气排放达标率在 95% 以上,工业固体废物综合利用率达到 98%。强力推进农村面源污染治理,完成 2000 多家规模养殖场排泄物的治理,规模化畜禽养殖粪尿综合利用率达到 92.87%。

积极营造良好人文之美。一是打造绿色生态。建成生态公益林

241 万亩，各类自然保护小区 131 个，水土流失治理面积 556.21 平方公里，森林覆盖率达 71.5%。加强农村环境基础设施建设，建成沼气池达 73.6 万立方米，农村清洁能源利用率达 48.5%。各类环境信访调处率达 100%，满意率保持在 90% 以上。**二是加强生态文明创建**。全市所有县（市、区）均获得国家级生态示范区命名，在全国率先实现"一片绿"，市区获省环保模范城市命名，开化县获国家生态县命名并被列入全国生态文明建设试点县。累计建成全国环境优美乡镇 27 个、省级生态乡镇 74 个。**三是突出生态环境保护**。大力开展全民环境教育，积极引导公民、家庭、社区、单位、群众团体和组织，自觉培养健康文明的生活和生产方式。进一步完善环境信息公开、环保听证、公示等制度，鼓励公众参与环保决策和监督。

加大保障落实监管力度。**一是建立管理体制**。成立生态市建设和循环经济发展领导小组，党政主要领导亲自挂帅把生态市建设和循环经济发展以政府责任书的形式分解到各县（市、区）和责任部门，形成上下联动、部门协作、各司其职、合力落实的责任体系。**二是出台激励政策**。根据衢州市工业领域能源消耗的现状，编制一批循环经济发展规划，完善修订产业结构升级政策。加大对生态建设和环境保护的公共财政投入力度，引导社会资金积极参与生态市建设。**三是强化监督机制**。建立专项督查制度，市人大、市政协定期开展视察，各职能部门加强执法检查。建立社会公众参与的环境监督机制，设立专门投诉电话，聘请行风监督员。

三　发挥生态优势，建设美丽衢州

衢州作为国家级生态示范区，今后要按照"绿色发展、生态富民、科学跨越"的总要求，以绿色发展为引领，以项目推进为抓手，以民生改善为根本，以体制创新为动力，在发挥生态优势、发展生态产业和建设美丽衢州方面继续先行先试，坚定不移走出一条具有衢州特色的"三生"融合、"三宜"统一的生态文明发展之路。

致力构建生态型现代产业体系。一是大力培育新兴产业。重点要扶持新材料、新能源、装备制造和电子信息四大战略性新兴产业，大力发展金融、物流、文化创意等现代服务业。充分发挥专业招商局的专业招商作用，突出招大引强，以大项目、好项目带动、支撑新兴产业的发展。强化创新驱动，加快推进慧谷工业设计基地、大学科技园等创新平台建设，切实为高端高新产业发展提供支撑。**二是改造提升传统产业。**重点要推动钢材、水泥、造纸、化工等高耗能企业向深加工、后端加工发展，降低能耗，促进减排。推动技术改造，支持企业采取适用技术，推行清洁生产、实施生态化改造。加大力度淘汰落后产能。**三是大力发展绿色产业。**落实好旅游发展18条政策，加快推进五龙湖等五大旅游集聚区建设，打造一批有特色、有规模、高档次的旅游精品，提供更多亲近自然的生态休闲旅游产品。**四是加快建设生态园区。**各级各类开发区（园区），要努力构建绿色产业链和资源循环利用链，加快生态化改造，使园区不仅成为产业高地、创新高地，而且成为生态建设高地。优化项目准入管理，进一步完善项目环境准入制度和服务机制。

致力构建美丽型现代田园城镇体系。一是坚持城乡统筹。重点要把现代田园城市的理念融入城市规划、建设和管理的每个环节，不断放大绿色生态效应。着力提升中心城市能级，做强、做精、做美中心城市，增强宜居、宜业、宜游功能。要按照"小县大城"模式加快县城发展，推进县城扩容提质。要以经济强镇为重点加快中心镇建设，以"四级联创"为抓手推进美丽乡村建设，努力把一批中心镇、中心村打造成衢州新型城市化的"璀璨明珠"。**二是突出产城联动。**要加快绿色产业集聚区、开发区（园区）与城市建设有机衔接融合，促进产业集聚区向产业新城和生产、生活、生态相融合的城市组团转变。要推进先进制造业、现代服务业与现代农业融合发展，引导工商资本投资发展现代农业，提高农业综合生产能力和比较效益。要加快发展休闲旅游、文化创意、电子商务等现代服务业，培育发展一批城市综合体。要结合实际合理确定中心镇的产业定位，协调推进中心镇的服务业发展，增强中心镇的产业发展活力。**三是提升城市品位**。要强化文化对城市发展的推动作用，培育和打造城市独特的人文风貌，彰显衢州浓厚的文化底蕴。要抓紧谋划和实施一批彰显城市品位的标志工程、提升城市功能的配套工程、改善人居环境的民生工程，力求"多留遗产、少留遗憾"。要积极探索大城管运行机制，大力推进智慧城市、"数字城管"建设。要全力推进"三改一拆"工作，加快实施城市建设和管理"十大专项"行动，推进新型城市化建设大提升、大发展。

致力构建绿色型自然生态环境体系。**一是加强水环境的污染治理**。重点要狠抓信安湖流域污染整治，按照"到2013年底水质明显好转，2015年底十大水系水质稳定达标"的目标要求，倒排计划，强化举措，确保按期完成。要抓好乌溪江库区水源保护，加快合格规范饮用水源保护区建设，加密饮用水源水质监测频次，确保饮用水源地排污量的有效控制。要加大河道采砂整治力度，坚决取缔未经批准的采砂点，坚决扭转无序采砂、违法采砂的局面。**二是加强农村面源的污染治理**。重点要加强畜禽养殖尤其是生猪养殖管理，健全总量控制和区域控制的双控制度，划分好生猪养殖禁养区、限养区。要探索建立生猪养殖项目联合审议、环保管理、用地审批和工商登记等制度，推动生猪规范化养殖。扎实推进"四边三化"行动，继续实施"百村示范、千村整治"工程，进一步优化宜居环境。**三是加强重点领域的污染整治**。重点要全面开展电镀、化工、造纸、印染、制革五大行业整治，继续加快推进燃煤电厂、水泥企业等低氮燃烧、脱硝及热电厂脱硫设施建设。要加强重金属、放射性物质、持久性有机污物等排放企业整治，巩固固体废物"双达标"工程。要加大污染减排力度，切实加大各类污染物排放总量控制。要严格实行空间准入、总量准入、项目"三位一体"环境准入制度和专家评价、公众评估"两评结合"的决策咨询机制，严把项目环保准入关。

致力构建宜居型城乡生态人居体系。一是加快城乡宜居环境建设。重点要扎实抓好城市环境整治优化，着力破解保洁难、停车难、治污难、拆违难等问题，全力提升城市的绿化、亮化、美化、秩序化水平。要加快美丽乡村建设，扎实开展"四级联创"，深入推进村庄整治，加强历史文化村落保护，打造宜居宜业宜游的美丽乡村。**二是全面实施智慧环保工程。**按照项目实施方案，加快规划设计、项目报批和建设进度，建成24小时实时监测、全面监控、应急预警、高效指挥、教育展示等多功能的"智慧环保"项目，并达到省内一流、全国领先的水平。**三是广泛开展绿色创建活动。**重点要深化环保模范城市创建，力争2015年创成国家环保模范城市。要深入推进生态县市、生态乡镇等建设，广泛开展绿色企业、学校、社区、饭店、医院、家庭、矿山等创建活动，强化创建实效。

致力构建长效型生态建设保障体系。一是健全完善齐抓共管的组织体制。重点要按照"属地管理与分级管理相结合、以属地管理为主"的原则，健全完善部门联动体系，建立健全部门联动机制，进一步落实部门单位职责，有效整合资源，齐抓共管，形成合力。**二是建立健全资源有偿使用和生态补偿机制。**以全面推进排污权有偿使用和交易试点为切入点，积极开展相关政策研究，充分利用经济、法律、行政等多种手段，协调解决生态文明建设过程中的矛盾问题。抓紧研究排污权有偿使用和交易试点工作。要按照"谁开发、谁保护，谁破坏、谁恢复，谁受益、谁补偿"原则，积极探索建立科学合理的生态修复机制和生态补偿机制。**三是加快完善多元化的投融资机制。**既要重视运用政府这只"看得见的手"，充分发挥规划、财政、信贷在推动环境保护、生态建设、节能减排等方面的引导和激励作用，又要注重借助市场这只"看不见的手"，以市场化方式推进生态环保建设，鼓励引导各类社会资本参与生态文明建设。**四是建立健全公众参与的长效机制**。大力培育生态文化，倡导生态文明的生活方式。加大环保法律法规宣传力度，增强全社会环保意识、法律意识。积极引导民间环保组织健康有序发展，组建生态环保志愿者队伍，调动全社会关心、支持和参与生态文明建设的积极性和创造性，营造全社会参与的浓厚氛围。

衢州绿色产业集聚区简介

　　浙江衢州绿色产业集聚区于 2011 年 3 月获浙江省政府批复，是全省 14 个产业集聚区中唯一以"绿色"冠名的集聚区。集聚区由"一核三片"组成，"一核"指市区核心区（包括市经济技术开发区、市高新技术产业园区、巨化集团公司、柯城园区、衢江园区、综合物流园区），"三片"分别指龙游工业园区、江山莲花山开发区、常山工业园区。其中，核心区里的衢州经济技术开发区是 1992 年 9 月经省政府批准成立的省级经济开发区，2011 年 6 月获批国家级经济技术开发区；市高新技术产业园区是 2002 年 6 月经省人民政府批准，国家发改委核准公告的省级高新技术产业园区，2013 年 12 月获得国务院批复为国家级高新技术产业园区；综合物流园区是集公路、铁路、水运为一体的交通枢纽型物流基地，是浙江省服务业试点示范项目、省服务业集聚区、省交通重点扶持物流基地。2012 年 8 月 10 日，市委、市政府决定，将衢州绿色产业集聚区、衢州经济技术开发区、衢州高新技术产业园区、综合物流园区并为"1 个平台、1 张蓝图、1 套班子、多块牌子"，同年 10 月 15 日，衢州绿色产业集聚区正式挂牌运行。2013 年 11 月 24 日，浙江中关村科技产业园正式开园，更使集聚区站在新的起点上大发展、大提升。

　　根据 2011 年省政府批复的《衢州绿色产业集聚区发展规划》，衢州绿色产业集聚区"一核三片"总规划控制面积约 306 平方公里，"一核"即市区核心区，规划面积为 198 平方公里，其中直接实施区块 147.7 平方公里、柯城园区 8.2 平方公里、衢江园区 28.9 平方公里、巨化园区 13.2 平方公里；"三片"规划面积 108 平方公里，其中龙游片区 48.3 平方公里、江山片区 49.5 平方公里、常山片区 10.2 平方公里。市区核心区直接实施区块近期实施开发面积 79.47 平方公里（其中白沙区块 8 平方公里、东港区块 42.2 平方公里、黄家区块 22.67 平方公里、综合物流区块 6.6 平方公里），已开发 26 平方公里。

　　集聚区市区核心区现有职工 8 万人，居民 20.5 万人。现有工业企业 1005 家，拥有巨化集团公司、明旺乳业、元立集团、开山股份等行业知名企业 224 家，其中超亿元企业 82 家，5 亿元以上企业 23 家，10 亿元以上企业 13 家，100 亿元以上企业 2 家，上市公司 2 家。2013 年，集聚区市区核心区直接实施区块实现地区生产总值 169 亿元（占市区总产值的 38.6%），同比增长 11.9%（高出全市 3 个百分点）；工业总产值 431 亿元，同比增长 7.1%，其中规模以上工业产值 361 亿元（占市区总产值的 53.0%），同比增长 9.1%（高出市区 2.6 个百分点）；固定资产投资 43.8 亿元，同比增长 39.9%（增幅位居全市第一，高出全市平均水平 21.4 个百分点；实际上完成固定资产投资 50.8 亿元，同比增长 62.3%）。

悠悠衢江水

中国社会科学院外国文学研究所研究员　叶廷芳

　　我的家乡衢州，地处浙西一隅，虽说"四省通衢"，但毕竟被仙霞岭的条条支脉缠绕，制约着她的经济发展。改革开放以来，浙北、浙东的平原和沿海一带，蔚蓝色的海风一吹，商品意识很快觉醒，加上上海、无锡、南京等地强大的经济辐射，这些地区的经济腾飞在全国一马当先！可衢州，论 GDP 虽在全国数得上"中上"，在浙江，却总是排名靠后。

　　谁想东方不亮西方亮。转过身来看她的另一面，却是满目葱茏的"生态衢州"。其绿色覆盖率达 71.5%，远远超出全国平均数。而且全市秀美的自然景观多多，甚至江浙一带为数不多的世界遗产——代表一部分丹霞地貌的江郎山，也坐落在这里！莽莽苍苍的古田山原始森林如今成了国家正着手建设的国家东部公园的"母园"。而她更鲜亮的品牌还在水，在全国江河普遍被污染的今天，衢州的水质不仅是"浙江之最"，而且让全国羡慕！可以说，整个衢州成了"诗意栖居"的首选，难怪国家旅游局把衢州定为国家首个度假休闲区创建试点。这种得天独厚的"绿实力"是无价可比的，衢州人为此深感骄傲和欣慰。

　　而与这绿色气象相映照的，是衢州人的心灵美，其亮点频频闪光。尤其是近年来，在全国性媒体上经常出现"最美的教师""最美的爷爷""最美的警察"……他们都因满怀爱心而救人、助人，甚至不止一个为此牺牲了自己的生命。作为在同一片土地上长大的衢籍人，为有这样的乡亲而深感自豪。

于是，我想到了这里的地理山川与历史传统、人文蕴藏的综合效应，而首先想到的是世世代代哺育着这块土地的母亲河，那缓缓涌流的母亲般温柔端庄的衢江。

钱塘江，溯流而上，经过富春江、金兰江，再往上就是衢江。她由两条支流汇合而成。汇合后衢江即以一个直角怀抱着一座古城——衢州城，然后继续向东流去。早先，人们若从北郊进城，就得乘船摆渡。我第一次在这里过河才十来岁，站在浮石潭的渡船上环顾四周，觉得江面十分宽阔，只见江水悠悠，深不见底，想象着水下必定藏龙卧蛟、鱼虾无数，是一处天然的维系生命的富藏。衢江，就以这样的美好印象久久定格在我的记忆里。

现在看来，这样的想象并不完全是出于儿时童话想象的天性。衢江作为衢州人的母亲河，她通过千百条大小支流世代养育着衢州市250余万生灵。俗话说，一方水土养一方人。衢江水系与占全市71%的崇山峻岭以及丘陵和盆地交织成一幅幅锦绣山川，它们饱含丰富的微量元素的水土乳汁滋润着衢州人的身心，它们的千姿百态如画如绣，熏陶着衢州人的气质和情怀。不错，在长期刀耕火种的旧时代，多山的地理环境通常是与贫穷相联系的。当年的衢州人也没有逃脱这一宿命，以至于让关心民间疾苦的伟大诗人白居易写下这样令人撕心裂肺的诗句："是岁江南旱，衢州人食人。"这个"旱"字，困扰了衢州人千百年！但是，事物往往具有两面性：艰难的生存条件频频威胁着他们的温饱，却也锤炼了他们的生存意志。他们心无旁骛，一心一意与命运进行着不懈的抗争，他们的性格变得顽强不屈而又单纯朴实。数百万人的这种性格的集聚，成了衢州这块大地的精神定力。它维系着衢州一带的教育、文化乃至社会道德风尚，使得作为国家历史文化名城之一的衢州，始终保持着与其崇高身份相称的价值系数。

　　家乡人的这一禀性，我首先是从他们为改变自己的命运而进行的战天斗地的壮举中观察到的，尤其是从他们"夺"水和"治"水的奋斗中深获领悟的。20世纪六七十年代，我出生地所在的衢北农民为摆脱世代旱涝的灾害，在没有机械设备的条件下，依靠自己的双手建起了蓄水1.2亿立方米的大型水库——铜山源水库，解决了3个县50万亩的农田水利问题。施工过程中，每个农民轮流自带粮食、咸菜，长期驻扎在工地，分文不取。尤其感人的是，当时国家为库区居民准备了300万元的拆迁费，但拆迁户们高度发扬风格，自觉地尽量利用拆下来的旧材料，结果只花了国家的48万元！而在别的许多地方，当时"武斗"正酣呢！我当时深为这一工程的顺利竣工所感动，立即在《人民日报》上发表了《告慰白居易》一文，以示庆贺。

　　20世纪90年代初期，衢州市解决农田水利问题的一个关键性工程——乌溪江水利枢纽工程开工了！按工程预算，需2.8亿元。但省里拿不出那么多钱，衢州市只能承担15%的份额！而那时，我国已经开始实行市场经济，不能无偿调动劳动力了！怎么办？土生土长的常务副市长、乌溪江水利枢纽工程总指挥谢高华，最了解本地农民和市民的心理，认为这项工程不仅关系着广大农民的切身利益，也关系着城市居民的饮水问题。只要切实做好动员工作，广大市民会理解并愿意积极参与进来，做出自己的奉献的！果然，他的估计完全符合实际。当市委、市政府的文件一发出，全市工、农、兵、学、商一致响应：有力出力，有钱出钱；尽管适逢大冬天，工地上马上聚集起3万多人的战线，热火朝天。结果，工程所需的近800万立方米土石方中，85%都是他们无偿奉献的！故当工程顺利完成时，兴奋之余，我又撰《再慰白居易》的报告文学，向伟大诗人报了一个更大的喜！

　　在此之前，衢州人仅凭锄头和肩膀已经先后建起了近500座大小不等的水库，至乌溪江这一最大水利工程的告竣，宣告了衢州人民有史以来"十年九不收"的悲惨历史的结束。如果说衢州人在与命运争夺生命之源——水的较量中表现了顽强不屈、坚忍不拔的精神，那么，他们在治理水的质地的努力中，更表现了服从大局、乐于奉献的宽广胸怀。曾记否？就在乌溪江工程轰轰烈烈之际，恰逢全国兴办乡镇企业热火朝天之时。在这经济腾飞的时刻，衢州各地的乡镇机构和诸多个人何尝不想一显身手！但不久，乡镇企业这一新事物的负面效应很快显现出来了：江河变色，大地蒙污！这时，位于衢江顶头的作为全国八大化工企业之一的衢州化工厂，也使衢江流水泛红，死鱼漂浮。向以"绿色"自豪的衢州市党政领导立刻警觉起来，思考着如何在利用本地区骄人的绿色生态和保护固有的良好水质的前提下谋求经济的发展。根据这一原则，历届市委、市政府先后制定了一系列相关政策和法规，以水质最好的乌溪江为重点，严格控制和杜绝各江河水系的污染源。为此，断然采取措施，禁止或限制某些污染排放率超标的企业的兴办，并与化工部直属的"巨化"反复磋商如何保证衢江水质的安全。尤其从 2003 年起，进一步加大有关措施的力度，仅强令关、停的工厂企业即达 200 余家，直接经济损失达 18.4 亿元。如水泥厂即从 52 家减至 17 家！2013 年秋季开始，市政府更调集1840 名干部分布到 1840 个行政村，一对一地进行生态指导。经过多年的不懈努力，加上各部门的通力协作，衢州市目前所有江河水系恢复或改善了原来的水质。衢州本域和出境水的质量达标率连续 8 年保持 100%。据瑞士一家有关权威公司的监测，衢州主要供水源的地表水的水质不仅远远优于国家一类地表水的水质标准，而且远远优于世界卫生组织规定的饮用水的水质指标限值。难怪乌溪江连娃娃鱼都出现了（这是一种对水的纯度要求很高的鱼类）！这条江，历史上有过很多衢州人（包括地方官）治水的动人故事，迄今仍保持着全省水质最佳的"明星"地位。

水的质地，在整个生态系统中具有举足轻重的地位。随着水质的净化，衢州市的生态建设如虎添翼，这个一向被认为"欠发达"的地级市，经过多年的摸索终于找到了一条扬长避短、适合于本地区发展的新思路，找到了一种新的价值定位，使"软实力"与"硬实力"互相辉映、协调交融，不仅引起省领导和国家有关部门的重视，而且让各地许多经济实体刮目相看，开始踊跃来此投资，呈现一种崭新的发展态势。这一"后发制人"的新局面，某种意义上是有远见的衢州市干群用 GDP 换来的！衢州市历届领导的探索精神和创新思维值得嘉奖，而那些在"夺"水与"治"水过程中做出过贡献，尤其在关、停、禁中顾全大局而做出过牺牲的人更值得称颂。他们表现了衢州人整体的心灵美！

由客观环境所决定，大多数衢州人都在山区或丘陵地带长大，都知道水在他们生命中的分量，因此都有水的情结。在今天老、中、青三代人中，如果说我这一代更多地表现在为"夺"进行过艰辛、顽强的奋战，那么，中、青年两代则主要为"治"做出了他们的奉献。而无论前者还是后者，都在与水的关系中锤炼了风骨，净化了心灵。若用文学语言表达，可以说，"最美衢州人"是由衢州大地纯洁的水洗涤出来的！

今年春天，我在衢北小山村东坪小住，期间曾专程来到衢江区古镇樟树潭，观赏衢江的风姿。汇合了乌溪江的衢江，在这里水量更充沛了，也更清澈了。我站在樟树潭的古码头，隔着比浮石潭更宽阔的江岸向西眺望，只见一江深沉的清水，饱含着衢州人的智慧和奉献，融会着衢江人的情怀与愿景向我缓缓涌来，犹如一位风姿绰约的美人从我身边款款走过。哦，她就是衢州人"群体美"的心灵映照，她的名字就叫"衢州人"！衢江的水渗透着衢州大地，使她成为一方四省通达的人文沃土，有了这样的土壤，就不愁没有一个个"最美的人"破土而出了！

我是研究文学的，知道创作的中心任务是塑造"典型形象"。那么，衢州市"最美的人"的典型形象是谁呢？按我的观察和考量，就是前面提及的治水英雄谢高华！他出身雇农，离我老家不远，可以说，我从小看着他一步步成长：从村民兵队长到莲花乡乡长、杜泽区区长、衢县县委书记、义乌县委书记再到衢州市常务副市长，是新中国成立以来衢州历史发展变化的全部见证者和领导者之一，也是上面提及的标志衢州市农业根本翻身的两项最大水利工程的主要指挥者，还是义乌小商品市场的最早开拓者。可谁知道，这位堂堂男子，其体重只有 43 公斤，而且胃切除了 3/4！但任何时候也没有见过他疲惫不堪。他的无穷精力和巨大能量，与他的瘦小形体形成极大的反差。这就是谢高华的人格美。我在《再慰白居易》中称他为"衢州人的脊梁"！今天，我们也许可以称他为"最美衢州人"的楷模，衢州"软实力"的精魂。

图书在版编目（CIP）数据

生态衢州/余涌主编.—北京:社会科学文献出版社,2014.12
ISBN 978 - 7 - 5097 - 6764 - 1

I.①生… II.①余… III.①生态环境建设 – 研究 – 衢州市
IV.①X321.255.3

中国版本图书馆 CIP 数据核字（2014）第 267592 号

生态衢州

主　　编/余　涌

出 版 人/谢寿光
项目统筹/曹义恒
责任编辑/单远举　曹义恒

出　　版/社会科学文献出版社·社会政法分社（010）59367156
　　　　　地址：北京市北三环中路甲 29 号院华龙大厦　邮编：100029
　　　　　网址：www.ssap.com.cn
发　　行/市场营销中心（010）59367081　59367090
　　　　　读者服务中心（010）59367028
印　　装/三河市东方印刷有限公司

规　　格/开 本：787mm × 1092mm　1/16
　　　　　印 张：23.5　字 数：315 千字
版　　次/2014 年 12 月第 1 版　2014 年 12 月第 1 次印刷
书　　号/ISBN 978 - 7 - 5097 - 6764 - 1
定　　价/88.00 元